U0288233

国家自然科学基金资助项目“蒙古包装饰元素的文化基因与传承机制研究”（项目号 52068055）；
内蒙古自治区重点研发和成果转化计划项目“中国非物质文化遗产蒙古包营造技艺数字化保护与应用平台建构”（项目编号 2023YFSW0005）

# 内蒙古传统毡包装饰文化范式

孟春荣　著

中国建筑工业出版社

**图书在版编目（CIP）数据**

内蒙古传统毡包装饰文化范式 / 孟春荣著 . -- 北京：中国建筑工业出版社，2024. 8. -- ISBN 978-7-112-30258-1

Ⅰ . TU-092.812

中国国家版本馆 CIP 数据核字第 2024XN4723 号

责任编辑：陈小娟
责任校对：赵　力

内蒙古传统毡包装饰文化范式
孟春荣　著

*

中国建筑工业出版社出版、发行（北京海淀三里河路 9 号）
各地新华书店、建筑书店经销
北京雅盈中佳图文设计公司制版
天津裕同印刷有限公司印刷

*

开本：880 毫米 ×1230 毫米　1/16　印张：19　字数：467 千字
2024 年 10 月第一版　2024 年 10 月第一次印刷
定价：220.00 元
ISBN 978-7-112-30258-1
（43018）

# 序一

— PREFACE

这本《内蒙古传统毡包装饰文化范式》是内蒙古工业大学建筑学院孟春荣教授所做国家自然科学基金资助项目的研究成果，也是她攻读博士学位和长期教学实践与研究的积累。作为她的老师，为她十几年来不懈的辛勤努力和孜孜以求的学术探索而深感欣慰，最终成果得以成书而深表祝贺。

蒙古包是一种特殊的建筑遗产，由于具有可移动性和特殊的材料选择，一座蒙古包的使用周期相对短暂，很少有百年以上的蒙古包留存下来。留存下来的是蒙古包的搭建技艺，是一种非物质文化遗产。同时，凝聚着蒙古民族文化的蒙古包装饰作为可传承元素也流传下来。那么，面对这样一个历史悠久、多元共生、璀璨夺目的蒙古包装饰文化，如何对资料进行细致入微的梳理，如何对案例进行由表及里的分析，如何对理论体系进行多层级的架构与阐释，才能全面把握蒙古包所代表的蒙古民族建筑文化？无疑，这是该书一系列极为引人入胜的逻辑话语。

为此，孟春荣教授以文化主义范式为理论架构指引，以文化涵化、结构主义哲学的表层结构与深层结构和文化基因等理论为主要选择，从宏观层面上的大历史进深与文化叙事、中观层面上的文化原形与意象、微观层面上的文化基因与图谱搭建等领域入手对蒙古包装饰文化进行全面系统研究。

首先，一部蒙古民族发展的历史就是蒙古民族文化演化的历史，大量的调研案例证明蒙古包装饰元素中的毡包本体与诸多室内毡毯、家具以及各类器物，其文化脉象是先后涵化了我国北方各游牧部族文化、中原汉文化和欧亚大陆文化在内的多元文化而集结发展起来的，构成了一个个我国历史上比较罕见的多视域的文化大叠层。作为这种叠层文化的载体，蒙古包装饰元素采集了各叠层文化的精华，使之具有多元的、厚重的文化积淀和浓烈的文化涵化意味。因此，通过描述性与阐释性史学的方法，深入研究蒙古包装饰元素所依附的三大叠层文化及其发展路径，采集融合多民族文化元素所体现的文化涵化现象是本书重要的理论基础。

其次，正是在这三大叠层文化和各区域文化涵化的影响下，通过漫长的历史发展，蒙古包毡包本体、室内器物和各种装饰图案等装饰元素产生了各自独特的文化原形。因此，本书全面分析了这些装饰元素文化原形的表层结构，即基本形态、发展历程和主要特质。在此基础上，对蒙古包装饰元素的宗教信仰、生活场景、动植物纹样等装饰元素所表现出来的深层结构，即文化意象做了全面深入的研究，并使用计量史学的方法得出蒙古包装饰元素文化意象统计柱状图。在所统计的几百张图片中，表达崇拜类装饰元素文化意象的图片约占总和的 28.52%，吉祥类约占总和的 30.28%，祥瑞、繁衍、兴旺、福寿及富贵类约占总和的 41.2%，使得属于深层结构的文化意象研究数字化地展示出来。

最后，蒙古包装饰元素的文化研究最深层展示的是蒙古民族文化大叠层之中包含的文化基因模式的探索与图谱的搭建。通过对大量蒙古包装饰元素的基因样本选择，梳理出相对数量的文化基因样本并进行分析，发现这些装饰元素的基因选择多以复制、传承和融合的方式为主，淘汰与变异的数量较少，并在此基础上构建出蒙古包装饰元素文化基因图谱的表达模式。

作为一本研究蒙古包装饰文化的学术专著，孟春荣教授的研究带给我们翔实的史料、精美的图片、宏大的叙事、深入的阐释，而充满了学术魅力。

知古以为今。蒙古包装饰元素的文化范式研究在某种程度上可以为今天的设计实践提供设计资源，以使得当今的设计更具文化性和历史厚重感。同时，也为我们保护好这些优秀的少数民族文化遗产而加倍努力，使之能够在一定程度上承担起“中华民族凝聚力和中华文化影响力”的历史责任，进而成为“推进文化自信自强”的物质支撑。

近悉，孟春荣教授又有一系列的科研项目在进行中，祝愿她有更新的研究成果问世。

刘松茯
哈尔滨工业大学建筑学院
2024 年 5 月

# 序二

— PREFACE

《敕勒歌》中写道：敕勒川，阴山下。天似穹庐，笼盖四野。这里的“穹庐”就是古蒙古包的典型形态。在四季的变化和岁月的更迭中，蒙古包曾跟随着游牧民族游历了草原的花鲜草绿与蜿蜒溪水，沐浴了蒙古草原的明媚阳光与阵阵风雨。而蒙古包装饰是几千年来中国北方游牧民族源远流长、吸纳传承的文化结晶，有着独特的文化基因图谱。

我的同事孟春荣教授的新作《内蒙古传统毡包装饰文化范式》一书承载着她对蒙古包的特殊情感，是她多年研究蒙古包及其装饰文化的主要成果。在书中，孟春荣教授从蒙古包溯源开始，全面研究与总结了历史上不同游牧民族对这种草原毡包的不同称谓以及相对应的形态，挖掘了蒙古包在文化意义上的交融、互动历史，这反映在书中三大叠层文化的提出上。更重要的是，向我们展示了世界上任何一种文化的产生与发展都是在文化涵化的过程中形成的——这一文化发展的基本规律。

此外，任何一种文化都有表层结构与深层结构。在书中，表层结构落在了蒙古包装饰的文化原形上，深层结构则落在了蒙古包装饰的文化意象上，这无疑抓住了文化研究的一种适宜方法。在装饰文化原形上，蒙古包本体和依附于本体的各类陈设是其主要载体，而装饰图案的类别则体现了这些载体所能承载的文化品相。这些文化原形的寻找和归类分析将蒙古包装饰的文化原形清晰地展示给读者。当然，各民族装饰的表层文化都深刻地反映着这个民族对美好生活的祈盼，从而形成独具特色的装饰文化意象。宗教的、生产和生活场景的以及蒙古民族情有独钟的五畜等动物类都有其各自的语义内涵，代表着蒙古民族对精神生活层面的美好愿景。

《内蒙古传统毡包装饰文化范式》一书中的分析与阐释也展示了深刻的文化变迁，其规律性对于今天的文化传承具有启示意义。当今的草原文化已发生了深刻的变革，游牧民族的生产与生活方式也远非昔日。如何将这本书所展示的珍贵的蒙古包装饰文化保护与传承下去，是我们现代建筑学人不可推却的历史责任。对此，本书的出版无疑具有重要的理论与现实意义。

值得一提的是，内蒙古工业大学建筑学科的教师团队多年来致力于建立内蒙古地域建筑学体系，已经形成了基础的框架，并产生了系列成果，这是我们共同的理想和持久工作的一个重要目标。孟春荣教授也是抱此理想的一位骨干教师，她主持完成了国家自然科学基金项目“蒙古包装饰元素文化基因与传承机制研究”、内蒙古自治区科技厅项目“中国非物质文化遗产蒙古包营造技艺数字化保护与应用平台建构”等，对内蒙古地域建筑学体系的建立做出了重要贡献，本书的出版也是她系列研究的成果之一。

张鹏举
内蒙古工业大学建筑学院教授
2024 年 6 月 6 日于呼和浩特

# 前言

— PREFACE

在我国西北部，自古尚存有庞大的草原生态区域，生活着众多的草原游牧民族。千百年来，他们放牧于草原，建立了与草原密切相关的游牧文化。尤其是他们赖以生存的游牧建筑草原毡包，以及依附于毡包的各类生活物品，既代表了草原游牧民族文化的经典构成，又成为中华民族优秀传统文化不可或缺的重要组成部分。

在中国上下五千年的历史长河中，这些草原毡包在不同时期、不同区域有着自身不同的发展历史，不同的营造技艺，不同的生态原形，甚至是不同的名称。例如在新疆的哈萨克族，称草原毡包为哈萨克毡房；在西藏的部分地区，称草原毡包为黑牦牛帐篷；在内蒙古地区则统称为蒙古包。这三类草原毡包的营造技艺均被收录在国家非物质文化遗产名录之中。

内蒙古地区的传统草原毡包在历史上也是称谓颇多，形态略有变化。《敕勒歌》中“天似穹庐，笼盖四野”中的“穹庐”是汉语对草原毡包的明确表达。在这前后，汉译过来的草原毡包名称较为复杂，如，其中“ger”是蒙古语对草原毡包的主要称谓，是家的意思，汉译过来是“格日儿”。在清代出现了蒙文“蒙古勒格日”、汉文“蒙古格利”、满语“蒙古包”等称谓，意思均为“蒙古人的家”。其中“蒙古包”称谓至乾隆时期后，开始频繁见于史料当中，至此，蒙古草原传统毡包被称为蒙古包而流传下来。

本书则以内蒙古地区的传统草原毡包，即蒙古包为主要研究对象，选取蒙古包装饰文化为主要研究内容，以蒙古包溯源为起始，以文化涵化、文化原形、文化意象、文化基因为主要范式选择，全面阐释了蒙古包装饰文化的主体特征。全书内容翔实，资料丰富，图片精美，旨在为研究蒙古包及其装饰文化的读者提供全景式的阅读体验。同时，读者在阅读中若发现有遗漏、不解或错误之处，也请读者给予批评指正。

本书的调研、写作与出版过程中，曾得到过许多专家学者的热心帮助，图书资料部门的鼎立支持，厂家生产者和非遗传承人的倾囊相授，学生弟子们的大力协作以及出版部门的精心校验，特在此一并表示衷心感谢！

诗云：“沉舟侧畔千帆过，病树前头万木春。”本书将多年的研究成果奉献给读者，可谓抛砖引玉。还希望有更多的学者出版更多的专著，为传统草原毡包的研究开辟更为广阔的路径。

孟春荣

内蒙古工业大学建筑学院

2024 年 10 月 1 日

目录

— CONTENTS

CHAPTER 1

# 第 1 章

# 蒙古包溯源

蒙古包装饰文化是蒙古草原游牧民族文化的主要类别之一，有几千年的发展历史。但却很少有文献给予纵向溯源研究，以至于有关传统蒙古包和蒙古包装饰与文化等多种领域的研究还处于较为模糊和散乱的状态。为此，深入研读历史文献，努力探析传统蒙古包的发展源流则势在必行。

## 1.1 蒙古包——草原游牧文明的见证

昔日的蒙古草原到处散落着大大小小数不胜数的蒙古包，洁白的蒙古包与蓝天、白云、绿地及成群结队的五畜共同构成了草原游牧民族绚丽多姿的生活场景。千百年来，凝聚着世代游牧民族智慧的蒙古包以多种方式流传至今，成为草原游牧民族生活的重要载体和草原游牧文明的重要见证。其传统形制与活态传承技艺已被列入中国及世界非物质文化遗产名录，永存千世。

### 1.1.1 蒙古包名称溯源

蒙古包是游牧民族适应四季游牧生产、生活而世代传承下来的蒙古草原本土固有建筑，历史上不同区域、不同民族、不同历史时期、不同语言中蒙古包有着不同的称谓。

蒙古包作为草原游牧民族放牧时的主要居住场所，它的形成与游牧业的产生密切相关。通过历史文献查阅我们知道，大约在公元前1000年，游牧业与农耕业分离，成为一门独立的产业，草原毡包也伴随着游牧民族的游牧活动而逐渐发展起来[1]。

通过多年对大量文献的梳理、田野调查、专家学者的口述历史、出土文物及墓葬壁画调研等多渠道研究发现，历经几千年岁月洗礼的蒙古包称谓或叫法大概可分为三个不同的时期，即早期的匈奴、鲜卑、回纥、契丹等多个游牧部落时期，中期的蒙古民族的崛起和蒙元帝国时期，晚期的清代满族为代表的蒙古包实名的产生时期。

在我国春秋战国时期，就有汉语记载着游牧民族在蒙古草原进行游牧活动，而使用蒙古包的情况，如《史记·天官书》中就记载了中国北方游牧民族有居住“穹庐”的习惯[2]。这里的“穹庐”是比较早的关于草原蒙古包称谓的记载。秦汉时期，《汉书 · 匈奴传下》中有“匈奴父子同穹庐卧”的记载，这里的“穹庐”一词实为匈奴语“弓间”的音译[3]。

---

❶ 丛德新，贾伟明 . 欧亚草原史前游牧考古研究述评：以史前生业模式为视角 [J]. 西域研究，2020（4）：59–78，168.
❷ 张彤 . 蒙古包溯源 [J]. 文物界，2001（6）：52–56.
❸ 黄维忠 . 拂庐与穹庐：微观视野下吐蕃物质文化的双向交流 [J]. 中国藏学，2022，154（5）：64–73，212–213.

十六国时期，北方游牧民族兴起，拓跋鲜卑走出大兴安岭后以游牧为主，住毡帐，随水草迁徙。文献称拓跋鲜卑的毡帐为“百子帐”。“有屋宇，杂以百子帐，即穹庐也”[1]、“催铺百子帐，待障七香车”[2]中的“百子帐”又称“青庐”。可见，“百子帐”也是穹庐的一种，在游牧民族繁多的南北朝的南朝中与房屋交错搭建，而后唐代时盛行于皇家士大夫的婚礼当中。

北魏时期出现面积较大的百子帐，孝明帝曾赠予柔然百子帐 18 具。拓跋猗卢时期，在盛乐、平城等地区修筑城池，拓跋鲜卑逐渐开始定居的生活。但北魏时期的鲜卑人一直存在定居与不定居两种居住方式[3]。在《乐府诗集敕勒歌》当中的“穹庐”在鲜卑语中被称为“布日格”或“少布带日格”，现代蒙古语中译为茅草屋的意思。由此，蒙古包的名字有了鲜卑语的表达方式。

随着篷车的传入，也有人将穹庐置于车上，从而出现了车庐。北齐《魏书 · 崔浩传》记载“於是分军搜讨，东西五千里，南北三千里，凡所俘虏乃获畜产车庐，弥满山泽，盖数百万”。其中的“车庐”就是车载形式的穹庐。

《周书 · 异域传下 · 吐谷浑》中记载了突厥人住居方式：“虽有城郭，而不居之，恒处穹庐，随水草畜牧。”吐谷浑“穹庐”的形象在青海海西地区的彩绘木棺板画上得以完整地保留下来[4]。

隋唐时期，突厥人也住穹庐毡帐，可汗居住的穹庐称之为牙帐。突厥一个家庭至少有一座毡帐，以毡帐的多少来计算户数。回纥人与突厥人相似，以游牧为主住穹庐毡帐，亦称可汗居住的穹庐为牙帐[5]。

关于毡帐的记载则晚于穹庐，在《史记集解》中对《汉书音义》的解释——穹庐就是毡帐[6]。另有宋朝蔡绦在《铁围山丛谈》卷 2 中记载：“古号百子帐者，北之穹庐也，今俗谓之毡帐。”[7]

辽时期，“马牛到处即为家，一卓穹庐铁数乘车”[8]，描绘了契丹人的住居以穹庐为主，其中毡车是契丹族逐水草迁徙常用的交通工具。契丹族画家胡瓌描绘的帐篷、毳幕、弓箭、旗帜等均反映当时契丹族的游牧生活，现今还留有《还猎图》《卓歇图》（现存故宫博物院）等反映契丹人游牧归来休息场景的画作（图 1–1）。

四时捺钵，是辽代帝王四季渔猎、议政时设立的行帐。“捺钵”为契丹语，汉语是“住、坐处”之意，又可称为“行营”。据《辽史 · 营卫志上》载：“有辽始大，设制尤密。居有宫卫，谓之斡鲁朵；出有行营，谓之捺钵。”一年之中，皇帝有一部分时间在捺钵中度过，牙帐会随四季的变化而更换地点，牙帐附近有警卫部队保护，是文化特点鲜明的契丹族毡帐文化[9]。

---

[1] 中央民族学院研究部 . 历代各族传记汇编 第 1 编、第 2 编 [M]. 北京：中华书局，1959.

[2] 李绪鉴 . 华夏婚俗诗歌赏析 [M]. 延吉：延边大学出版社，2001.

[3] 袁行霈，陈进玉 . 中国地域文化通览：内蒙古卷 [M]. 北京：中华书局，2013：88.

[4] 黄维忠 . 拂庐与穹庐：微观视野下吐蕃物质文化的双向交流 [J]. 中国藏学，2022，154（5）：64–73，212–213.

[5] 袁行霈，陈进玉 . 中国地域文化通览：内蒙古卷 [M]. 北京：中华书局，2013：103.

[6] 裴骃，南宋《史记集解》.

[7] 蔡绦，宋代《铁围山丛谈》卷 2.

[8] 苏颂，宋代《契丹帐》.

[9] 袁行霈，陈进玉 . 中国地域文化通览：内蒙古卷 [M]. 北京：中华书局，2013：118.

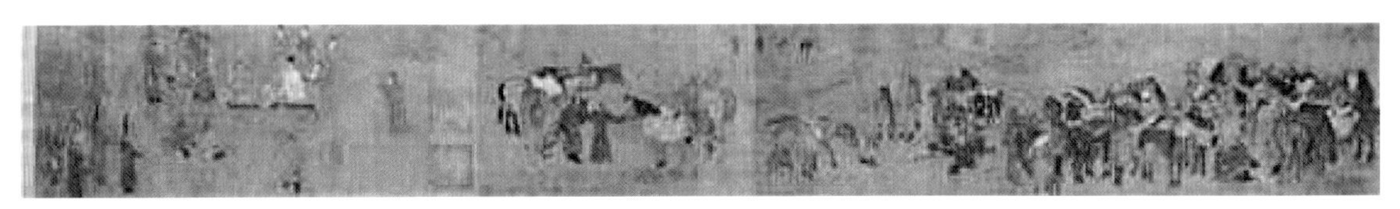
图 1-1 《卓歇图》

契丹族兴建辽上京，在草原上修筑规模宏伟的都城，并在宫城外的大片空地上留有搭设毡帐的居住区域。继辽上京后，辽中京在接待使节驿馆的大道两侧依旧留有搭建毡帐的空旷草地，辽中京城在武功殿、文化殿及北的后宫仍保留部分民族建筑，仍以穹庐毳幕为之[1]。

综上所述，蒙古包的名称最早还是出现在汉文史料记载当中，即将匈奴、鲜卑、回纥、契丹等多个游牧民族居住的毡包大都称为“穹庐”“毡帐”“百子帐”等不同名称。后续也有鲜卑语中称为“布日格”和契丹语的“按捺”，而契丹、回纥等皇帝的帐幕则称之为“牙帐”等。因其名称的不同具有不同的使用功能，因此可推测其形态技艺上也具有一定的差异（表 1–1）。

秦汉时期至宋时期　　表 1–1

| 序号 | 名称 | 古代民族 | 分布区域 | 主体特征 | 别称 |
|---|---|---|---|---|---|
| 1 | 穹庐（汉语）<br>车庐（汉语） | 匈奴、突厥、回纥、契丹、吐谷浑 | 蒙古草原（现今中国内蒙古与蒙古国） | 圆形居所，车载的为车庐，为多个游牧民族所使用 | 穹闾、毡帐、旃毡、毳幕 |
| 2 | 百子帐（汉语） | 鲜卑、柔然、吐谷浑 | 蒙古草原（现今呼伦湖、贝尔湖） | 百子帐所用构件与哈那相似 | 青庐 |
| 3 | 按捺（契丹语） | 突厥、回纥、契丹 | 蒙古草原（现今内蒙古地区） | 辽朝皇帝渔猎、议政所用的行帐 | 牙帐 |
| 4 | 布日格（鲜卑语） | 鲜卑 | 蒙古草原（现今内蒙古包头市） | 与穹庐相似，现代蒙语译为茅草屋 | 少布带格日<br>（鲜卑语音译） |

宋至元明时期（1206—1644 年），随着蒙古民族的兴起与统治蒙古草原，也选择以毡房为主要住居形式。其中主要分为两种：一为小型毡包，在《蒙古秘史》中称为“格儿”[2]，蒙古语书写为“ger”；二为大型帐幕，称为“斡耳朵”。“格日”为 13 世纪草原腹地牧民的主要居住的建筑，此时的汉文史料中仍称“穹庐”“庐帐”“毳幕”等。

“斡耳朵”为草原游牧部落的贵族和汗王所居，在汉文史料中称为“幄殿”“毡殿”“大牙帐”等。蒙古国至元明时期史料中称为“窝里陀”“兀鲁朵”“斡如格”等。“斡耳朵”是阿尔泰语系诸民族中通用的词语（蒙古语 ordu，突厥语 orda），泛指宫室。而在突厥、契丹、蒙古语以及满语的“斡耳朵”则引申出指代府邸，行营的延伸意义[3]。

❶ 袁行霈，陈进玉 . 中国地域文化通览：内蒙古卷 [M]. 北京：中华书局，2013：135–137.
❷ 额尔德木图 . 蒙古包建筑史：13 至 20 世纪中叶 [M]. 北京：中国建筑工业出版社，2022：34.
❸ 额尔德木图 . 蒙古包建筑史：13 至 20 世纪中叶 [M]. 北京：中国建筑工业出版社，2022：46.

"斡耳朵"除上述名称外，史料中还曾出现"失剌斡耳朵（sira ordo）及阿拉坦斡耳朵（altan ordo）"，分别汉译为"黄帐"和"金帐"，因史料文献中未加以细分，在《蒙古包建筑史》中暂将两者视为同一类别，将"失剌斡耳朵"也译为"金帐"[1]。

除主要住居外，车载帐幕亦是蒙元时期重要的住居及交通工具。其中据李志常于《长春真人西游记》中记载的"黑车白帐"为车载式圆形毡房，称之为"车帐"[2]。

同一时期，突厥人所使用的小型简易居所，在《蒙古秘史》中称为"阿剌出合""豁室""豁失里黑"等[3]。据额尔德木图书中介绍为简易的窝棚或车金格日。

八白室，是蒙古人为元太祖成吉思汗修建的灵帐。现代蒙古语称为"槽穆茨格"，是当时蒙古族等级最高的毡帐，它由八座白色毡帐组成，是蒙古人供奉圣祖、先灵的帐幕群[4]。

总之，蒙元帝国至元明时期，蒙古民族兴起，对所居毡房的名称使用颇多，基本上是蒙古语的音译或汉译而来（表 1–2）。

宋、元、明时期　表 1–2

| 序号 | 名称 | 民族 | 流行区域 | 主体特征 | 别称 |
|---|---|---|---|---|---|
| 1 | ger（蒙古语） | 蒙古族 | 蒙古草原 | 有颈毡房 | 毡房（汉语）<br>格日（汉语音译） |
| 2 | ordu（蒙古语）<br>orda（突厥语） | 蒙古族 | 蒙古草原 | 富丽堂皇、装饰考究的大型毡帐 | 斡耳朵（汉语音译） |
| 3 | 车帐（汉语） | 蒙古族 | 蒙古草原 | 可移动"毡帐"及"拂庐" | 格儿鲁格（蒙古语）<br>格日特力根（蒙古语） |
| 4 | 八白室 | 蒙古族 | 蒙古草原（现今鄂尔多斯地区） | 蒙古族最高等级居所 | 槽穆茨格（现代蒙古语） |

清代康熙年间出现了蒙文"蒙古勒格日"及汉文"蒙古格利"之称谓，均为蒙古包的早期别称[5]。另自康熙帝开始宴请外藩时设宴于蒙古包，这一时期大型宴会所使用的蒙古包又称为"大幄"或"武帐"。乾隆五十五年（1790 年）记载，皇帝八旬大庆诗句"武帐穹窟容百人"[6]中的"武帐"即指宴会蒙古包。

雍正元年（1723 年），首次将"蒙古"这一族群名称以及满语中代表房舍的"包"进行组合，其名称出现于内务府造办处的一份档案中，"蒙古包内床上着做楠木背靠一分"[7]。而蒙古包之名在嘉庆年间《黑龙江外纪》中记载："呼伦贝尔布特哈居就水草转徙不时，故穹庐为室最便拆，穹庐国语曰蒙古

❶ 额尔德木图 . 蒙古包建筑史：13 至 20 世纪中叶 [M]. 北京：中国建筑工业出版社，2022：60.
❷ 额尔德木图 . 蒙古包建筑史：13 至 20 世纪中叶 [M]. 北京：中国建筑工业出版社，2022：33.
❸ 巴雅尔 . 蒙古秘史（蒙古文）（中册）[M]. 呼和浩特：内蒙古人民出版社，1981：622.
❹ 阿拉腾敖德 . 蒙古族建筑的谱系学与类型学研究 [D]. 北京：清华大学，2013.
❺ 额尔德木图 . 蒙古包建筑史：13 至 20 世纪中叶 [M]. 北京：中国建筑工业出版社，2022：74.
❻ 爱新觉罗・弘历，清代《节前御园赐宴席得句》.
❼ 中国第一历史档案馆，香港中文大学文物馆，清宫内务府造办处档案总汇：第一卷 [M]. 北京：人民出版社，2007：203.

博，熟读博为包……”[1]汉语蒙古包一词为满语“蒙古博”的音译而来。至此，蒙古包这个代表草原游牧民族居住的建筑类型正式出现在语言文字当中。

乾隆年间，《内齐托音一世传》中已出现大蒙古包及四片哈那蒙古包等词汇[2]，蒙古包之称开始频繁使用并与穹庐、庐帐等词交替出现于史料中。

而后，2023 年 5 月根据内蒙古自治区鄂尔多斯杭锦旗调研访谈清末御医后人苏力德先生得知，根据其哈那片数清末蒙古包还具有不同的叫法。大户人家四片哈那的蒙古包供女人和小孩居住，称为“格日”；六片哈那的蒙古包给老人居住或用于祭祀敬神，称为“乌日格”；八片哈那为府衙办公所用，称为“斡耳朵”；十片哈那是王侯、皇帝居住，称为“哈日希”。这一以哈那片数区别的蒙古包名称现象在《蒙古包建筑史：13–20 世纪中叶》中也得到充分证实，其中记载：在清时期蒙古包大小不仅是形制区别，而且代表等级制度的划分。八片蒙古包为民居最大，却是府衙皇家所用最小的蒙古包。

清时期虽然最早出现了汉字“蒙古包”一词，但蒙古草原上的蒙古族亦称蒙古包为“格日”。按照蒙古包哈那片数划分名称的现象具有鲜明的等级制度，而鄂温克族、喀尔喀蒙古族则保留其原有语言中对于蒙古包的称呼（表 1–3）。

清时期至近现代　　表 1–3

| 序号 | 名称 | 民族 | 分布区域 | 主体特征 | 别称 |
|---|---|---|---|---|---|
| 1 | 蒙古包（满语） | 满族 | 蒙古草原 | 具有套脑、乌尼、哈那三大构件 | 蒙古博、格日（蒙古语）<br>蒙古勒格日（布里亚特语） |
| 2 | 格日（蒙古语） | 蒙古族 | 内蒙古鄂尔多斯地区 | 由四片哈那、套脑、乌尼杆构成，为女人、小孩居住 | 统称为蒙古包 |
| 3 | 乌日格（蒙古语） | 蒙古族 | 内蒙古鄂尔多斯地区 | 由六片哈那、套脑、乌尼杆构成，为老人居住或祭祀所用 | |
| 4 | 斡耳朵（蒙古语） | 蒙古族 | 内蒙古地区 | 由八片哈那、套脑、乌尼杆构成，为官府衙门所用 | |
| 5 | 哈日希（蒙古语） | 蒙古族 | 内蒙古鄂尔多斯地区 | 由十片哈那、套脑、乌尼杆构成，为皇室或王宫贵族所用 | |
| 6 | eggeju（鄂温克语） | 鄂温克族 | 大兴安岭地区 | 与现今蒙古包相同 | 厄格桔（汉语音译） |
| 7 | urguu（蒙古语） | 喀尔喀蒙古族 | 蒙古国 | 形制相对较为简单 | 大型蒙古包（汉语） |

蒙古包名称的演化历史进一步反映了草原游牧民族居住的毡包在各阶段、各民族中不同的使用特征及生活模式，是游牧民族建筑文化发展中不可或缺的一部分。

[1] 姜维公，刘立强 . 中国边疆研究文库 . 初编 . 东北边疆：第 10 卷 [M]. 哈尔滨：黑龙江教育出版社，2014：235.
[2] 金峰 . 漠南大活佛传（蒙古文）[M]. 呼伦贝尔：内蒙古文化出版社，2009：31，63.

### 1.1.2　蒙古包形态溯源

草原游牧民族的蒙古包由穹庐演化而来，随着蒙古草原上各部落的发展，蒙古包的形态也在不断演化。根据国内外相关文献来看，蒙古草原各游牧部落的发展都促使了蒙古包形态的不断演变。

秦汉时期，匈奴人所居的穹庐形状可根据汉文史料记载推测穹庐为中间高、四周低的半球状空间（图 1–2、图 1–3）。

魏晋南北朝时期，描述鲜卑人的毡帐为中间耸起，平面为圆形，大则可容纳百人。另有白居易对百子帐的形态描绘为“有顶中央耸，无隅四向圆”[1]。根据山西大同所出土的陶制毡庐模型可以看到，穹庐为规整的半圆形空间并带有一门（图 1–4）。

图 1–2　南匈奴彩棺内绘制的穹庐形状[2]

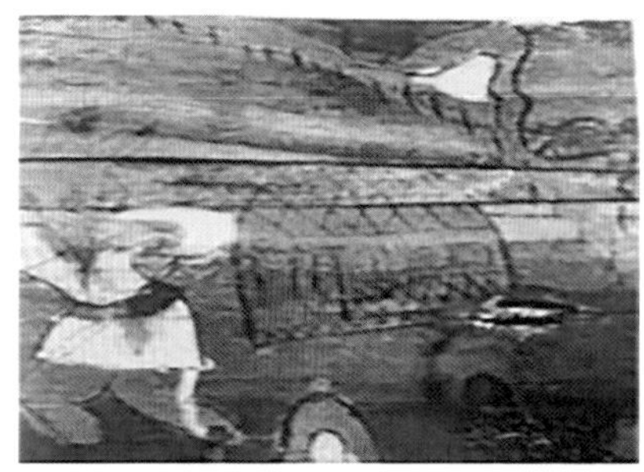

图 1–3　北朝彩棺内绘制的穹庐形状[3]

图 1–4　北魏陶制毡庐模型[4]

隋唐时期，对穹庐的文献记载最为详尽，例如《北史》卷九等著作都直接或者间接提到突厥人的居所为穹庐包顶呈半球形，上宽下窄，带有直径偏小的颈式天窗的形态[5]。《一切经音义》卷八二记载：“案穹庐，戎蕃之人以毡为庐帐，其顶高圆，形如天象穹隆高大，故号穹庐。”[6] 又参考唐或唐后期的穹庐毡帐壁画，此时的穹庐是带有高起的天窗且四角低垂的空间（图 1–5）。

宋时期，契丹族对毡帐的使用颇多，赤峰克什克腾旗二八地岩画与北魏时期的陶制毡庐相似（图 1–6）。而此时契丹的穹庐骨灰罐已经具有形态多变的穹顶，且内部带有装饰（图 1–7），其中外部穹顶上方置有葱头状套脑，中间有不同花纹作为装饰（图 1–8）。另有一件穹庐式母子鹿纹陶骨灰罐，该罐是契丹人仿照生前的居室所做成的，其形状和现代蒙古包一样，并有一门[7]（图 1–9）。

---

1. 白居易，唐代《青毡帐二十韵》.
2. 刘兆和 . 蒙古民族毡庐文化 [M]. 北京：文物出版社，2008：14.
3. 刘兆和 . 蒙古民族毡庐文化 [M]. 北京：文物出版社，2008：15.
4. 刘兆和 . 蒙古民族毡庐文化 [M]. 北京：文物出版社，2008：16.
5. 阿拉腾敖德 . 蒙古族建筑的谱系学与类型学研究 [D]. 北京：清华大学，2013.
6. 释玄应，释慧琳 . 唐代《一切经音义》卷八二 .
7. 政协巴林左旗文史资料委员会 . 巴林左旗文史资料 第 2 辑 临潢史迹 [Z]. 1988.

宋代画作《胡笳十八拍》中用大量篇幅描绘了不同的穹庐毡帐，圆形包顶的穹庐在入口处连接一长方形门廊，门廊前支起六角形亭帐，穹庐后停有供人乘坐的车舆，四周用帷幕样式的隔断作为遮挡[1]（图1–10、图1–11）。

根据秦汉至宋时期的相关壁画、墓葬、画作以及各类参考文献，可整理绘制各时期蒙古包形态线条简图（表1–4）。

图1-5 唐或唐后期穹庐毡帐[2]

图1-6 穹庐式蒙古包

图1-7 穹庐顶壁画

图1-8 穹庐式骨灰罐（一）

图1-9 穹庐式骨灰罐（二）

图1-10 《佚名瑞应画卷》宋[3]

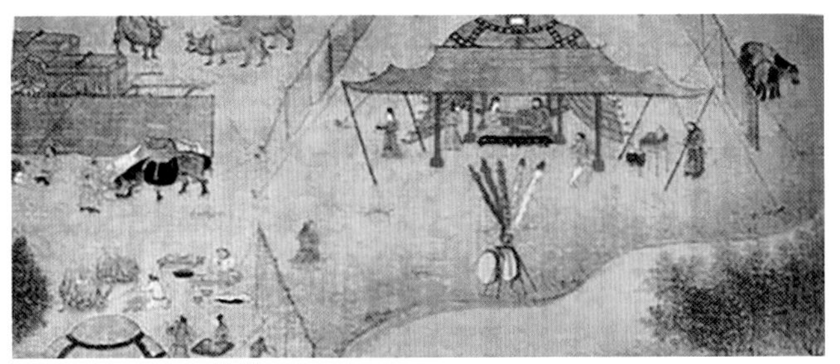

图1-11 《胡笳十八拍》明代人临摹宋人陈居中画作[4]

❶（东汉）蔡琰.胡笳十八拍图卷[M].上海：上海辞书出版社，2002：12.
❷ 刘兆和.蒙古民族毡庐文化[M].北京：文物出版社，2008：16.
❸ 刘兆和.蒙古民族毡庐文化[M].北京：文物出版社，2008：22–23.
❹ 刘兆和.蒙古民族毡庐文化[M].北京：文物出版社，2008：18–20.

秦汉至宋时期蒙古包形态线条简图　表 1-4

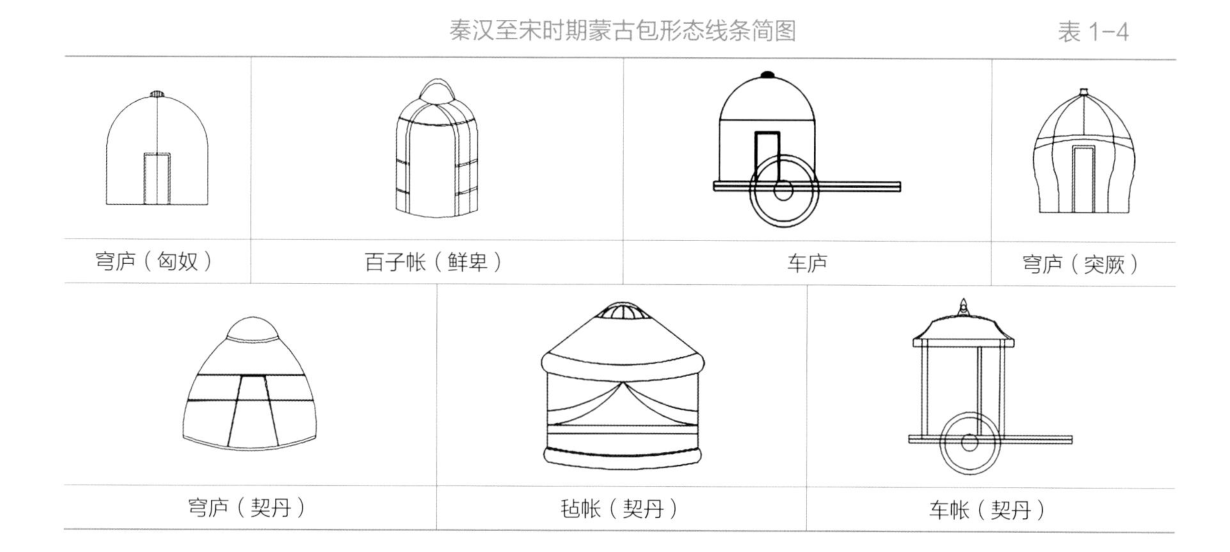


宋至元明时期的 13 世纪直至 17 世纪，有颈毡包较多，属前文提及的百子帐的衍生形态，其套脑呈脖颈状[1]。

同一时期，草原贵族及汗王所居住的斡耳朵则为体积庞大并兼具多种形态、装饰华丽的大型帐幕（图 1-12）。在圆形大毡帐（斡耳朵格日）内，置有多根柱子作为支撑，帐幕尺度较大且带有穹顶（图 1-13）。而方形大帐幕（查查日、古代 catir）也较多，即平面为方形的毡包[2]。在《宴饮图》中，帐幕平面为长方形，长的一侧为正面且帷幕掀起形成宽敞的入口（图 1-14）。连体斡耳朵通常由一至两顶主帐及若干顶附属帐幕构成，其平面形式复杂多变。据马可 · 波罗在描述忽必烈

图 1-12　传说《送鸟》[3]

图 1-13 《觐见蒙古大汗图》[4]

图 1-14 《宴饮图》[5]

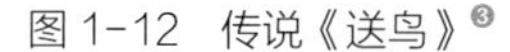

[1] 阿拉腾敖德 . 蒙古族建筑的谱系学与类型学研究 [D]. 北京：清华大学，2013.
[2] 额尔德木图 . 蒙古包建筑史：13 至 20 世纪中叶 [M]. 北京：中国建筑工业出版社，2022：48.
[3] 乌日尼乐图 . 帝国历史原画 [M]. 呼伦贝尔：内蒙古文化出版社，2019：9.
[4] 刘兆和 . 蒙古民族毡庐文化 [M]. 北京：文物出版社，2008：24.
[5] 乌日尼乐图 . 帝国历史原画 [M]. 呼伦贝尔：内蒙古文化出版社，2019：9.

行猎时记载：其形制，主帐为一顶巨大的帐幕，西向有一帐，与此帐相接，大汗居焉。如欲召对某人时，则遣人导入此处[1]。

置于车上的车载帐幕也具有完善的起居功能，其大小不同。大型帐幕主要用于行军居住，小型帐幕用于游牧。据柏朗嘉宾称：由车辆搬运的帐幕大小有别，小帐幕仅需1头牛，而大帐幕需三四头或更多的牛[2]。鲁布鲁乞记载了最大的车载帐幕需22头牛才能拉动，可见其尺度之大[3]（图1–15）。

图1-15 《大汗行宫图》[4]

1206年后，汉王的蒙古包形态出现了套脑呈脖颈状的有颈套脑式毡包，即包体的最上端具有双层的高耸天窗。其中成吉思汗灵帐（也称八白室）多为圆锥状的尖顶（图1–16），普通毡包、斡耳朵多为双层天窗。

图1-16 八白室[5]

在成吉思汗大帐毡包群的复原设计中可以清晰地看到当时的毡包多为有颈套脑式毡包（图1–17~图1–20）。

根据文献记载、画作的整理和蒙古国毡包群的复原设计，可绘制其形态线条简图（表1–5）。

清代蒙古草原上，已经具有成熟的毡帐形态——蒙古包。康熙二十七年（1688年），张诚途经察哈尔时记载：这些帐篷其实就是一些圆形的笼子，用很多很多的木棍支撑起来，直径大约4m，虽有大有小，但平均下来就是这个尺寸，帐篷中间明显高出来，

图1-17 贵族包

图1-18 牧民包

[1] 额尔德木图．蒙古包建筑史：13至20世纪中叶[M]. 北京：中国建筑工业出版社，2022：49.
[2] 柏朗嘉宾，鲁布鲁克．柏朗嘉宾蒙古行纪 鲁布鲁克东行纪[M]. 北京：商务印书馆，2018：12.
[3] 威廉・鲁布鲁乞．东游记[M]. 北京：中国社会科学出版社，1983：112.
[4] 刘兆和．蒙古民族毡庐文化[M]. 北京：文物出版社，2008：21.
[5] 额尔德木图．蒙古包建筑史：13至20世纪中叶[M]. 北京：中国建筑工业出版社，2022.

图 1-19　书房包

图 1-20　军事包

元朝时期蒙古包形态线条简图　　表 1-5

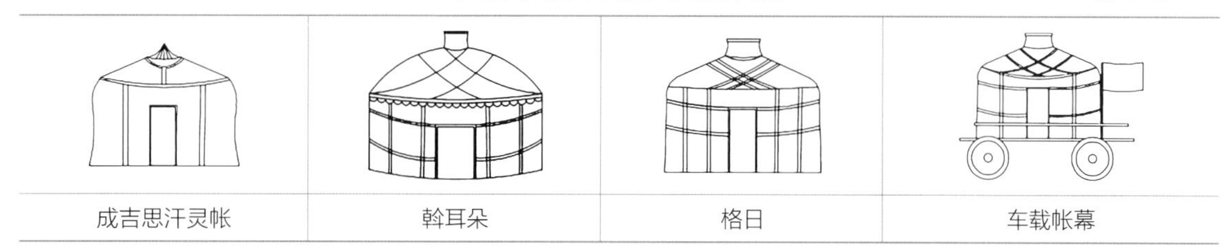

| 成吉思汗灵帐 | 斡耳朵 | 格日 | 车载帐幕 |
| --- | --- | --- | --- |

图 1-21　蒙古国博物馆画作

图 1-22 《草原的一天》[1]

屋顶建在离地面约有 1.3m 高的地方，往上一直有 2.6m 高，向中心汇聚成一点，建成一个塔顶的形状[2]（图 1-21~ 图 1-23）。

近年来，通过调研走访得知，清代和近代时期的蒙古包与现今蒙古包形态基本相似，都为两种形态：一种为圆形普通的无颈式蒙古包，另一种则为圆形带有双层天窗的有颈套脑式蒙古包（图 1-24~ 图 1-26、表 1-6）。

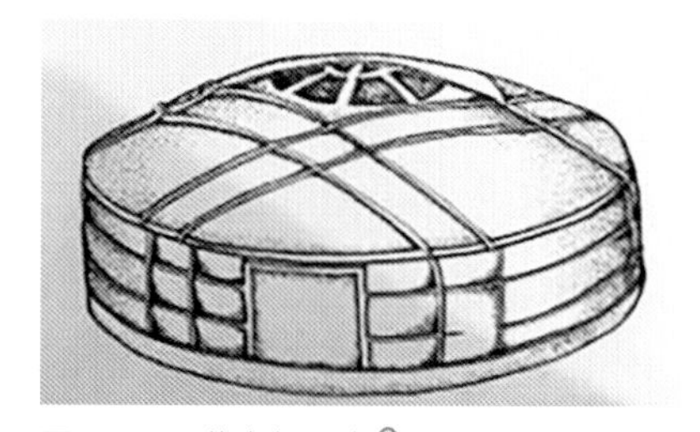

图 1-23　蒙古包香盒[3]

[1] 刘兆和 . 蒙古民族毡庐文化 [M]. 北京：文物出版社，2008：28-29.
[2] 额尔德木图 . 蒙古包建筑史：13 至 20 世纪中叶 [M]. 北京：中国建筑工业出版社，2022：84.
[3] 刘兆和 . 蒙古民族毡庐文化 [M]. 北京：文物出版社，2008：17.

图 1-24 保存于内蒙古工业大学设计院 1820—1830 年间的察哈尔蒙古包

图 1-25 内蒙古自治区阿拉善盟右旗曼德拉苏木百年蒙古包

图 1-26 内蒙古自治区鄂尔多斯市现代复原的有颈套脑蒙古包

清时期至近现代蒙古包形态线条简图　表 1-6

|  |  |
|---|---|
| 无颈套脑蒙古包 | 有颈套脑蒙古包 |

上述研究表明，从最初的穹庐开始，蒙古包形态即为半圆球状，到辽宋时期逐渐出现多样化的穹庐形态；蒙元帝国时期的各式毡包中有颈套脑样式增多，并出现方形、圆形、连体等多种不同形式；清至近现代时期，蒙古包形态逐渐成熟，主要分为有颈套脑蒙古包和无颈套脑蒙古包两种形态。

蒙古包各阶段形态特征反映了不同时期的游牧文化特点和牧民生活方式。因此，蒙古包形态是随着草原游牧民族生产与生活的发展而不断演变的，是蒙古草原独特地域文化的重要载体。

### 1.1.3 蒙古包技艺溯源

由于建筑材料的特殊性，一座蒙古包无法千百年地保存下去，而流传下来的是非物质文化遗产的蒙古包营造技艺。蒙古包营造技艺包括三个体系：构架、绳带和苫毡。其中构架体系是蒙古包主体结构，绳带是构架各杆件之间、苫毡与构架之间的捆绑用绳索，苫毡是构架的外围护结构，有顶毡和围毡之分。

蒙古包构架系统分为套脑、乌尼和哈那三部分，套脑为最上端的天窗，乌尼是连接套脑和哈那的中间部分，哈那是围合成圆形的墙壁。这三段式的结构是经过千百年来不断演化而来的（图 1-27~ 图 1-29）。

图 1-27　围哈那

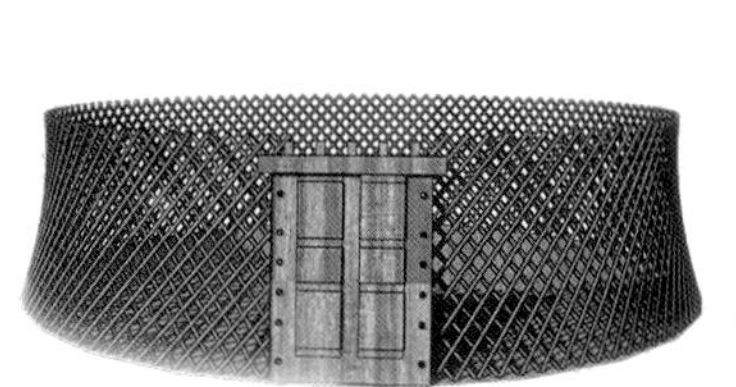
图 1-28　上套脑

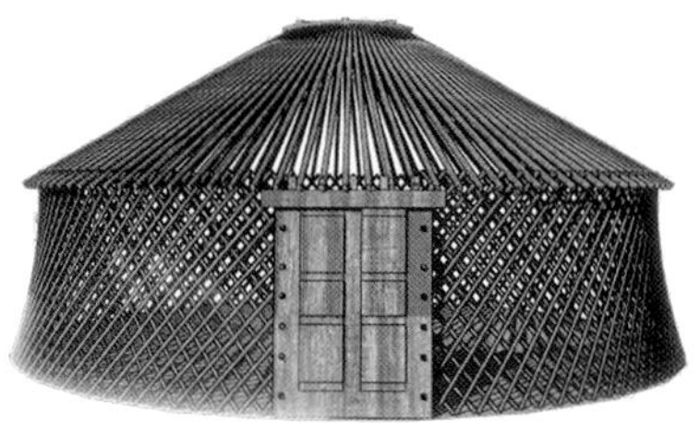
图 1-29　插乌尼

构架系统的发展可追溯到秦汉时期，据文献记载，匈奴人具有制作穹庐构架完备体系的手段。在西汉《盐铁论·论功》中记载了匈奴穹庐的做法为“织柳为室，毡席为盖”。从“织柳”“毡席”等文字描述来看，匈奴人的穹庐构架可能为柳条弯折而成，并围以毛毡。这基本上奠定了蒙古包两大系统的基本技艺。

在山西大同所出土的北魏时期陶制毡庐模型中，有一毡庐顶部带有方形天窗，中间系一飘带。这是最早发现的具有类似于套脑作用的毡包构件描述（图 1–30）。

隋唐时期，根据阿拉腾敖德在《蒙古族建筑的谱系学与类型学研究》的文章中分析认为，此时已经出现了带有直径偏小的有颈天窗，壁架比较高，为 1.8 ～ 1.9m（图 1–31）。

宋时期，契丹墓葬中出现多种穹庐形制的骨灰罐，有的罐体上刻有交叉网格线条来表示其穹庐构架，与现今哈那线条十分相似，可以看作是早期交叉式哈那的雏形（图 1–32）。另据《黑鞑事略》记载：“穹庐有二样：燕京之制，用柳木为骨，正如南方罘罳，可以卷舒，面前开门，上如伞骨，顶开一窍，谓之天窗，皆以毡为衣，马上可载。草地之制，以柳木组定成硬圈，径用毡挞定，不可卷舒，车上载行。”[1] 其中“燕京之制”中对伞骨、天窗的描写与现今蒙古包的乌尼、套脑十

图 1-30　山西北魏大同陶制毡庐[2]

图 1-31　突厥人毡包穹庐形态示意[3]

图 1-32　辽上京博物馆带有交叉网格刻线的穹庐式骨灰罐

❶（宋）彭大雅 . 黑鞑事略 [M]. 长沙：商务印书馆，1937：3.
❷ 刘兆和 . 蒙古民族毡庐文化 [M]. 北京：文物出版社，2008：16.
❸ 阿拉腾敖德 . 蒙古族建筑的谱系学与类型学研究 [D]. 北京：清华大学，2013.

分相似，而“草地之制”类似于现今柳编包的制作方式，用柳条绑扎固定再覆盖毛毡[1]。

此外，南宋《文姬归汉图》当中，有一毡包出现了交叉哈那的形态构件，通过《黑鞑事略》及对《文姬归汉图》的分析，宋时期已经出现了与蒙古包相似的完整套脑、乌尼和哈那的构架系统（图 1–33）。

图 1-33　南宋《文姬归汗图》

秦汉至宋时期出现了不同的穹庐制造技艺，从其形制结构分析来看，最早的穹庐是用柳木枝条弯折而成的构架系统。随着毡包制作技术的逐渐发展，北魏时期开始出现简单的套脑构件。辽宋时期穹庐已经出现类似于套脑、乌尼、哈那等完整构件的蒙古包构架体系。

宋至元明时期，各种不同的需求将毡包的制作与发展推向了极高的水平。1275 年到访元上都的马可·波罗称鞑靼人的帐幕“用杆结成，外覆以毡，其形圆，迁徙时可将其叠成一捆”[2]，描述了当时普通牧民毡房用木杆搭接，再覆以毛毡，外形为圆形，在迁徙时可随时拆卸搬运。此时的毡房已经与现今蒙古包的构架十分相似，分为完整的套脑、乌尼和哈那三段式构架系统。

元时期毡包的三段式结构中，套脑是毡包工艺最具特色的一部分，其套脑称为“有颈套脑”，即套脑为三层，每层为不同直径的圆木，其间由类似乌尼的杆件连接。这时期连接套脑的乌尼与哈那也清晰可见。乌尼共分两段，为木材制作，中间由圈梁连接两层乌尼（表 1–7）。

同时期的成吉思汗灵帐（八白室）、斡耳朵、格日及车载毡包等均使用有颈套脑，但其做法与工艺又不尽相同。

成吉思汗大帐毡包群复原案例　　表 1–7

<table>
<tr><td>蒙古国对成吉思汗大帐包组群复原已清晰地表明元代毡包具有套脑、乌尼、哈那三段式结构</td><td colspan="3">蒙元时期的蒙古包套脑多为有颈套脑，成吉思汗大帐包组群复原中的套脑有三种形式，均为双层。<br>成吉思汗大帐套脑较高，中间连接杆件略有弧度。<br>普通包的套脑较为低矮朴素。<br>军事包为榫卯式有颈套脑，下方与乌尼连接处为榫卯结构</td></tr>
<tr><td></td><td></td><td></td><td></td></tr>
</table>

1. 额尔德木图 . 蒙古包建筑史：13 至 20 世纪中叶 [M]. 北京：中国建筑工业出版社，2022.
2. A.J.H.Charignaon. 马可波罗行纪（中）[M]. 冯承钧，译 . 北京：商务印书馆，1947.

元后期，毡房到蒙古包的构架发展中，乌尼、哈那并未有过多的发展变化，而套脑的形式逐渐丰富起来。

清代的蒙古包构架体系已十分完善，并出现不同类型的套脑结构。在蒙古国造型艺术博物馆收藏的一幅反映草原生活的清代绘画中，套脑与乌尼的连接出现了更加便于迁徙的联结式蒙古包，借助于一种类似于手指的短杆（俗称“葫芦”）将乌尼与套脑用绳带穿起来连接在一起。这种蒙古包的形制十分清晰，套脑从中一分为二，呈两个半月形。迁徙时往骆驼或车上装载，每一面恰好平衡。另一种是插椽式（榫卯式）套脑蒙古包，与内蒙古博物院收藏的清代绘画《草原生活图》中的蒙古包极为相似，即套脑与数十根乌尼杆分开，在套脑边缘有一圈孔槽来插乌尼杆[2]（图 1-34）。

图 1-34　清代《草原生活图》局部图[1]

笔者 2023 年 7 月在鄂尔多斯调研时发现，早先的葫芦式连接的套脑现已逐渐演变为内蒙古自治区锡林郭勒盟、赤峰等地蒙古包套脑的主要形态。同时，榫卯式连接的套脑在一些大型商业毡包中使用得更多一些。内蒙古自治区西部地区的阿拉善牧民所用蒙古包构架种类丰富，因其现今还留有肖包亥、车金格日、哈那独贵、敖如查等不完全形制的蒙古包，其套脑多为简单的插孔式、井字形套脑。鄂尔多斯地区的贵族蒙古包依旧沿袭有颈套脑并装饰华丽，包体直径较大（图 1-35、图 1-36、表 1-8）。

由于都为五畜（牛、马、山羊、绵羊、骆驼）等动物皮与毛制作，蒙古包绳带和苫毡系统，极不易储存，且清以前的蒙古包缺少实物遗存，对绳带和苫毡的追溯仅能从史书典籍、历史图画或复原案例中略有表现。

蒙古包毛毡用于保温和包裹构架体系，可分为幪毡、顶毡、围毡和门毡四部分。早在穹庐出现时期，匈奴人就开始用毛毡对木制构架进行包裹。而后从魏晋南北朝时期对于百子帐“纽木支帐，覆以青缯”的描写中得知，这一时期的覆盖物可能出现了丝织品。而辽时期《辽史·营卫志中》中皇帝的牙帐大多是采用毛、毡一类的畜产品[3]。在蒙古国成吉思汗博物馆中已经出现明确

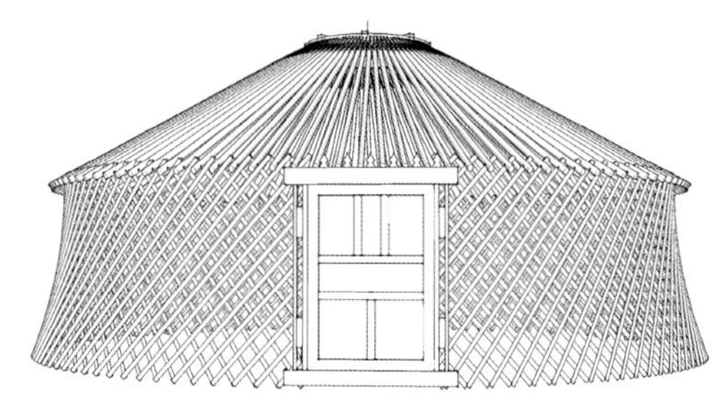

图 1-35　无颈套脑蒙古包

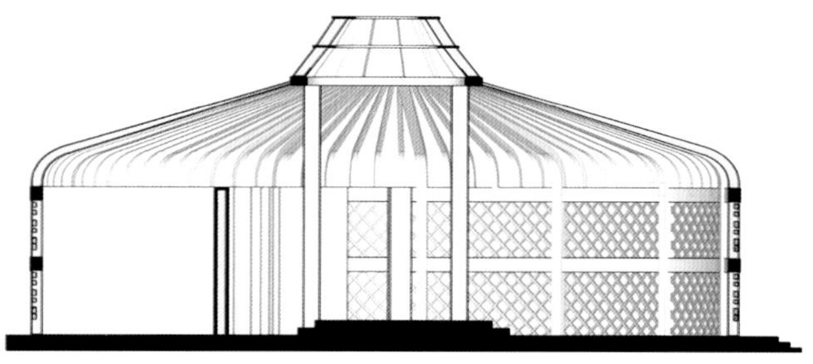

图 1-36　有颈套脑蒙古包

[1] 刘兆和 . 蒙古民族毡庐文化 [M]. 北京：文物出版社，2008：43.
[2] 刘兆和 . 蒙古民族毡庐文化 [M]. 北京：文物出版社，2008：4.
[3] 袁行霈，陈进玉 . 中国地域文化通览：内蒙古卷 [M]. 北京：中华书局，2013：12.

清至近现代时期蒙古包构架类型　　表 1-8

总体来看，蒙古包套脑共有四种类型，分别是：柳条葫芦式套脑、木制葫芦式套脑、榫卯式套脑、榫卯式有颈套脑。乌尼分为：直杆乌尼、弯杆乌尼、多段式乌尼。哈那分为：网状哈那、弯杆网状哈那、直杆哈那、斜杆哈那等

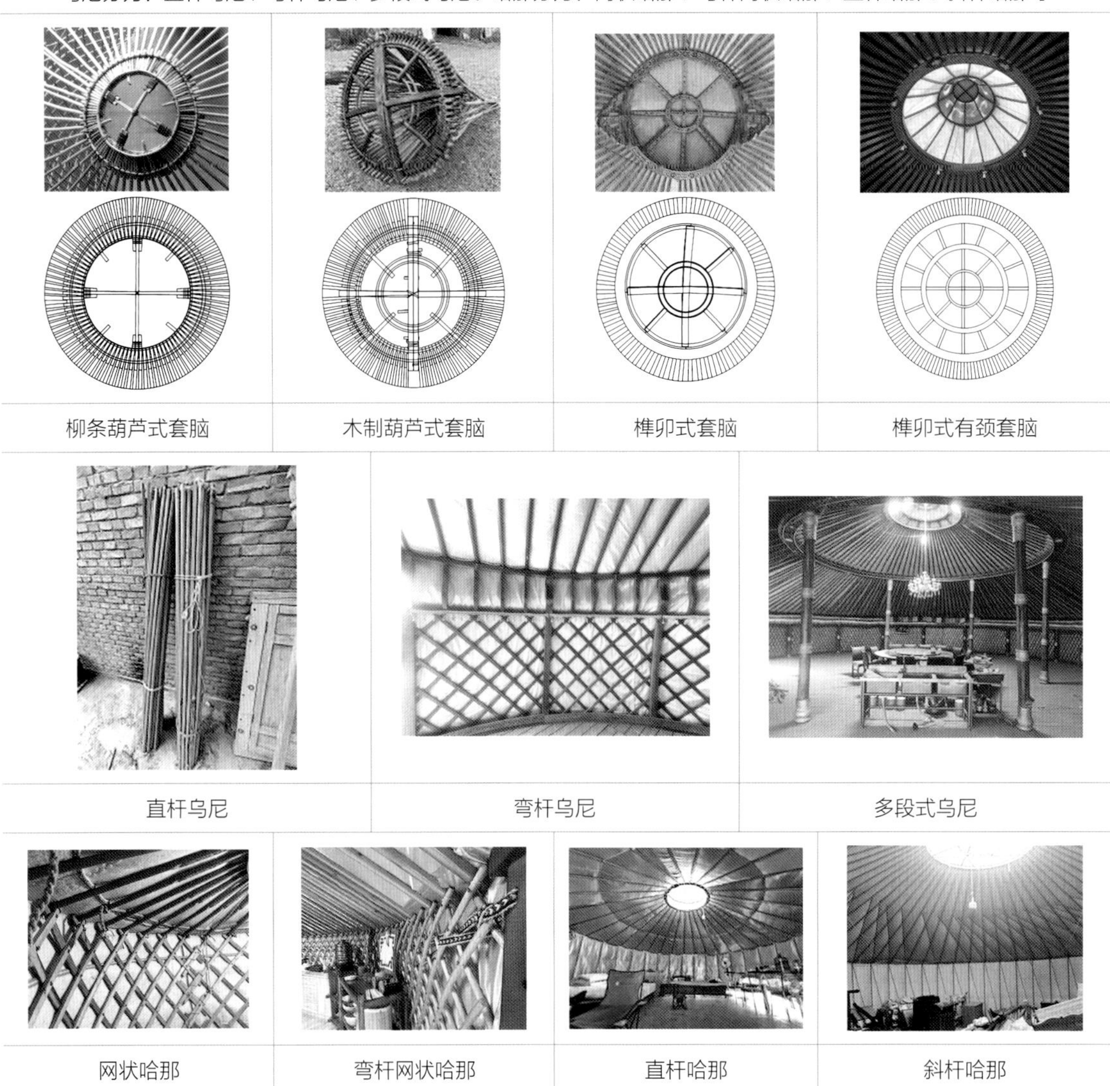


的毛毡划分。幪毡盖住套脑，顶毡包裹乌尼，围毡包裹哈那，门毡盖于门上（图 1-37~ 图 1-39、表 1-9）。

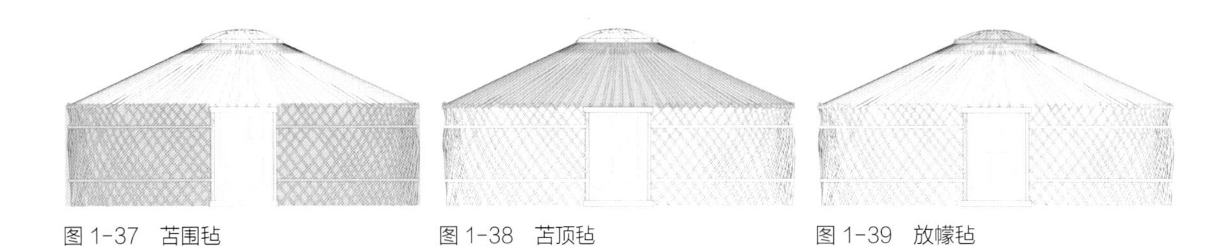

图 1-37　苫围毡　　图 1-38　苫顶毡　　图 1-39　放幪毡

蒙古包苫毡分件图　表 1-9

| 幪毡为正方形，覆盖于套脑上，四角有四根绳索，方便拉开或固定幪毡 | 顶毡为前后两片的扇形，盖于乌尼杆上，后一片比前一片较大，绳索交叉绑扎能够紧密包裹乌尼杆 | 围毡为长方形，覆盖于哈那上，一层压住一层，根据季节的变化也会增减围毡片数 |
| --- | --- | --- |
| 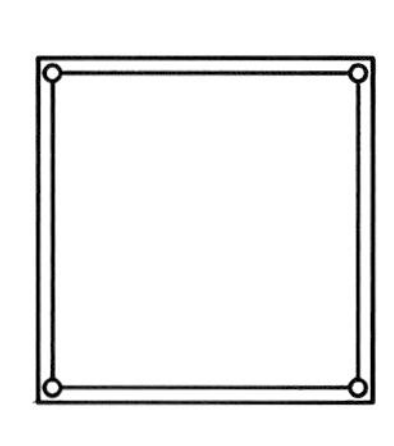 | 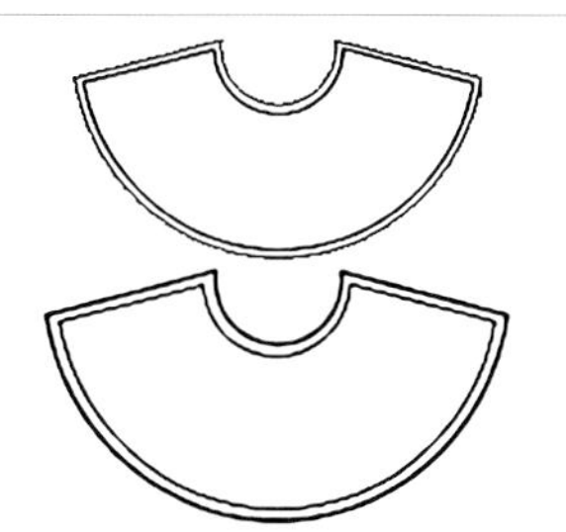 |  |
| 幪毡 | 顶毡 | 围毡 |
|  |  |  |

绳带系统是蒙古包技艺中至关重要的一部分，用于连接构架和捆绑苫毡。在乌桓和鲜卑时期，穹庐就用牛毛绳进行绑缚毛毡和构架。魏晋南北朝时期，鲜卑人的毡帐为“以绳相交络”，以绳带交叉绑扎构架。元时期《多桑蒙古史》中记载，蒙古包“外覆以毡，用马尾绳紧束之”，描绘草原牧民的毡房用毛毡进行覆盖，继而用马尾搓捻成的绳索进行绑扎[1]。清至近现代时期的绳带绑扎方式一直延续至今（表 1-10）。

蒙古包营造技艺于 2008 年被列入国家非物质文化遗产名录，该技艺是经过千百年来不断发展演化的结果，其搭建材料的精心选择，构架体系精湛的制作工艺，巧妙的毛毡搭接流程及灵活的绳带捆绑方式，使蒙古包营造技艺长盛不衰，并流传至今。

绳索绑扎方式　表 1-10

| 绳带多用五畜的毛发搓捻而成，用于连接各个蒙古包构架、各片毛毡，使蒙古包构架和毛毡之间更为紧密扎实 | | | |
| --- | --- | --- | --- |
|  | 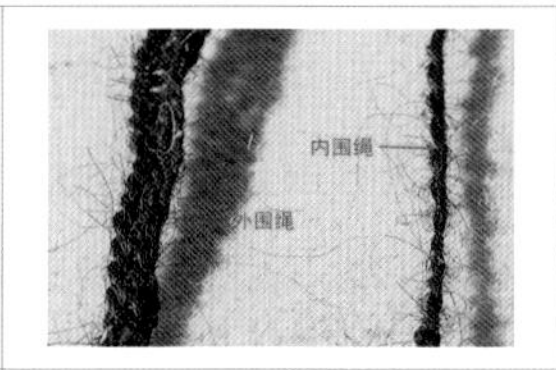 |  |  |
| 绳索 | 绳索细节 | 绳索绑扎毛毡 | 整体绑扎方式 |

[1] 李惠泽，高晓霞．蒙古包传统绳结制作工艺研究 [J]. 艺术科技，2017，30（4）：151-152.

续表

|  | 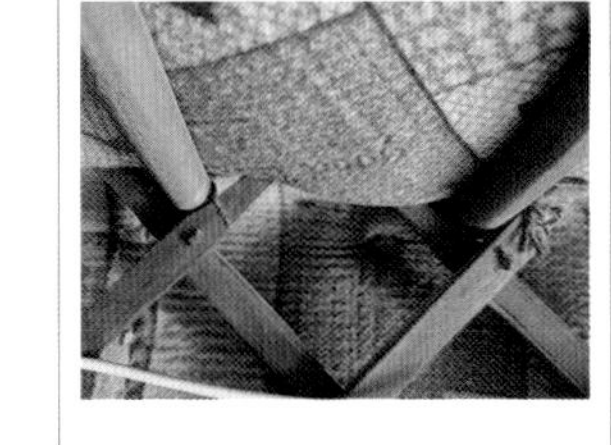 |  |  |
| --- | --- | --- | --- |
| 套脑绳索 | 乌尼哈那连接绳索 | 哈那围绳 | 哈那连接围绳 |

# 1.2 蒙古包装饰——蒙古民族装饰的见证

蒙古草原的游牧民族几千年来一直使用草原毡包作为游牧过程中的主要住居，其“穹庐”状的造型，白色的苫毡，与绿色的草原和蓝天白云相配合，构成一幅幅大美壮丽的盛景。蒙古民族壮大之后，承接了这一住居形式。上至各大汗王、皇亲国戚，下至普通牧民都居住在蒙古包，这一伟大的创举之中，他们用尽自己的智慧去装点着这些毡包，使其或辉煌璀璨，或高贵精美，或朴实无华，成为蒙古民族装饰的重要见证，充分反映出蒙古人的地域文化、人文信息及民族精神[1]。

## 1.2.1 蒙古包装饰载体

蒙古民族善装饰，如蒙古人的服饰，其款式、颜色、图案、纽扣等都极具装饰特色，蒙古包亦是如此，其蒙古包本体、附着物、日常生活使用的各类用品都成为蒙古民族用作装饰的载体，显示出蒙古民族非常喜欢生活在充满装饰的环境中的心理特征（图 1-40~ 图 1-47）。

图 1-40 鄂尔多斯蒙古包本体

图 1-41 锡林郭勒盟蒙古包本体

[1] 庞大伟 . 传统蒙古包内部装饰特征 [J]. 美术，2014（3）：120-121.

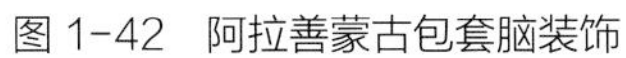

图 1-42　阿拉善蒙古包套脑装饰

图 1-43　鄂托克旗蒙古包乌尼装饰

图 1-44　蒙古国某贵族包乌尼装饰

图 1-45　锡林郭勒盟蒙古包门毡装饰

图 1-46　动物题材挂毯装饰

图 1-47　呼伦贝尔蒙古包家具装饰

由于结构与空间相对简洁，所以蒙古包装饰载体与它的主体构成密切相关。蒙古包主体构架是由套脑、乌尼与哈那三部分构成，其外围用苫毡包裹，并用马鬃绳带捆绑成整体。

套脑、乌尼与哈那除了其结构作用，这三者构成的搭接逻辑本身就具有技术与艺术完美结合的属性。同时，它们还是蒙古包室内空间的主要围合物，在室内清晰可见，日日相伴。

人在蒙古包室内抬眼望去，套脑的完美造型令人感叹。圆形的杆件与十字形的支撑密切结合。一缕缕阳光，一片片白云映入眼帘，达到了真正的天人合一。在套脑的边缘，或凿有榫卯，用以插入乌尼（图 1-48、图 1-49）；或排列“葫芦”，用以捆绑乌尼（图 1-50），使二者的连接既满足了技术要求，又产生了一定的韵律感，显示出较强的装饰意味。

蒙古包的外墙上那一片片渔网状的哈那由两层木杆叠加而成，其网眼呈菱形，均匀排列，视觉效果极佳（图 1-51）。哈那的顶部，由两层木杆叠加呈 V 字形，自套脑处倾斜而下的乌尼刚好搭接

图 1-48　榫卯式套脑

图 1-49　有颈式套脑

图 1-50　葫芦式套脑

图 1-51 普通牧民包乌尼哈那搭接

在 V 字形的中间，牛皮绳将二者紧紧地捆绑在一起，周围一圈皆如此。这样精细的搭接技艺，使蒙古包在室内展示出的装饰效果极为突出。

蒙古族英雄史诗《勇士谷诺干》在记载贵族蒙古包的室内艺术效果时说："金镀的屋顶，银包的围墙，水晶的房柱，珊瑚的马庄。珍珠镶的山墙，乌骨架的房梁，狮子头骨做的天窗，金龙戏柱上下飞翔。"这段话告诉我们，对蒙古包套脑、乌尼、哈那等各部分的再装饰也是十分重要的，表明不同层级的使用者对蒙古包构架本身的装饰也是十分讲究的，从中可以显示蒙古包主人的身份与地位[1]（图 1-52~ 图 1-57）。

图 1-52 彩绘装饰（一） 图 1-53 镶嵌装饰（一） 图 1-54 雕刻装饰（一）

图 1-55 彩绘装饰（二） 图 1-56 镶嵌装饰（二） 图 1-57 雕刻装饰（二）

[1] 勇士谷诺干 [M]. 霍尔查，译 . 呼和浩特：内蒙古人民出版社，1980.

帝王与贵族蒙古包由于面积较大（图 1-58），在套脑下需要加柱子以支撑大型套脑，或两根，或四根不等，称为巴根柱。大型包体，包门的尺度也会较大。这两者也成为蒙古包本体装饰的重要内容。

图 1-58　帝王与贵族蒙古包

蒙古包的结构构架采用柳木杆或木材来制作，为了防腐，延长使用时间，涂刷保护油漆等是十分必要的。帝王与贵族蒙古包则会在油漆的选择、色彩以及图案的搭配上，达到更加强烈的装饰意味（图 1-59）。

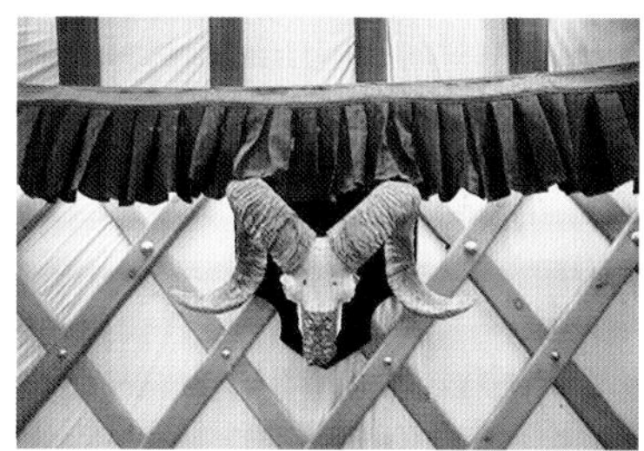

图 1-59　在构架上涂刷不同彩色油漆

蒙古包的外部用围毡来包裹，这也给了喜爱装饰的蒙古民族提供了用来装点蒙古包的平台。一般来说，这些围毡用羊毛编织而成，很难做各类装饰。但这难不倒智慧的蒙古民族，他们善于使用马鬃编成绳带，在围毡上绣出各种图案，也在围毡的边缘绣出装饰线脚，为洁白的蒙古包披上秀美的饰物，以满足其爱美之心（图 1-60~ 图 1-62）。

图 1-60　伊金霍洛旗蒙古包

图 1-61　阿鲁科尔沁旗蒙古包

图 1-62　蒙古国牧民蒙古包

其中一些贵族蒙古包还在覆盖乌尼的顶毡上，再加一层顶毡，俗称“马甲”，上绣图案，以彰显身份，美化蒙古包。

除了蒙古包本体，高等级的蒙古包还在室内的乌尼与哈那上挂上各类附属物，以增强装饰效果。其中应用较多的是挂毯、兽皮、围帘等。挂毯一般都挂在哈那上，功能是冬季用来抵御寒风，但其装饰性也极为强烈。不同规模、色彩、图案的挂毯，都为蒙古包室内增添了温馨与烂漫的气息（图 1-63、图 1-64）。

图 1-63 大汗座位挂毯　　图 1-64 座位挂毯

兽皮是帝王与贵族这些上层人士在蒙古包中所使用的一种装饰载体。兽皮经常被挂在乌尼与哈那的连接处，多为狐狸、貂皮，罕见的还有虎皮、熊皮等，显示出蒙古包主人的能力与地位（图 1-65）。

图 1-65 兽皮挂件

围帘一般用在特殊毡包乌尼与哈那的连接处，或用毡毯，或用绸缎来做。有长条形围帘，也有众多小块条形围帘组合而成的围帘，其上有打马印图案，也有文化信仰等内容，多种多样，具有很强的装饰属性（图 1-66~ 图 1-68）。

蒙古包内日常生活类用品包括家具和器物两种。家具是蒙古包主人重要的生活用品，类别繁多，造型各异，装饰性强。其中，桌、椅、柜、箱最为普遍。对于皇亲国戚等上层社会人士来说，家具不但有使用功能，还可以用来彰显身份地位，表现在用料考究、图案精美、色彩华丽，精神功能属性极强。

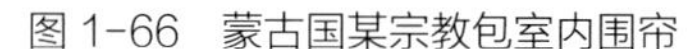

图 1-66 蒙古国某宗教包室内围帘

图 1-67 蒙古国某商业包块形围帘

图 1-68 蒙古国某牧民包挂毯与打马印围帘

而对于普通牧民来说，家具主要是功能性的需求，但也不乏简要的装饰。多用油漆绘制出一些向往美好生活的图样，如牛、马、羊等五畜图案，表现在材料简单、图案写实、色彩鲜艳，突出物质与精神功能的双重表达。

蒙古包内的各类器物亦是如此。在实际调研的一些案例中，贵族使用的毡包内，金、银、玉石等高等级器物比比皆是，其做工精美，突出身份（图 1–69）。在牧民包中，有许多木质的器物，盛奶的木桶、木碗等居多。偶有一件银器或瓷器物件，也是做工朴拙，简约实用（图 1–70、图 1–71）。

图 1-69 蒙古国某贵族包器物

图 1-70 锡林郭勒盟牧民包器物

图 1-71 锡林郭勒盟百年蒙古包器物

由此可以看出，蒙古民族十分重视蒙古包的装饰和所寄托的精神生活祈盼。这反映出其深厚的民族素养和坚韧的劳作精神，致使美丽的蒙古包更加多姿多彩，也使其所创造出的各类充满装饰艺术的载体名满天下，深深为后人所折服。

## 1.2.2 蒙古包装饰构成

我们知道，所谓蒙古包装饰就是蒙古民族使用各种饰物来打扮蒙古包，使其在保持使用功能的前提下，具有更加美丽的形体与空间。因而，这些饰物就成为蒙古包装饰研究的重点。

在蒙古包的构架体系中，对于套脑的装饰最为突出，成为蒙古包的构图中心和视觉中心（图 1–72）。在套脑圆形的构件内装有 8~12 根支撑木杆件，工匠们在这些支撑木上添加了各类饰物，绘上鲜艳的彩色图案，如佛教八宝、各类植物等图案，将套脑打扮得多姿多彩。在大型的蒙古包中

图 1-72 蒙古包套脑装饰

巨大的套脑下方需要有立柱来承接，称为巴根柱。为了与套脑的装饰相配合，其上也布满了各类装饰，其中以动物形象居多，有马、羊、鹿等。一些贵族的毡包也用狮子等大型动物来装饰巴根柱，更显得威武霸气。

乌尼由于自身简单，其装饰构成也比较简约。多数乌尼均涂以简单的油漆作为保护方式得以应用。在贵族等大型蒙古包中，乌尼采用分段式做法，在上下两段，或三段乌尼之间，用圈梁连接，这就为乌尼的装饰带来便利。为了与套脑在构图上顺利衔接，上下不同层处的乌尼杆经常被漆成不同颜色，使得蒙古包的顶界面绚丽多姿，充满了装饰魅力。还有的大型蒙古包，由于套脑的装饰更为复杂，需要在上层乌尼杆上镶嵌更多装饰物与之配合。常用一些金属饰物，均匀排布，大小不一，图案各异（图 1-73），与套脑一起共同烘托蒙古包室内空间璀璨恢宏的气氛。

图 1-73 蒙古包乌尼装饰

在这些大型蒙古包内，墙体上设置了专用的立柱，上托圈梁来承担蒙古包的整体受力。因此，哈那的结构作用减弱，成为布置在各立柱之间的附属物。哈那由两层木材本色的木板条叠加，连接在立柱与圈梁之间，构成一种质朴的衬托，以彰显乌尼与套脑的辉煌。

在这些案例中，蒙古包的主要构架体系，套脑、乌尼、哈那通过附加不同的装饰物、采用不同的构成模式，由简入繁，共同创造出金碧辉煌的蒙古包室内界面和空间氛围。

蒙古包原意是蒙古人的家。对于普通牧民来说，家是温馨的港湾。因此，在一般牧民眼里，蒙古包装饰构成更加追求随性、强调经济适用，没有贵族意识的彰显以及繁复奢华。同样的蒙古包构架，牧民更多地采用柳木枝条直接搭建。套脑更加注重技术，乌尼更加注重简便，哈那更加注重灵活（图 1-74）。通常是 4 片哈那便撑起一个家。柳木杆件的原生态，黑色马鬃绳的耐久，洁白围毡的厚实，共同构成一幅质朴清新的画面，伴随着丰美的大草原，成群的牛羊，成为令人心驰神往的仙境。

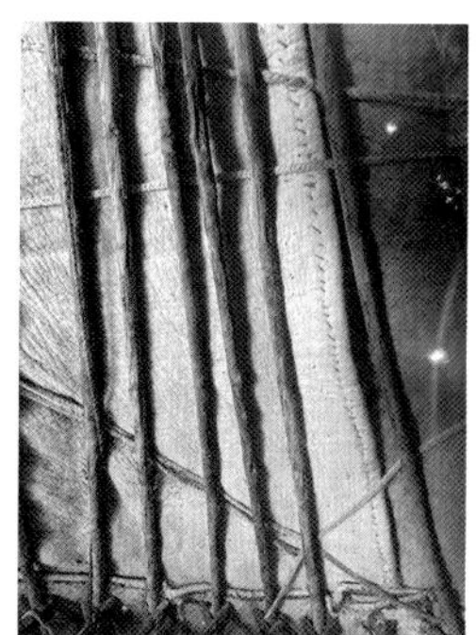

图 1-74　蒙古包构架本体

### 1.2.3　蒙古包装饰特征

建筑自产生之日起，就是人类利用自然与改造自然的结果。任何装饰，最初都是由对建筑物质本体的艺术升华而产生的，随后才有附加饰物以满足各类精神需求。蒙古包的产生与发展同样如此，经过漫长的岁月流逝与历史更迭，各类不同造型的草原毡包逐渐演化为由套脑、乌尼、哈那三大部分组成的、成熟的蒙古包。因此，蒙古包本体的艺术升华，使其装饰的自然意味十分浓郁。

例如在蒙古国乌兰巴托郊外成吉思汗大帐的蒙古包复原组群中，装饰的自然属性非常强烈。在其中的成吉思汗大帐内，套脑、巴根柱、双层乌尼、圈梁与哈那，均采用素木制作，不涂油漆（图 1-75）。在大帐的圈梁与巴根柱上，雕刻有简单的花卉、卷草浮雕图案，帐中主位的挂毯上绘制有类似鹰的图案，主座椅采用金属镶嵌彩色石头及动物皮毛进行装饰，两侧的座椅也全部采用素木制作，座椅四周起加固作用的金属钉同时起到了装饰作用，整体氛围威严、雄伟、宏达，体现了 13 世纪蒙古黄金家族在游牧生活背景下的奢华（图 1-76~ 图 1-79）。

这种趋向自然的装饰特色，在牧民用蒙古包中也十分普遍。笔者在锡林郭勒盟的调研中，有一牧民家庭还保留着一座 200 年前的蒙古包。包体构架全部采用柳木杆制作，非常质朴自然。其套脑与哈那杆件经过岁月的打磨，业已发黑，但其古朴的气势不减，成为蒙古包装饰趋向自然的样本与代表，也是传统蒙古包营造技艺的活化石（图 1-80）。

蒙元帝国建立之后，帝王与贵族的蒙古包中各种装饰逐渐增多，各类饰物逐渐走向奢华。前文蒙古族史诗《勇士谷诺干》关于贵族蒙古包装饰的描述也说明了这一点。

蒙古包装饰的色彩构成也具有自己独特的习俗，不同的颜色选择表达也随蒙古包主人的身份而有所区别。牧民的传统蒙古包以外部使用大面积毛毡为主，少有图案作装饰，洁白的蒙古包像珍珠一样洒落在绿色的草原上，强化的同样是一种崇尚自然的美（图 1-81~ 图 1-83）。

而贵族的蒙古包常常在顶毡上披上绣有各类图案的美丽“马甲”，边缘上用彩色绳带编制出各种线脚等大量的人工装饰物，强化色彩的醒目。包体的套脑也做成有颈套脑，高高隆起在包顶，形成蒙古包外部形态的构图中心，极大地彰显出贵族毡包的地位与尊严。

图 1-75 蒙古国复原的成吉思汗大帐包内部

图 1-76 蒙古国复原的成吉思汗大帐包套脑

图 1-77 蒙古国复原的成吉思汗大帐包组群远景

图 1-78 蒙古国复原的成吉思汗大帐包组群近景

图 1-79 蒙古国复原的成吉思汗大帐包巴根柱

图 1-80 内蒙古锡林郭勒盟 200 年前的蒙古包实景图

图 1-81 内蒙古巴林左旗牧民包围毡

图 1-82 内蒙古阿鲁科尔沁旗牧民包围毡

图 1-83 内蒙古杭锦旗牧民包围毡

总的来说，蒙古包在装饰上主要以自身要素为主，主体构件就是装饰本身。帝王与贵族的毡包虽然装饰较多，但也没有离开主体构件而另设装饰构件。再配以各色家具、器物等室内用具等，从总体上构成不同身份的毡包主人对蒙古包的不同需求，或威严雄伟的帝王之家，或亲切宜人的牧民之家。这就是装饰的作用，无论什么人都离不开它。

# 1.3 蒙古包装饰文化——蒙古民族文化的见证

辽阔浩瀚的蒙古草原孕育了丰富多彩的游牧民族文化。历经不同时代、不同地域和不同民族的文化涵化，产生了璀璨绚丽的蒙古民族装饰文化，使之成为我国 56 个民族建筑文化的重要组成部分。在不同的阶层这种文化表现为不同特性。例如以蒙古黄金家族为代表的帝王装饰文化，以王爷士绅为代表的贵族装饰文化，以普通牧民为代表的大众装饰文化等，共同见证了蒙古民族装饰文化的发展与兴盛，而蒙古包装饰文化就是一个典型的代表。

## 1.3.1 以黄金家族为代表的汗王装饰文化

黄金家族，原文为 altan urug[1]。其中的 altan 意为金，urug 意为家族，在蒙文史籍中 altan 常被用作可汗的代名词，犹如汉字“御”，如称可汗之身体为“金身”，可汗之容颜为“金颜”，可汗之生命为“金命”，可汗之宫帐为“金殿”等。黄金家族即皇族，是对成吉思汗家族的尊称[2]。

以黄金家族为代表的汗王装饰文化在精神与物质上，都强化帝王的地位与空间的富丽堂皇。蒙古国有成吉思汗时期黄金家族蒙古包的实物复原，根据复原实体可以看出黄金家族蒙古包包内十分奢华，乌尼杆杆头、套脑以及四根巴根柱上均镶嵌有金属雕刻纹样，乌尼杆底部与苫毡夹有动物皮毛，宝座座头装饰有雕刻华丽图样的金饰片，鹿角灯、金属包边的家具、各类精致的器具都表现出黄金家族蒙古包空间的豪迈气概与珠光宝气（图 1–84）。

13 世纪，波斯历史学家志费尼在旅途中记述了窝阔台汗的金帐，蒙古语称这种宫帐为“昔剌斡耳朵”：“山中为他修造了一座契丹帐殿，它的墙是用格子木制成，而它的顶篷用的是织金料子，同时它整个覆以白毡，这个地方叫作昔剌斡耳朵。”[3] 窝阔台汗的夏季斡耳朵在月儿灭怯土草地，

图 1–84 蒙古国某蒙古包组群中餐饮包内景

[1] 珠荣嘎 . 阿勒坦汗传 [M]. 呼和浩特：内蒙古人民出版社，1991：11.
[2] 志费尼 . 世界征服者史（上）[M]. 何高济，译 . 呼和浩特：内蒙古人民出版社，1981：279.
[3] 志费尼 . 世界征服者史 ( 上册 )[M]. 何高济，译 . 呼和浩特：内蒙古人民出版社，1981：279.

"那里搭起了一座大帐，其中可容千人，这座大帐从来也不拆卸收起，它的挂钩是黄金做的，帐内复有织物"[1]。蒙古诸汗举行各种典礼就在"大宫帐""金帐"里面进行[2]。其中"昔剌"意为"黄"，"斡耳朵"意为"帐殿"，即"黄色帐殿"，也是黄金家族的象征。关于黄金家族蒙古包的金制构件历史上也有记载，南宋时期，书记官彭大雅、徐霆先后出使蒙古，时间正值窝阔台汗时期，有曰："其金帐，柱以金制，故名。"[3]徐霆称"其制则是草地中大毡帐，上下用毡为衣，中间用柳编为窗眼透明，用千余条线曳住，阈与柱皆以金裹，故名。中可容数百人"[4]（图 1-85~ 图 1-87）。

图 1-85 金帐[6]

图 1-86 汗王大典[7]

图 1-87 窝阔台讨金[8]

由于蒙古包的可移动性，在转场时都以拆卸、再安装的方式来实施。但是，帝王的毡包规模巨大，装饰豪华，多以做成牛拉车帐的方式来使用。据出使蒙古国的法国人鲁布鲁克的行记记载，他见到的那种用车运载的大帐，宽达 30 英尺，运载它的大车，车轴长 20 英尺。每辆车要用牛驾挽，数头牛共排成两横列，一个人站在车上的帐门口，赶着这些牛在广阔无阻的草原上前进[5]。另有记载"鞑主金帐"，十分讲究，有用22头牛拉的车帐，其哈那周围用织锦或刺绣图案的绸缎装饰，地上铺有色彩艳丽的地毯；毡帐的门脸也多用花草藤树和鸟兽图案等装饰。其奢华的装饰，富丽堂皇的空间效果，体现着帝王无上的权力和威严（图 1-88~ 图 1-90）。

黄金家族曾征战四方，帝王出征仪仗威严，规模宏大，露营之地，群帐布局十分讲究。历史上有对贵族部落的描写，"当某部落屯驻在某地时，就围成一个圈子，部落首领处于像中心点一样的圈子的中央，这就称作古列延。当敌军临近时，蒙古人也按这种形

❶（波斯）拉施特 . 史集：第二卷 [M]. 余大钧，周建奇，译 . 上海：商务印书局，1997：70.
❷ 张景明 . 中国北方游牧民族的造型艺术与文化表意 [M]. 北京：知识产权出版社，2013：141.
❸ 许全胜 . 黑鞑事略校注 [M]. 兰州：兰州大学出版社，2014：19.
❹ 许全胜 . 黑鞑事略校注 [M]. 兰州：兰州大学出版社，2014：22–23.
❺ G.Luvsandorj. Decoration of Mongolian Architecture[M].Ulaanbaatar：2011.
❻ 马冀 . 蒙古历史长卷 [M]. 呼和浩特：内蒙古人民出版社，2005：18.
❼ 马冀 . 蒙古历史长卷 [M]. 呼和浩特：内蒙古人民出版社，2005：19.
❽（宋）孟元老 . 东京梦华录笺注 [M]. 北京：中华书局 . 2016：55.

式布阵，使敌人与异己无法冲进来”[1]。蒙古军队驻营时，“其营必择高阜，主将驻帐必向东南……，帐之左右与帐后诸部军马，各归头项，以席而营……，主者中据，环兵四表”。“得水则止，谓之定营，主帐南向，独居前列，妾妇次之，伪启卫及卫官属又次之。”[2] 黄金家族部落在一定程度上继承发扬了这种组织形式（图 1–91）。

与载帐大车同行的还有数百辆辎重车，装载粮食、衣服及其他的各类用品驻扎时，驻地帐幕的排列是井然有序的[3]。鲁布鲁克记载所见拔都的驻营地：“拔都有二十六个妻子，每个妻子有一座大帐幕，拥有足足二百辆车子。当他们安置帐幕时，正妻把她的帐幕安置在最西边，在她之后，其他的妻子按照她们的地位依次安置帐幕。因此，地位最低的妻子把帐幕安置在最东边。一个妻子与另一个妻子的帐幕之间的距离为一掷石之远。因此，皇帝与贵族的大帐或帐幕群看起来像是一座大的市镇。”[4] 辎重车排列在居帐的两边，距帐幕约半掷石远。这一方面是为了取用物品方便，另一方面也起屏障的作用。所以，黄金家族蒙古包不仅包体华丽，整体规模也很宏丽，布局管理科学而井井有条（图 1–92~ 图 1–94）。

图 1–88　鞑主金帐[5]

图 1–89　蒙古将领帷帐[6]

图 1–90　御帐[7]

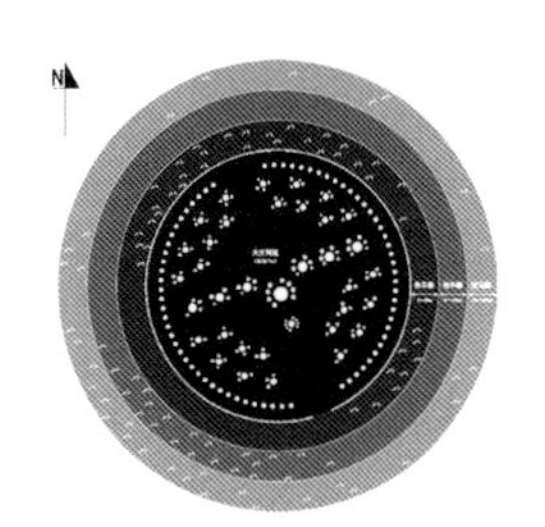

图 1–91　古列延传统布局模式示意图[8]

[1]（汉）司马迁 . 史记 [M]. 杨燕起，译注 . 长沙：岳麓书社，1959：137.

[2] 许全胜 . 黑鞑事略校注 [M]. 兰州：兰州大学出版社，2014：22–23.

[3] 鲁布鲁克东行纪 [M]. 耿昇，何高济，译 . 北京：中华书局，2013：87.

[4] 鲁布鲁克东行纪 [M]. 耿昇，何高济，译 . 北京：中华书局，2013：87.

[5]《蒙古学百科全书》编委会．蒙古学百科全书：古代史卷 [M]．呼和浩特：内蒙古人民出版社，2007：35.

[6] 马冀 . 蒙古历史长卷 [M]. 呼和浩特：内蒙古人民出版社，2005：21.

[7] G.Luvsandorj. Decoration of Mongolian Architecture[M].Ulaanbaatar，2011：53.

[8] 孟春荣 . 文化主义范式下蒙古包装饰元素的特质与基因研究 [D]. 哈尔滨：哈尔滨工业大学，2020：268.

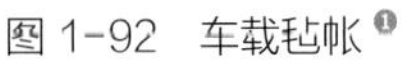

图 1-92 车载毡帐[1]

图 1-93 成吉思汗所用行帐[2]

图 1-94 行帐[3]

20 世纪 40 年代的最后两年，苏联考古学家对哈拉和林宽广的居民区进行考古发掘。在很小一块地方就发现十余座冶炼炉子，还有大量车辆、破城抛石机和其他机械零部件，甚至蒙古包部件也被发现。大量金属制品出土，这是手工业发达的表现。蒙哥汗时期，他命来自巴黎的金银匠威廉师傅在哈拉和林万安宫建造了一个宴饮机关。这是一棵大银树，树根下蹲着四只银狮子，每个狮子口中有一根管子，会喷出白色的马奶酒。树干上盘着四根管子直通树顶，并向下弯曲，每根管子上都有一条镀金的银蛇，绕盘在树干上。四根管子，一根流出葡萄酒，一根流出哈剌忽迷思（马奶酒），一根流出蜂蜜酒，还有一根流出的是米酒。在银树狮子中间，有四个大银盆，准备承接各自的饮料，光这些并不能成为一个自流机关。威廉在树顶上制造了一个手执喇叭的天使，在树下又挖了一个地穴，可容人躲藏，有一根管子从地下直通树干。宫殿外有一个房间，储藏着各种饮料，当听见天使吹喇叭时，仆人们就把饮料倒出来，这些饮料沿着管子先到树顶，再顺管子流出到银盆中，每人专门负责一种饮料的倾倒。司膳官们就汲取饮料，拿到宫殿各处，供红男绿女们饮用。从当时对一个饮料机关的装饰就可以看出当时冶炼技术、手工艺技术的发达，见微知著，黄金家族的蒙古包装饰也一定是尽显富丽的（图 1-95、图 1-96）。

图 1-95 18 世纪荷兰画家的“银树喷泉”[4]

图 1-96 “万安宫”主殿内的“银树喷泉”[5]

❶ 阿拉腾敖德．蒙古族建筑的谱系学与类型学研究 [D]．北京：清华大学，2013：30-33.
❷ 阿拉腾敖德．蒙古族建筑的谱系学与类型学研究 [D]．北京：清华大学，2013：30-33.
❸ 阿拉腾敖德．蒙古族建筑的谱系学与类型学研究 [D]．北京：清华大学，2013：30-33.
❹ 探访蒙古国：哈拉和林的银树喷泉 [EB/OL]．搜狐 .2017-07-23[2023-03-14].https：//www.sohu.com/a/159332960_505361.
❺ 探访蒙古国：哈拉和林的银树喷泉 [EB/OL]．搜狐 .2017-07-23[2023-03-14].https：//www.sohu.com/a/159332960_505361.

现藏于大英博物馆的古代波斯细密画有记录伊尔汗国的生活场景（图 1-97），上图是描绘合赞汗进入自己毡帐的情景，从图中可以看到绘制于苫毡上的凤凰纹样与藤蔓花纹，且毛毡有蓝白饰边，蓝色打底，叶片与藤蔓卷曲交错形成的节奏性线条图案十分精美。下图是正在学习《古兰经》的蒙古王子，背景是三顶形制各异的蒙古包，乍看装饰较为简单，但细瞧可见其装饰也是十分精致，蓝白几何条纹的地毯，变形组合的植物纹样，白色毡帐上装饰有苏力德图案，门头用伊斯兰文字装饰，远处还有两顶有颈套脑的蒙古包。

图 1-97　古代波斯细密画[3]

历史上对元大都宫殿建筑的描述有："殿上设水精帘，阶琢龟文……大阳东升，殿中灿烂，阶更飞辉。"[1] 蒙古族崇尚草原文化，与龟文化相远矣，这里所说的"阶琢龟文"就是在官殿底座、墙壁上所雕刻的哈那纹（菱形纹）。按照蒙古族宫殿设置惯例，宫殿外部墙壁不用幕布遮盖，内部墙壁则要用幕布遮挡起来。陈高华[2]先生讲到元大都宫殿内部陈设时说："殿内布置往往带有明显的蒙古族特色，普遍使用壁衣和地毯，凡属木结构的显露部分一般都用织造物遮盖起来。"可推断出，壁衣和墙帐是蒙古族建筑的传统装饰之一。这与鲁布鲁克对 13 世纪贵由大汗的斡耳朵内部陈设的描述"幕帐的天幕和内壁上也蒙上了一层华盖布"相印证。元大都诸宫殿一般夏天用"纳失失"凉帐（当时波斯产的一种名贵丝绸），冬天用貂皮、银鼠皮、黄鼠皮和狐狸皮暖帐。"至冬月，大殿则黄貓皮壁帐，黑貂褥，香阁则银鼠皮壁帐，黑貂帐。"[4] 元大都时期的建筑装饰文化发展的特点是：元廷统治者为了巩固自己的统治，重视学习中原文化，学习历代王朝治国安邦策略，重用各族知识分子，对稳定统治、发展生产起了重要作用。尤其中原地区雄厚的物质基础，积淀的宫廷文化因素，对元大都宫殿建筑装饰的发展，从物质技术方面提供了有力保证，从而使元宫殿装饰艺术达到了造型独特、端庄华丽、雕刻细腻的艺术效果。

元时期，帝王蒙古包装饰同宫殿建筑装饰无异，显赫而荣华，元代官修政书载，元泰定二年（1325 年）二月二十六日，《敕造上都综毛殿铺设》记载："成造地毯二扇，积二千三百四十三尺。"[5]

---

[1] （元）宋濂 . 元史 [M]. 北京：中华书局，1976：14.

[2] 中国社会科学院历史所研究员，曾任历史所宋辽金元研究室副主任、所长，中国社会科学院研究生院历史系主任。主要研究领域为元史，代表作为《宋元时期的海外贸易》《元大都》。

[3] 波斯细密画 | 丝绸之路项目 – UNESCO[EB/OL]. 联合国教科文组织 . 2020-09-23[2023-03-14].https：//zh.unesco.org/silkroad/content/bosiximihua.

[4] 王文墀 . 临河县志 [M]. 台北：成文出版社，1968.

[5] 归绥县志 [M]. 呼和浩特：内蒙古人民出版社，1934.

从地毯面积不难想象出该殿可容千人以上。而且，摆列铺设金银玉帛的桌子可达一百余张，里面如同殿宇般宏丽，金碧晃耀。元代著名诗人萨都剌《上京杂咏五首》描写道："沙苑棕毛百尺楼，天风摇曳锦绒钩。"[1]揭示了这种帐篷高超的营造技术。柳贯《观失剌斡耳朵御宴回》对这座庞大的营帐作如此的描绘："毳幕承空柱绣楣，彩绳亘地掣文霓。辰旂忽动祠光下，甲帐徐开殿影齐。"并注："车驾驻跸，即赐近臣酒马奶子御筵，设毡殿失剌斡耳朵，深广可容数千人。"[2]说明规模大得惊人，且装饰宏丽，体现了统治者的政治抱负、文化修养与个人喜好等（图 1–98~ 图 1–100）。

图 1-98　元"帐殿"与"牙帐"[3]

图 1-99　元上都举行宫廷宴会[4]

图 1-100　元太宗即位仪式图

清代离宫中的大幄制度与元朝的蒙古包有一定的渊源[5]。从乾隆皇帝的军事古列延形式就可见一斑，可以说其是由蒙古黄金家族宫殿式蒙古包继承发展而来。在乾隆年间的《万树园赐宴图》中可见清离宫里所用蒙古包样式与形制。其中，万树园中的蒙古包尺寸庞大，天窗部有蓝色顶饰毡，整体大部为白色。室内可见铺设有丰富纹样的地毯，高贵而奢华。乾隆五十八年（1793 年）曾在避暑山庄得到乾隆皇帝接见的英国副使斯当东在其著作中描绘万树园大蒙古包："在花园当中有一庄严的大幄，四周架着金色油漆的支柱"[6]，包体的奢华程度可见一斑（图 1–101~ 图 1–103）。

黄金家族，性情勇猛、稳健、直爽、彪悍，崇尚自然、崇尚自由、崇尚英雄的文化特征塑造了他们豪放的审美风格。以黄金家族为代表的汗王装饰文化体现着帝王权力和威严，另外还有着北方游牧文化的豪迈与不羁。透过黄金家族的蒙古包装饰可以感受到蒙古文化曾经的辉煌。

---

❶（元）萨都剌 . 上京杂咏五首 [M]. 北京：中华书局，2020.
❷（元）柳贯 . 观失剌斡耳朵御宴回 [M]. 呼和浩特：远方出版社，2011.
❸ 阿拉腾敖德 . 蒙古族建筑的谱系学与类型学研究 [D]. 北京：清华大学，2013.
❹ 马冀 . 蒙古历史长卷 [M]. 呼和浩特：内蒙古人民出版社，2005：24.
❺ 贾珺 . 清代离宫中的大蒙古包筵宴空间探析 [J]. 建筑史论文集，2002（3）：45.
❻ 苏龙格德・L. 胡尔查巴特尔 . 蒙古萨满教祭祀祭奠研究：卷二（蒙古文）[M]. German IMoFiF Elians eVPublisher 出版协会，2012：328–329.

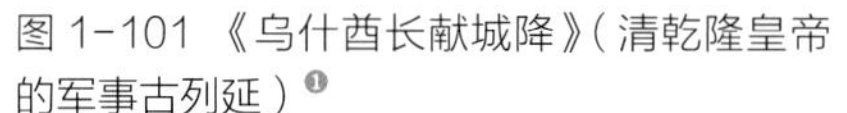

图 1-101 《乌什酋长献城降》（清乾隆皇帝的军事古列延）❶

图 1-102　万树园御幄外景（英画匠绘）❷

图 1-103 《万树园赐宴图》（郎世宁等绘）❸

### 1.3.2　以王爷士绅为代表的贵族装饰文化

在黄金家族的各个支系中，帝王以外的家族成员或可称为贵族。因成吉思汗建国的同时还奠定了一系列制度：千户、百户制，设置护卫军、大断事官，制定扎撒，诸王贵戚们便成为千户那颜、怯薛、扎鲁忽赤，以参与国家与部落的管理和统治。后随社会、政治的发展变迁，其内涵又发生了变化。

甘孜藏族州博物馆的百虎毡帐则是蒙古帝国时期元的一个首领赠送给当地最大寺院长老的，用以祭祀、念经、祈福、祈愿苍生平安。其呈圆形，内拱呈穹，尽显雍容华贵。帐篷篷顶和篷裙由108 张虎皮制作而成，底边镶有水獭皮、熊皮、豹皮等装饰，同时四周镶有 15800 颗海贝串成的吉祥图案，做工精细、原料珍贵、历史悠久、精美绝伦、隆重尊贵（图 1-104）。

到了清代，清廷将陆续归附的蒙古各部仿照满洲八旗的性质和组织形式建立的兵民合一的军事、政治和社会组织成为清朝国家行政体系中蒙古地区的基本军事和行政单位，又是清朝皇帝赐给

图 1-104　百虎毡帐❹

❶ 刘兆和．蒙古族毡庐文化 [M]. 北京：文物出版社，2008：77.

❷ 贾珺 . 清代离宫中的大蒙古包筵宴空间探析 [J]. 建筑史论文集，2002（3）：45.

❸ 贾珺 . 清代离宫中的大蒙古包筵宴空间探析 [J]. 建筑史论文集，2002（3）：45.

❹ 埃克苏 . 博物馆照明之甘孜藏族自治州博物馆 [EB/OL]. 知乎 . 2020-12-02[2023-03-14].https：//zhuanlan.zhihu.com/p/323650540#.

旗内各级蒙古封建主的世袭领地。旗设札萨克（民间称为“王爷”）一人，拥有行政、司法、税收和军事管辖权。因此，此时蒙古王爷是清政府政治统治与文化影响的产物，同时又具有一定的阶级属性。

在盟旗制度下，蒙古族的生活住居也受到了一定的影响和改变。8片哈那蒙古包是民间所用蒙古包中所用哈那数量最多的，但却是衙署府邸所用蒙古包中哈那数量最少、尺度最小的蒙古包。有学者将具有8片或8片以上哈那的蒙古包统称为大蒙古包。其中，王府多用4~6片哈那的小蒙古包，旗衙多用大蒙古包，蒙古各部王公贵族是大蒙古包的主要使用者。《四部卫拉特史》记载了18世纪卫拉特汗王之“有4根细木相接的乌尼之斡如格”及室内“用两张牛皮制成的酸奶皮囊”[1]。这说明，此蒙古包的乌尼很长，因为普通蒙古包的乌尼仅用一根细木杆。若加长乌尼，哈那与天窗的尺度也会相应地增大。酸奶皮囊一般使用一整张牛皮叠合而做成，而此蒙古包使用体积整整大一倍的皮囊，足见其蒙古包空间的宽敞程度。大蒙古包或官府蒙古包还有双扇门、门廊及双重天窗等标志性构件，这些都是吸收中原汉民族建筑文化的表现（图1–105、图1–106）。

图1–105 大蒙古包的木质门廊与双重天窗[2]

图1–106 1912年蒙古贵族家庭[3]

在一幅疑为清末绘制的《鄂尔多斯七旗筵宴图》中，仪式用蒙古包使用了饰顶毡。主蒙古包外连接的一顶帐幕，标识了鄂尔多斯七旗扎萨克王的爵位。在一顶蒙古包上方插有一面三角形旗帜，夹在蒙古包外围绳里或插在天窗中心的旗帜是标识蒙古包特定地位的重要标识物，使人们可以从远处辨识这一蒙古包（图1–107）。在清代常用此方法标识扎萨克衙署及驿站蒙古包[4]。这可以看出因身份的不同，贵族是希望将此种等级差别外化的，用或华丽或独特的蒙古包装饰来标识自己的阶层。

[1] 额尔德木图．蒙古包建筑史：13至20世纪中叶[M]. 北京：中国建筑工业出版社，2022：145.

[2] 额尔德木图．蒙古包建筑史：13至20世纪中叶[M]. 北京：中国建筑工业出版社，2022：102.

[3] 蒙古往事．一组蒙古族老照片[EB/OL]. sohu.2020–04–14[2023–03–14].https：//www.sohu.com/a/387872970_225576.

[4] 赵百秋．民族装饰艺术在王府建筑中的表现形式探究：以苏尼特蒙古王爷府为例[J]. 内蒙古民族大学学报（社会科学版），2015，41（3）：102–106.

阿拉善蒙古贵族，几乎历代都受到清朝封赏。自康熙朝以来，阿拉善蒙古王公贵族多次受到清廷封赏，先后共有 170 多次，几乎平均每年就有一次。阿拉善蒙古贵族与清皇室的联姻，也是非常频繁的。表 1–11 是阿拉善盟历代王爷的概况，可以看出阿拉善王爷与清朝皇族关系紧密。而阿拉善盟王爷蒙古包选址于一片平整的开阔空地，包体遗址直径有 6.33m，其面积较普通牧民蒙古包大很多（图 1–108、图 1–109）。

图 1–107 《鄂尔多斯七旗筵宴图》局部[1]

有关王爷贵族蒙古包室内的器物种类及摆设位置、行为秩序，史料有零星记载。高士奇于清康熙二十年（1681 年）出行喀喇沁地区，称“富者支毳落，内设床幔，以妆绵为之，亦有箱食诸具”[2]。此记载说明富裕人的蒙古包内设有床榻及大小箱柜。还有一些历史图片可以一瞥历史上贵族蒙古包的室内装饰。瑞士传教士、外交官及商人拉尔森曾于 1893—1939 年定居于华北和蒙古地区，他收藏了一些清代贵族所用瓷器，从图中可见较为精致的家具以及刺绣华丽殷实的坐毯。在另外一些外国人的镜头下，清末贵族蒙古包的室内装饰明显受到宗教文化艺术的影响，挂毯的内容是藏传佛教的吉祥纹样和佛像，家具可见金属錾刻的几何纹样，地毯上有细密复杂的图案给人以律动的美感，使其整体空间庄重而不乏惬意（图 1–110 ~ 图 1–113）。

阿拉善旗扎萨克亲王世系 表 1–11

| 世代 | 姓名 | 年份 | 备注 |
|---|---|---|---|
| 多罗贝勒 | 和啰哩 | 1697—1707 年 | |
| 多罗郡王 | 阿宝 | 1709—1739 年 | 和啰哩三子，娶康亲王女道克欣，继娶庄亲王博果铎女 |
| 第一代 | 罗卜藏多尔济 | 1739—1783 年 | 阿宝次子，娶庆亲王允禄和王氏女多罗格格爱新觉罗氏 |
| 第二代 | 旺沁班巴尔 | 1783—1804 年 | 罗卜藏多尔济长子，娶永城女爱新觉罗氏，另还娶乾隆第五子永琪之女爱新觉罗氏 |
| 第三代 | 玛哈巴拉 | 1804—1832 年 | 旺沁班巴尔弟，娶和郡王绵循女爱新觉罗氏 |
| 第四代 | 囊都布苏隆 | 1832—1844 年 | 玛哈巴拉子，娶顺承郡王伦柱女爱新觉罗氏 |
| 第五代 | 贡桑珠尔默特 | 1844—1876 年 | 囊都布苏隆子，女即婉容皇后外祖母 |
| 第六代 | 多罗特色楞 | 1876—1910 年 | 贡桑珠尔默特子 |
| 第七代 | 塔旺布鲁克札勒 | 1910—1931 年 | 多罗特色楞子 |
| 第八代 | 达理札雅 | 1931—1970 年 | 塔旺布鲁克札勒长子 |

❶ 额尔德木图 . 蒙古包建筑史：13 至 20 世纪中叶 [M]. 北京：中国建筑工业出版社，2022.
❷ 沙宪如 . 蒙古族居住风俗述略 [J]. 辽宁师范大学学报，1993（4）：71–75.

图 1-108 阿拉善盟苏泊淖尔苏木第十一代王爷蒙古包遗址

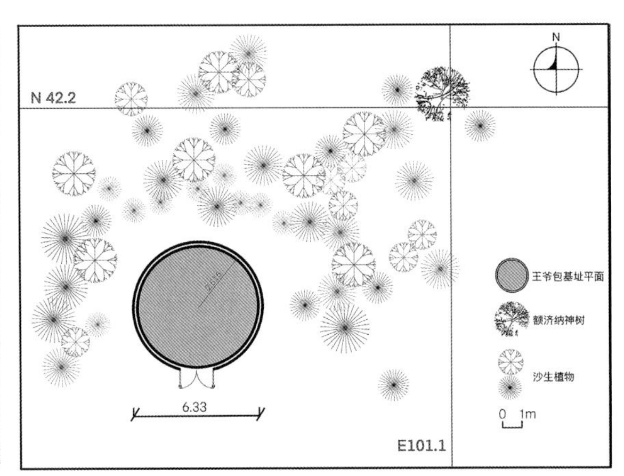


图 1-109 苏泊淖尔王爷包遗址平面示意图

图 1-110 瑞士传教士、外交官及商人拉尔森（1870—1957）（上左）❶
图 1-111 清末，芬兰元帅曼纳海姆镜头下的新疆贵族蒙古人（上中）❷
图 1-112 1906 年，生活在新疆伊犁河畔的蒙古贵族（上右）❸
图 1-113 20 世纪初海拉尔贵族蒙古包内的家具（下）❹

蒙古国乌兰巴托市王爷府内展示的该王爷蒙古包，其木框架均染红漆，外部苫毡用虎豹纹的皮革加盖；双开门，另外还有门毡，外部装饰整体比较统一，还点缀有红白蓝色绸缎。蒙古包内部的装饰同样是地位和身份的象征，动物、植物和符号等纹样被绘制、雕刻于套脑、哈那或包内柱子上。此外，包内装饰也是格外讲究的。内部空间的顶部以蓝色绸缎打底，蓝色上是银白色团龙纹，红色乌尼杆顶端有雕刻与黄色彩绘，有 4 根红色巴根柱，上面有浮雕龙纹；包内正北位有宝座，西

❶ 蒙古往事 . 一组蒙古族老照片 [EB/OL].sohu.2020-04-14[2023-03-14].https：//www.sohu.com/a/387872970_225576.
❷ 蒙古往事 . 一组蒙古族老照片 [EB/OL].sohu.2020-04-14[2023-03-14].https：//www.sohu.com/a/387872970_225576.
❸ 蒙古往事 . 一组蒙古族老照片 [EB/OL].sohu.2020-04-14[2023-03-14].https：//www.sohu.com/a/387872970_225576.
❹ 蒙古往事 . 一组蒙古族老照片 [EB/OL].sohu.2020-04-14[2023-03-14].https：//www.sohu.com/a/387872970_225576.

北方是神位；普通火撑子的部位放置一个雕刻华丽纹饰的火炉；铺设有红蓝黄色地毯，整体十分华丽，尽显尊贵。对于王爷贵族群体也有相对应的等级纹样，狮纹、象纹等绘制于其使用的家具上，还有一些宗教图案也是一些贵族的专用装饰，另外还有一些精致的、非蒙古族的舶来品的器物也会供蒙古贵族生活使用（图 1–114、图 1–115）。

图 1–114　蒙古国王爷府蒙古包

图 1–115　蒙古国王府室内陈设

在蒙古国的王爷府宅全景图画作与可考的历史画作中可以看到蒙古包在王府中的安置与使用情况，从中也可以看到王府蒙古包的外装饰比较规整，有红色与蓝色的顶饰毡。从一些历史资料中也可以看出，王爷贵族虽建有府苑，但仍保留有蒙古包。民国二十年（1931 年）《临河县志》有载“王公均有府宅，普通蒙古人均在蒙包，间有土屋，名曰‘板身’。然院内仍置包，示不忘本也”。民国二十三年（1934 年）《归绥县志》亦有载“蒙古世家巨族所居宫室，板升屋数间在后，蒙古包在前”[1]。在一些历史照片中也可以得到相同的信息，贵族蒙古包的使用场景不局限于王府，在旗衙、召庙中也会加以利用。这种“包”、室同院的风俗最早是在清代中期以后才逐渐出现的，反映了蒙汉之间民族融合的趋势[2]（图 1–116 ~ 图 1–119）。

[1] 勇士谷诺干 [M]. 霍尔查，译 . 呼和浩特：内蒙古人民出版社，1980.

[2] 包斯钦，金海 . 草原精神文化研究 [M]. 呼和浩特：内蒙古教育出版社，2007：281.

图 1-116 苏尼特蒙古王府（上左）[1]
图 1-117 四子部落旗王府的三顶大蒙古包，后有房屋（上右）[2]
图 1-118 王爷府全景画作（蒙古国王爷府）（下左）
图 1-119 经堂门口的蒙古包（下右）[3]

《蒙古族史诗》中也有描述勇士谷诺干的住居："金镀的屋顶，银包的围墙，水晶的房柱，珊瑚的马桩。珍珠镶的山墙，鸟骨架的房梁，狮子头骨做的天窗，金龙戏柱上下飞翔。"这段语言虽然略有夸张，但也描述出其用料的奢华和高贵，从物质到精神全面阐释了蒙古族贵族装饰文化的雍容华丽、富贵显荣。尤其是"天窗"一词的出现，暗示了蒙古包套脑的地位，而"狮子头骨"的立体化缘由，也从一个侧面点出了有颈套脑的造型特征。

贵族蒙古包体现着以王爷士绅为代表的贵族文化，早期的装饰以展现华丽富贵为主，后因为贵族文化通常能够兼收并蓄，所以呈现出多元化的特点。通过分析案例发现，贵族蒙古包在展现民族特色的同时还可以从中看到其他地区文化以及宗教文化的影响，尤其清朝、民国时期的贵族蒙古包外接有门廊和双重天窗，其灵感与原形就来自中原重檐歇山顶建筑。贵族蒙古包与固定式房屋的结合使用也体现了贵族文化的融合性，蒙古包还是主要用于居住，结合固定式房屋使用后，用途拓展，用来集会、放置经书等。

---

1. 赵百秋．民族装饰艺术在王府建筑中的表现形式探究：以苏尼特蒙古王爷府为例[J]．内蒙古民族大学学报（社会科学版），2015（3）：23.
2. 额尔德木图．蒙古包建筑史：13 至 20 世纪中叶 [M]．北京：中国建筑工业出版社，2022：47.
3. 额尔德木图．蒙古包建筑史：13 至 20 世纪中叶 [M]．北京：中国建筑工业出版社，2022：68.

### 1.3.3　以普通牧民为代表的大众装饰文化

1206 年，在蒙古腹地斡难河源头召开的“忽里台”大会上，铁木真建九斿白纛，即“大蒙古国”可汗之位，尊号“成吉思汗”。至此，溯不同族源、操不同方言、信不同宗教的中亚草原诸部族统一在大蒙古国的统治之下，这些部落也因此凝聚为具有统一国土和生活方式、相同语言和民族心理的共同体——“蒙古族”。“蒙古”一词便从指代“部落”变为了指代“民族”的称号[1]。

蒙古民族活动区域主要分布于漠南、漠北，漠南主要指今天的中国内蒙古自治区，漠北主要指今天的蒙古国。因历史、地理等原因，各地的蒙古包稍有不同，但整体来说都是三段式蒙古包。蒙古国今天所看到的蒙古包更显粗犷。牧民使用的蒙古包体积较小，其装饰较内蒙古的牧民包略显质朴，以实用为主。一般使用 4 片哈那进行围合，哈那片上与乌尼相连接，搭接数量为 13~16 根。乌尼是蒙古包的肩，上连套脑，下接哈那。其长短、大小、粗细要整齐划一，木质要求一样，一般由松木或红柳木制作，长短由套脑决定，其数量也要随套脑改变。东部地区牧民蒙古包套脑多为串联式套脑。在 4 片哈那的蒙古包标准形态下，每片哈那搭接 15 根乌尼，门上搭接 4 根。牧民蒙古包的哈那、乌尼数相差无几，其主要取决于蒙古包大小，而因为游牧的关系，牧民包一般较小。内蒙古自治区中部蒙古包的主要特征是有两种套脑，串联式和插孔式；而西部蒙古包因当地风沙较大导致其高度较低，套脑多为井字形套脑（表 1–12）。

漠南、漠北牧民蒙古包　　表 1–12

| | | |
|---|---|---|
|  |  |  |
| 漠北牧民蒙古包 | | |
|  |  |  |
| 中部锡林郭勒盟牧民蒙古包 | 东部呼伦贝尔市牧民蒙古包 | 西部阿拉善盟牧民蒙古包 |
| 漠南牧民蒙古包 | | |

[1] 阿拉腾敖德 . 蒙古族建筑的谱系学与类型学研究 [D]. 北京：清华大学，2013.

作为游牧民族，蒙古族的生活保障主要来源于畜牧，住居也需便于迁徙。蒙古包轻便且御寒保暖，适合蒙古草原的自然环境和游牧生活。草原上瞬息万变的自然现象，常常对靠天养畜的蒙古族的生产生活产生重要影响。因此，蒙古牧民对神秘而奇伟的大自然十分尊崇。蒙古民族的经济生活以游牧为主，随水草而居。这是草原文化特征形成的基础和最实质性的内涵[1]。游牧文化是一种动态文化，崇尚健壮武勇，开放且包容，富有冒险性和挑战性。马背上的生活和广袤的草原孕育了蒙古民族热情真诚的处世原则，这种淳厚的品德与精神是与他们朴素的宇宙观和质朴的待人之道密不可分的。人与大自然和谐统一的游牧生活方式，铸就了他们宽广的胸怀、乐观向上的心态和善于包融的开放精神（图 1–120~ 图 1–122）。

世代生活在蒙古草原上的蒙古游牧民族有着天然的崇尚自然的情怀和歌颂自然万物的审美意识。他们不喜欢繁文缛节和死板教条，用于人们生活的都是最灵活实用的，所以他们所居住的毡包以实用为主，少有装饰，但又很重视美化自己所居住的场所。

普通牧民蒙古包大多通体采用白色，没有过多装饰，他们认为白色是最圣洁、最纯净、最美好的颜色。以这样简单的形式寄托着对美好生活的追求和善良的愿望。其中，内蒙古东部呼伦贝尔地区的蒙古包冬季用毛毡覆盖，夏季则用芦苇杆来覆盖，更显自然朴素（图 1–123~ 图 1–125）。

图 1–120　参加锡林郭勒盟那达慕大会东苏旗代表团[2]

图 1–121　1959 年牧民架设蒙古包[3]

图 1–122　1936 年兴安祭敖包会[4]

图 1–123 《草原的一天》（清代绘画）[5]

图 1–124　20 世纪二三十年代用芦苇杆覆盖的蒙古包[6]

图 1–125　呼伦贝尔市巴尔虎蒙古族的苇帘蒙古包图[7]

[1] 包斯钦，金海 . 草原精神文化研究 [M]. 呼和浩特：内蒙古教育出版社，2007：281.
[2] 蒙古往事 . 一组蒙古族老照片 [EB/OL].sohu.2020–04–14[2023–03–14].https：//www.sohu.com/a/387872970_225576.
[3] 蒙古往事 . 一组蒙古族老照片 [EB/OL].sohu.2020–04–14[2023–03–14].https：//www.sohu.com/a/387872970_225576.
[4] 蒙古往事 . 一组蒙古族老照片 [EB/OL].sohu.2020–04–14[2023–03–14].https：//www.sohu.com/a/387872970_225576.
[5] 刘兆和 . 蒙古民族毡庐文化 [M]. 北京：文物出版社，2008：74–201.
[6] 刘兆和 . 蒙古民族毡庐文化 [M]. 北京：文物出版社，2008：74–201.
[7] 刘兆和 . 蒙古民族毡庐文化 [M]. 北京：文物出版社，2008：74–201.

牧民蒙古包里的装饰，大多采用自然图案（动物、花草、云等）与佛教文化图案（七珍、八宝），根据不同构件与器物（围毡、套脑、乌尼、箱柜等）采用不同的缝纫方式和工艺，可分为刺绣、雕刻、编织、彩绘等方法，用彩色毛线编织或用彩色布条缝制出各种图案，如花、鸟、兽或几何图案等，也吸纳了很多中原地区的典故图案，一般彩绘的色彩较为艳丽，多采用撞色。从牧民蒙古包内的装饰整体来讲，比较朴素简单，没有较多的章法与规则，较为随意大胆，有时会大面积使用一些艳丽的色彩，有热烈、爽朗的装饰效果。蒙古族装饰文化的特点包括：源自对游牧文化的传承、中原文化的影响、藏传佛教文化的融合，这充分体现出游牧民族兼容并蓄的文化艺术心态以及博大的胸怀（图 1–126）。

图 1–126　普通牧民蒙古包内装饰

一直以来，蒙古族牧民善于利用当地的原料制作成各种生活用品，来装饰居住空间，获得审美体验。牧民们不追求过分精细的做工，工匠在利用原材料的同时，善于感受、珍惜和发现材质固有的自然美，由于材料的简朴，不做过多的雕琢、修饰，保持着粗率质朴的痕迹，因此显露出淳朴天然的趣味。随着社会发展，生活用具伴随社会发展普遍升级，但蒙古族牧民简朴的生活态度和审美趣味依旧可以从蒙古包中感受到（图 1–127）。

图 1–127 普通牧民蒙古包内的器具

从清朝开始，大批牧民或弃牧从耕，或转向半农半牧的生活方式，逐渐形成了多个蒙古族农民定居地。随着这些定居聚落的蔓延，其中的一些人也逐渐脱离游牧业成了城镇里的手工业者。但是，蒙古包的居住传统并没有丢失，在一些城市中也偶有蒙古包的出现，成为一种文化传承下来。

总的来说，黄金家族为代表的帝王蒙古包，其装饰华彩鲜丽，运用的材料也较为丰富和珍贵，有如动物皮草、金银珠宝、上好木材等，雕刻的龙凤狮等纹样也体现身份等级的尊贵；蒙古族贵族等上层人士，以及后来清朝王爷的蒙古包则更加体现了满、蒙、汉、藏文化的融合，将其他文化中的建筑元素或样式加入蒙古包中，如门廊与双重天窗的创新，使蒙古包的身份标识作用更加明晰，也在一定程度上扩充了其使用场景；草原牧民的蒙古包装饰则较为朴素简洁，利用生产生活中的动物皮、毛来对蒙古包进行毡与绳的装饰，蒙古包内的装饰也以简单适用为主。

蒙古包装饰文化体现一定的阶级属性，地位越高装饰越华丽，构件越复杂。在黄金家族及王爷仕官的蒙古包上体现着帝王文化，体现着帝王无上的权力和威严，兼收并蓄的开放与包容。牧民蒙古包装饰则更深刻地体现着蒙古民族的游牧文化的基因，坚毅勇敢、崇拜自然力量，有着歌颂自然万物的审美意识。

CHAPTER 2

第2章

# 蒙古包装饰文化涵化

所谓文化涵化是指“不同文化在接触过程中，相互采借、相互融合、吸收等，从而使原有文化发生或多或少或完全改变的文化现象”[1]。世界上各民族的文化都具有涵化的特质。人类学家宋光宇认为：“文化涵化对于文化变迁的重要性，不仅只是采借新的文化特质，更是让相互接触的文化双方或一方发生重大的变迁。”[2]

本章从纵向历史发展的视角研究蒙古包装饰的文化脉象，先后列举了蒙古族文化与我国北方各游牧部族文化、中原汉文化和欧亚大陆文化在内的多元文化的涵化与发展进程，并提取出三个我国历史上比较罕见的多视域文化大叠层。作为这种叠层文化的载体，蒙古包装饰秉承了各叠层文化的精华，具有多元厚重的文化积淀和浓烈的涵化品位。

## 2.1 草原文化采集的蒙古包装饰文化

在历史的发展长河中，蒙古草原先民曾经历了多次民族迁徙和民族融合，不断同其他各民族的文化进行碰撞与交流，采集融合到了诸多民族优秀的文化因子，构成了丰富绚丽的草原民族文化。7 世纪，蒙古部落在额尔古纳河流域的森林中繁衍壮大，发展成为蒙兀室韦部族。在随后的时间里，他们“熔铁出山”，陆续西迁。经过艰难的跋涉和近 300 年漫长岁月，到达斡难河（今肯特山）源头一带居住。由于各部落之间的利益关系，他们与生活在蒙古草原上的其他部落或相互结盟，或相互争斗，促进了蒙古民族内部文化的相互渗透与交融。到了 13 世纪，铁木真统一了蒙古草原各游牧部落，在斡难河宣布大蒙古国成立。从此蒙古民族便成为蒙古草原各个游牧民族共同的民族称谓，蒙古民族文化完成了一次大范围的涵化过程，构成了由蒙古民族内部文化融合为主导的一个文化大叠层。

在随后的几十年中，蒙古民族先后征服了亚欧大陆的许多国家和地区，建立了面积达 3000 多万平方千米的四大汗国，促使蒙古族文化在欧亚区域的传播与融合，完成了一次欧亚范围的文化涵化过程，构成了由蒙古民族外部文化融合为主导的另一个文化大叠层。

这两个文化叠层使得蒙古包装饰文化在其形成与发展过程中，原形逐渐清晰。

---

[1] 李安民．关于文化涵化的若干问题 [J]. 中山大学学报，1988，28（4）：45-52.

[2] 周云水，魏乐平．略论滇藏茶马古道上的文化涵化：基于对西藏察隅县察瓦龙乡的田野调查 [J]. 西藏民族学院学报，2009（1）：53-57，123.

### 2.1.1 肇始的蒙古民族文化

蒙古民族庞大的族群性，昭示着蒙古族文化的多元性和经久性。根据考古发掘，远在旧石器时代这个族群的祖先已在此居住，从未曾中断过。从原始岩画到距今约 8000 年的兴隆洼文化，以及后来的赵宝沟文化、红山文化、小河沿文化等近 2 万年的历史发展，建构出了恢宏的蒙古民族的文化源（表 2–1）。

蒙古文化的起源与发展 表 2–1

| 文化类别 | 时间 | 遗址地 | 生产方式 | 载体 | 装饰图案 | 案例图示 |
|---|---|---|---|---|---|---|
| 兴隆洼文化 | 距今约 8000 年 | 赤峰市 | 农耕、渔猎、采集，氏族部落 | 陶器 | 猪首蛇体的龙纹图案[1] | |
| 赵宝沟文化 | 距今 7200~6400 年 | 赤峰市 | 农耕、狩猎，原始氏族 | 陶器 | 动物纹样[2] | |
| 红山文化 | 距今 6500~5000 年 | 赤峰市 | 农、牧、渔，母系氏族 | 石器 陶器 玉器 | 几何纹[3][4] | |
| 小河沿文化 | 距今约 5000 年 | 赤峰市 | 农业、狩猎，氏族部落 | 陶器 | 几何纹 动物形 原始云雷纹[5] | |

❶ David L.Sam，John W.Berry. The Cambridge Handbook of Acculturation Psychology[M].UK：Cambridge University Press，2006：13.

❷ J.W.Powell. Introduction to the Studies of Indian Languages[M]. Washington DC：US Government Printing Office，1880：250.

❸ R.Redfield，R.Linton，M.J.Herskovits. Memorandum on the Study of Acculturation[J]. American Anthropologist，1936（3）：149–152.

❹ R.Beals. Acculturation，in Anthropology Today，edited by A.L.Kroeber[M]. Chicago：The University of Chicago Press，1953：627.

❺ 常永才 . 人类学经典涵化概念的局限及其心理学视角的超越 [J]. 世界民族，2009（5）：219.

续表

| 文化类别 | 时间 | 遗址地 | 生产方式 | 载体 | 装饰图案 | 案例图示 |
|---|---|---|---|---|---|---|
| 夏家店下层文化 | 距今4200~3400年 | 赤峰市 | 农业、狩猎 | 陶器铜器 | 饕餮纹、夔纹、回纹、云雷纹，云纹、动植物纹[1][2] | |
| 夏家店上层文化 | 距今3700~2500年 | 赤峰市 | 畜牧业 | 青铜器 | 动物纹饰[3][4] | |

表 2–1 中的各文化类型均为内蒙古地区考古发掘的文化遗址，其出土的各类器物显示出蒙古草原先民的文化序列和基础原形。这些深厚的原始文化基因，为蒙古民族走向草原建构出了坚实深厚的文化底蕴和庞大的文化类别，是蒙古民族文化涵化与文化叠层的原始积累。1206 年铁木真建立蒙古帝国，便是在这个基础上形成了具有鲜明、多元和厚重历史积淀的蒙古民族文化。

#### 2.1.1.1 从高山到草原

7 世纪，迁移到额尔古纳昆的蒙古先民在这一片森林中生活了数百年，开始逐步走出山林，以蒙兀室韦之族称得以存在。他们利用水草丰美的自然环境，繁衍壮大。《魏书・室韦传》中提到室韦族“用角弓，其箭尤长”[5]，“网射渔鳖”[6]。《旧唐书》中记载“兵器有脚弓楛失，尤善射”[7]。这些记载反映出当时室韦部族使用角弓、鱼叉等工具进行渔猎，“食其肉，衣其皮”的生活方式。考古人员认定，三处遗址的地面遗迹相同，均为近似圆形的坑穴，基本呈东西排列，这种坑穴为半地穴式居住址的遗迹，而半地穴式的居住习俗，与通古斯语系中一些部族的居住习俗相符[8]。即随着狩猎和季节变化而采取不同的居住形式：夏季住“帐”，冬季居“穴”（表 2–2）。

蒙兀室韦“熔铁出山”后，开始陆续向西部草原迁移至以海拉尔河和呼伦湖为中心的呼伦贝尔草原，开始游牧生活。其生活习俗和生产方式也产生了极大的变化（表 2–3）。

---

1. 道金斯 . 自私的基因 [M]. 卢允中，张岱云，王兵，译 . 长春：吉林人民出版社，1999：13–23.
2. 吴秋林 . 文化基因新论：文化人类学的一种可能表达路径 [J]. 民族研究，2013（6）：63–69，124–125.
3. 刘长林 . 宇宙基因・社会基因・文化基因 [J]. 哲学动态，1988（11）：29–32.
4. 刘植惠 . 知识基因探索（一）[J]. 情报理论与实践，1998（1）：3–5.
5. 魏收 . 魏书・室韦传 [M]. 北京：中华书局，出版时间不详 .
6. 魏收 . 魏书・室韦传 [M]. 北京：中华书局，出版时间不详 .
7. 刘昫 . 旧唐书 [M]. 北京：中华书局，1979.
8. 乌热尔图 . 在额尔古纳河流域 [M]. 呼和浩特：内蒙古大学出版社，2016：66，86–88.

蒙兀室韦的居住方式　表 2-2

| 时间 | 居住方式 | 示例图示 | 形态特征 |
| --- | --- | --- | --- |
| 约 9—10 世纪 | 帐类 |  | 用十八九根木棍呈伞形置于地上，上端交叉，用皮绳捆绑，下端按相同距离散开，上面可覆盖桦树皮或兽皮[1] |
| 约 9—10 世纪 | 穴类 | 阳光 | 取向阳山坡，挖开洞穴，穴口向上，洞顶用木棍之类支架，留出入口。此洞穴可大可小，视内居人口确定大小[2] |

内蒙古自治区谢尔塔拉镇墓葬考古　表 2-3

| 墓葬名称 | 时间 | 遗址地 | 生活用品 | 生产工具 | 装饰品 | 装饰图案 | 案例图示 |
| --- | --- | --- | --- | --- | --- | --- | --- |
| 西乌珠尔墓（谢尔塔拉早期文化）[3] | 8 世纪初—9 世纪初 | 巴彦库仁镇 | 陶罐、陶壶 | 木弓、皮革弓囊、桦树皮囊、木马鞍、铁马镫 | 铜带饰、铜铊尾、耳坠 | 素面几何纹[4] |  |
| 谢尔塔拉墓葬（谢尔塔拉晚期文化）[5] | 9—10 世纪 | 谢尔塔拉镇 | 陶罐、陶壶、铁盘、木盘、木杯 | 长矛、木弓、桦树皮、箭囊、木马鞍、木鞍鞯 | 鎏金耳坠、银螺旋形饰、铜人面形饰 | 素面线形纹 |  |

❶ 徐杰舜 . 文化基因：五论中华民族从多元走向一体 [J]. 湖北民族学院学报（哲学社会科学版），2008（3）：9-14.
❷ 杨大禹 . 地域性建筑文化基因传承与当代建筑创新 [J]. 新建筑，2015（5）：99-103.
❸ 中国社会科学院考古研究所，等 . 海拉尔谢尔塔拉墓地 [M]. 北京：科学出版社，2006：彩版三一，彩版三二，彩版三三，彩版三四，彩版三六 .
❹ 鄂法兰，等 . 法国的蒙古学研究 [J]. 蒙古学信息，1998（1）：18.
❺ 中国社会科学院考古研究所，等 . 海拉尔谢尔塔拉墓地 [M]. 北京：科学出版社，2006：彩版三一，彩版三二，彩版三三，彩版三四，彩版三六 .

从这些墓葬考古出土的一些器物仍可以看出森林文化与草原文化杂糅的色彩，如桦树皮箭囊、木杯、木盘等。但弓囊、马具等骑猎器具，以及出土的大量陶罐、陶壶、铁盘等生活用品，又具有强烈的草原游牧文化的特征。陶罐和陶壶分手制和轮制两种，装饰方式以素面和线形纹居多。蒙兀室韦从高山迁到草原后，游牧、畜牧业得到很大发展，告别了原有的居住形式，逐渐改换成适合草原游牧生活的毡帐，同时迅速吸收在此地生活的其他游牧部族的先进文化，特别是在装饰品上有了明显变化，出现了花草纹和缠枝纹等。由此可以判断蒙兀室韦逐渐实现了森林狩猎向草原游牧方式的转化，并已经产生了朦胧的装饰意识。据乌云达赉考证，史书中的额尔古纳昆大致地理方位应在额尔古纳河中段东岸地区，捏古思、乞颜两个氏族在这一片森林中繁衍壮大，发展成蒙兀室韦。他们同居住在那里的弘吉剌部一道在严寒中“烧山化铁”，大约于唐代中期西迁鄂嫩河，走上了蒙古民族独立发展的道路[1]。关于这个时期的文献记载和考古资料较匮乏，只有俄罗斯境内鄂嫩河流域发现了一些11—12世纪初的石碓墓。这些古墓和随葬品与西乌珠尔墓地蒙兀室韦墓葬十分相似，也使用独木棺、木板棺或桦树皮葬具。因此可以推断出亦为蒙古部落遗迹（表2-4）。

鄂嫩河上游钦丹特墓考古　　表2-4

| 地点 | 编号 | 葬具 | 随葬品 |
| --- | --- | --- | --- |
| 1号墓地 | 4 | 独木棺 | 桦树皮箭囊、铁马衔、火镰、铁马镫 |
| | 6 | 独木棺 | 灰色陶片、尖底提梁铁锅、金代带柄铜镜、桦树皮顾姑冠残迹 |
| | 7 | 木棺 | 桦树皮顾姑冠残迹、圆柱形绿松石胸针 |
| | 10 | 独木棺 | 桦树皮箭囊、马具铁带卡、铁马衔、铁环 |
| | 11 | 木板棺 | 青铜串珠、青铜耳坠、残木梳、金代带柄铜镜、木鞘小铁刀、桦树皮顾姑冠（有镶边痕迹）、黄色丝绸裹尸布 |

上述考古研究发现，这一时期的蒙古部落依旧沿袭着原有的草原游牧生活，在生活方式和器物的使用上没有太多变化。但在6号与11号墓地出土的铜镜、黄色丝绸等随葬品表明，这时的蒙古草原部落同中原地区有了贸易上的往来。从墓葬中出土的桦树皮顾姑冠可以推断出蒙古部落的服饰已经出现了装饰造型的意味，并且其镶边痕迹更是说明了带有某种元素的装饰已经产生。

### 2.1.1.2　部族的冲突

据《一代天骄成吉思汗：传记与研究》记载，最原始的蒙古部落迁徙到不儿罕山时，这里还生活着繁多的游牧部落，有融合了匈奴、东胡等部落的种群，也有操蒙古语或突厥语，处于统治地位的原突厥各部，蒙古部落同这些部落融合在一起[2]。经历了文化上的不断碰撞与融合，以及人口繁衍和夺取兼并，这些蒙古部族逐渐分衍出众多部落及部落分支，入主蒙古草原（表2-5）。

[1] 乌热尔图．在额尔古纳河流域[M]．呼和浩特：内蒙古大学出版社，2016：66，86-88.
[2] 余大钧．一代天骄成吉思汗：传记与研究[M]．呼和浩特：内蒙古人民出版社，2002：17-31.

12 世纪蒙古草原各部族构成　　表 2-5

| 部落 | 部族名称 |
| --- | --- |
| 蒙古各部 | 尼伦蒙古：合答斤、散只兀、孛儿只斤、扎答阑、八邻、照烈、那牙勤、八鲁剌思、不答阿惕、阿答儿斤、兀鲁兀惕、忙兀、泰赤乌、别速惕、斡罗纳儿、晃豁坛、阿鲁剌惕、雪你惕、合卜秃儿合思、格你格思、乞颜、主儿勤、赤那思等 |
| | 迭儿列勤蒙古：兀良合、弘吉剌、许慎、速勒都思、巴牙兀惕、朵儿边、别勒古纳惕等 |
| 蒙古语族各部落 | 札剌亦儿、塔塔儿、篾儿乞惕、斡亦剌惕、巴儿忽惕等 |
| 突厥语族各部落 | 克烈、乃蛮、汪古等 |

在近两个世纪的时间里，众多部落因生活在同一区域内，时常因为草场的争夺等利益问题产生摩擦和冲突。也正是因为冲突的出现，加剧了他们之间的交流和融合。曾是突厥语族各部主要牧地的这一带，蒙古语中的大量突厥借词，蒙古人中浓厚的突厥影响，突厥语地名的保留，都说明有为数不少的突厥人融合到蒙古人中。9—12 世纪蒙古人经历了深浅不同的突厥化过程[1]。

考古挖掘研究发现，突厥部落早在 7 世纪就已经掌握了一定的石雕技术并展现出一定的装饰技巧[2]，如散落在蒙古草原上遗存较多的石人、石羊、花纹石板等。还有突厥文化中最著名的突厥碑刻，碑额上常刻有族徽或图腾性质的鹿符号。在蒙古国突厥毗伽可汗陵园的毗伽可汗墓出土的金银器也十分精美，其上的动物纹饰惟妙惟肖。由此可见，此时蒙古草原上各部落的装饰艺术也受到了突厥文化的影响。这些装饰艺术文化经过不断的发展演化最终融合在蒙古部落的装饰文化中。与此同时，蒙古各部也同辽王朝战争不断。通过这种方式的接触，蒙古部族又吸收了契丹人制作马具、饮食用具、服饰等的工艺技术，融合了契丹民族装饰文化的特色。

综上所述，蒙古部族在同其他部落的冲突中，融合吸纳了这些部落中的文化因素，从而促进了蒙古部落装饰艺术的进一步发展。这一现象表明，此时期的蒙古族装饰文化是当时草原游牧文化涵化的结晶。

#### 2.1.1.3　铁木真的崛起

12 世纪，漠北诸部矛盾加剧，各部之间自身分裂，战争不断，最终形成了五个较大的部落集团，即克烈、塔塔儿、蒙古、篾儿乞、乃蛮等部族。到了 12 世纪末，蒙古部黄金家族铁木真崛起，用武力统一了漠北草原的各个部落（表 2-6）。

从此蒙古民族成了漠北草原各部族的总称，不同部落文化的叠加和融合为蒙古民族文化提供了丰富的素材。据文献史集记载，在同塔塔儿部的战争中，缴获的塔塔儿牧民的一切器皿都是银质的，并且铁木真获得的战利品中有一具银摇篮和一条绣金床单[3]，说明此时塔塔儿部牧民对金银器

❶ 亦邻真 . 中国北方民族与蒙古族族源 [J]. 内蒙古大学学报（哲学社会科学版），1979（Z2）：1-23.
❷ 林梅村 . 松漠之间：考古新发现所见中外文化交流 [M]. 上海：上海三联书店，2007：224-227.
❸（波斯）拉施特 . 史集 · 第一卷 · 第一分册 [M]. 余大钧，周建奇，译 . 北京：商务印书馆，2010：173.

各部落战争列表　　表 2-6

| 战争名称 | 时间 | 交战部落 |
| --- | --- | --- |
| 不兀剌川之战 | 1186—1187 年 | 蔑儿乞部 |
| 答阑巴勒主惕之战（十三翼之战） | 1191—1192 年 | 扎木合同盟军 13 部（扎答阑、弘吉剌、泰亦赤兀、合塔斤部等） |
| 斡难河中游草原之战 | 1200 年 | 泰亦赤兀部 |
| 帖尼河之战 | 1201 年 | 扎木合同盟军 11 部（斡亦剌惕、塔塔儿、蔑儿乞等） |
| 阔亦田之战 | 1202 年 | 扎木合同盟军 |
| 斡里扎河之战 | 1196 年 | 塔塔儿部 |
| 答阑捏木儿格思之战 | 1202 年 | 塔塔儿部 |
| 合阑真沙陀之战 | 1203 年 | 克烈部 |
| 者只儿温都山之战 | 1203 年 | 克烈部 |
| 太阳汗纳忽山之战 | 1199 年 | 乃蛮部 |
| 纳忽山之战 | 1204 年 | 乃蛮部 |

的使用已经很普遍，成为牧民装饰元素的一部分，展现在他们生活的某些器物上。此外，同克烈部战争的史料上记载着克烈部牧民拥有各类纺织品、装饰精美的武器和银盘、配有丝绸和丝绒的马鞍，甚至还有镶嵌着黄金装饰品的毡帐。可以看出，克烈部装饰意识已经很浓厚了，这丰富了蒙古包装饰元素的形态品类。

在这些统一的部落中，篾儿乞、乃蛮、克烈等部落都信奉从中原传入的景教。鄂尔多斯考古发现了景教遗物透雕铜十字架，这类十字架上往往装饰莲花和卍字纹符号等，有些还采用了飞鸟构图[1]。由此可以推断，铁木真统一漠北后的蒙古文化中也融合和吸纳了这些宗教文化中的装饰元素。

从此，一个拥有共同地域、共同祖先，并涵化了各自文化的蒙古民族文化叠层共同体屹立在蒙古草原上。这一文化叠层具有明显的多元文化特色和区域的性格特征。在这种文化下，蒙古包装饰元素也呈现出多种文化形态叠加的痕迹，其表现方式、内容含量以及形态样式等方面都极具个性，是我们研究蒙古包装饰元素的重要基础。

### 2.1.2　采集的多种游牧文化

随着 1206 年铁木真成为成吉思汗，大蒙古国成立，蒙古草原上 80 多个部落都在大蒙古国的统治之下。随后，成吉思汗南面征西夏，灭金朝，占领黄河以北地区。西面征服大兴安岭，招降畏兀儿、哈剌鲁，灭西辽。战争促使蒙古族和不同地域的游牧民族产生了文化交流，采集吸收到了这些

[1] 林梅村．松漠之间：考古新发现所见中外文化交流 [M]. 上海：上海三联书店，2007：238-240.

游牧民族的文化，形成了一个大一统的蒙古民族共同体。正是在这样的文化涵化的背景下，蒙古民族装饰文化的容量和类别得到了巨大的扩充和发展。

#### 2.1.2.1　游牧文化的类别

蒙古帝国的建立使草原游牧文化统一为大一统的蒙古民族文化，其中包含 80 多个漠北草原部族各部和西夏、金与辽等漠南各部族的文化。而在铁木真称汗前，蒙古草原就有许多民族生活在这里，包括匈奴、鲜卑、突厥等民族的灿烂文化都在此诞生。

匈奴是北方游牧民族进入铁器时代的一个重要的民族载体。公元前 3 世纪开始，匈奴的铁器制品已经相当普遍，运用于军事、生产、生活的各个领域，且出土的铁质马具、工具等都较之前更加精致，质量也比之前出土的要高[1]。另外，金银器作为匈奴文化的重要组成部分，具有造型多样、纹饰丰富等特点。其中动物装饰物件是其中最具代表性的器物，达到了技艺和装饰的高度统一（图 2-1）。

a）动物青铜饰牌[2]

b）鹰顶金冠饰[3]

c）匈奴鸟纹金饰牌[4]

图 2-1　匈奴金与青铜器

鲜卑是继匈奴衰弱后兴起的一个游牧民族，风俗习惯等受到匈奴的影响。在内蒙古各地发掘出的鲜卑人金银器制品中，比较有代表性的是动物金银饰牌。饰牌上以动物为主，体现出鲜卑人的传统爱好，也与鲜卑人的崇奉、信仰有关[5]（图 2-2）。

成吉思汗在统一漠北草原后，随即对西夏、金和辽等三地发起了征讨，其文化也被纳入蒙古文化的大类别当中。

金国由女真族建立，在蒙古族还未形成时期，就曾设置招讨司对蒙古地区进行过统治，汪古等蒙古部落还曾加入到金朝的军队当中[6]。金的文化主要受汉文化影响，以及辽和西方文化因素的渗透，从而形成了自己独特的文化和装饰风格。动物装饰元素主要有龙、凤、鹤、鸳鸯、蝴蝶、天

---

[1] 徐英 . 中国北方游牧民族造型艺术研究 [D]. 北京：中央民族大学，2006：37.
[2] 徐英 . 中国北方游牧民族造型艺术研究 [D]. 北京：中央民族大学，2006：109.
[3]《蒙古学百科全书》编辑委员会 . 蒙古学百科全书 [M]. 呼和浩特：内蒙古人民出版社，2009：41.
[4] 徐英 . 中国北方游牧民族造型艺术研究 [D]. 北京：中央民族大学，2006：109.
[5] 徐英 . 中国北方游牧民族造型艺术研究 [D]. 北京：中央民族大学，2006：110.
[6]《蒙古族简史》编写组 . 蒙古族简史 [M]. 北京：民族出版社，2009：8.

a）有链金马饰牌

b）残马金饰牌

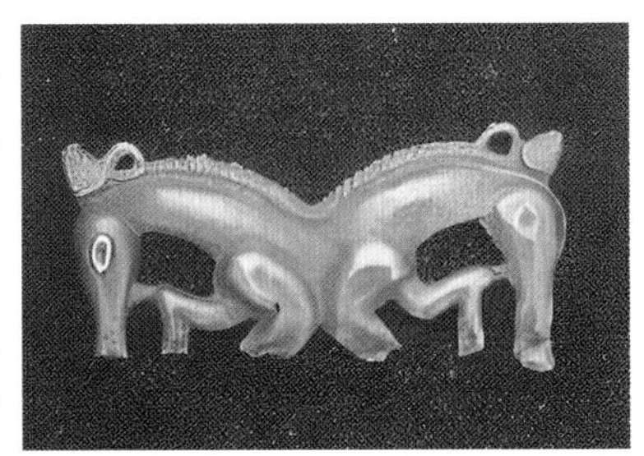
c）双马金饰牌

图 2-2　鲜卑金银饰牌[1]

鹅、双鱼等；植物装饰元素有梅花、菊花、莲花、荷花、忍冬花、牡丹等。由于金代贵族喜欢使用金锦，因此龙凤纹样格外受到喜爱。从这点上也可以推断出蒙古族日后对龙纹图案的崇尚在一定程度上受到了金文化的影响（图 2–3）。

图 2-3　金代器物

辽国是契丹在 907 年建立的，蒙古部落时期就曾与它毗邻，关系密切。后辽被金朝所灭，契丹人西迁中亚建立喀喇契丹王朝，史称西辽。契丹原是一个拥有悠久文明历史和深厚文化积淀的游牧民族，它不仅在本土的历史发展中从未间断过族群的文化融合，同时也同其他民族的文化不断碰撞渗透。四时捺钵制是契丹人最为重要的制度化的生产生活方式。除此之外，契丹的雕刻工艺享有盛名，保留下来的案例十分丰富。最具代表性的为金银器，主要有各种器具、装饰用品、宗教用品等。这类金银器物有丰富多彩的装饰纹样，大量使用动物纹、植物纹、宗教图案等，造型的装饰性强。而蒙古族也在同其文化的融合过程中将这些装饰元素传承下来（图 2–4）。

[1] 林梅村．松漠之间：考古新发现所见中外文化交流 [M]. 上海：上海三联书店，2007：111.

图 2-4　辽代金银器物

西夏是以党项族为主体的另一个少数民族政权，历史悠久，文化丰富。西夏因地理位置的特殊，是中原与西域交往的必经之路，与回鹘、吐蕃相邻。因此除深受中原文化和西域文化的影响外，还受回鹘、吐蕃等多民族文化影响。由于西夏举国信仰佛教，佛教思想体系在西夏社会的思想意识中占有支配地位，但其特殊的时代背景和地理位置导致西夏佛教既吸纳了中原佛教文化，也对藏传佛教兼收并蓄……形成了独具特色的混合佛教文化，表现出的装饰纹样也具有多元文化性[1]。从总体上说，西夏的装饰纹样常有卷草纹、团花纹、四叶纹、狮子纹、鹿纹、龙纹等（图 2-5）。

综上所述，这一时期的蒙古民族文化是包容了北方各少数民族和游牧民族文化而成的文化大集合，其文化之悠久、特色之鲜明、类别之多元、涵化之深厚，史无前例。

图 2-5　西夏器物

[1] 谷莉 . 宋辽夏金装饰纹样研究 [D]. 苏州：苏州大学，2011：242-244.

#### 2.1.2.2 游牧文化的特质

经过成吉思汗的统一，蒙古草原上的各民族、各部族实现了空前的文化碰撞与交融。通过对一百多个游牧族群的文化涵化，以蒙古民族文化为代表的草原游牧文化得以诞生。其特质大概有三个方面：

首先是崇尚自然的文化思维。蒙古草原上各游牧民族经过几千年的发展，其生产与生活方式基本上都是逐水草而居、随牧群而迁移。因此他们的生产与生活活动必然与他们的生活环境密不可分，保护好赖以生存的环境是各民族共同的思想理念。由此产生了以热爱自然、崇尚自然和歌颂自然为主要文化的思维。

其次是粗犷豪迈的文化品性。游牧民族生活的迁徙特性决定了他们生活的淳朴和豪迈。比起定居生活的其他民族，他们对物质的要求是粗线条的，并不追求精细与华丽。这也与游牧民族生产力水平有很大的关系，无法生产出高水平的物质产品。因此，追求粗犷古朴是其基本特征。直到元代建国，统治者接受了汉民族的文化后，这种状况才发生了一些相应的变化（图 2-6）。

a）蒙古牧民的器物

b）蒙古牧民的家具与陈设

c）蒙古牧民的家具

图 2-6 蒙古牧民的器物与家具

最后是简单实用的文化产品。草原游牧民族这种粗犷豪迈的性格体现了马上民族独特的文化魅力。他们的装饰是一种物化的美，是为了适应游牧民族的自身特点而伴随着实用性而体现的。从游牧民族动植物装饰元素的手法上看，具有写实的属性。着重突出动植物的原生状态，往往给人以栩栩如生的视觉感知。

其中辽代契丹人的一些瓷器就很有代表性。例如凤首瓶长细颈上的凹弦纹适合骑马时一只手携带而不致滑落。而鸡冠壶管状壶口，提梁两侧有指压纹等特征，也都反映出契丹人游猎时的需要（图 2-7）。

上述共同的文化特质是蒙古民族文化得以实现更大范围涵化的基础。虽然成吉思汗及其子孙是靠武力手段统一了蒙古草原，并向外扩张，其目的是争夺人口和草原资源。但在文化上的碰撞与交融却又十分容易。或者说草原上虽然有战争，但没有文化上的冲突，这是因为他们有共同的文化基因——草原游牧文化。

#### 2.1.2.3 游牧文化的统一

蒙古民族文化是通过对诸多游牧民族或部落的文化涵化，在较短的时间内迅速发展壮大起来的。这种统一的文化在既保持游牧文化普遍具有的共同特点的同时，又拥有多民族

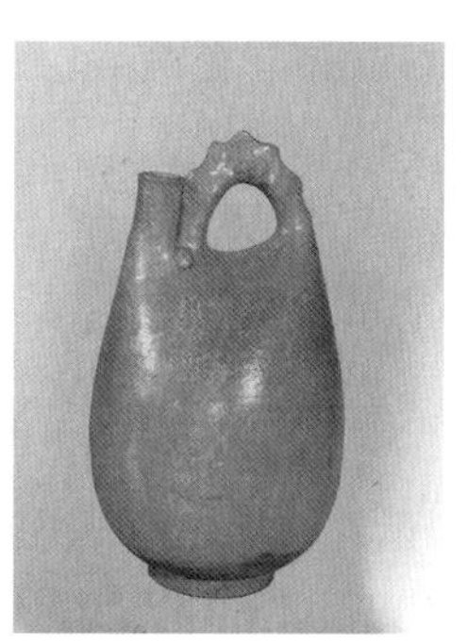
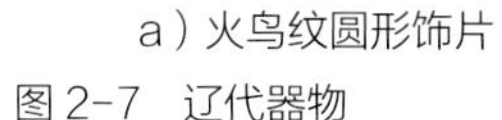

a）火鸟纹圆形饰片　b）兽纹铜镜　c）凤首瓶[1]　d）鸡冠壶[2]

图 2-7　辽代器物

丰富、鲜明的文化个性，并且直观地体现在蒙古包装饰文化中的元素选择、表现载体和文化寓意三个方面。

草原各游牧民族居住的蒙古包在装饰元素的选择上以植物、动物纹饰为最多。动植物在游牧民族的生产生活中有着重要的地位。一方面，它们是牧人赖以生存的物质基础，游牧民族以植物为主要生活依靠，以动物为主要食物来源，对动植物形体掌握得比较透彻。因此，再现动植物的主体造型就成为蒙古民族装饰元素的必然选择。另一方面，他们觉得猛兽等动物能使他们更加英勇，护佑他们平安。而同样的植物纹样也有很重要的地位，草原上的植物种类异常丰富，牧人将植物的形象提炼、变化，再创造出了具有民族风格的装饰元素，并赋予其某种美好的寓意也便在情理之中了（图 2-8）。

蒙古包室内装饰元素的物化载体以蒙古包内的家具和器物为主。草原各游牧民族的日常生活均以蒙古包为核心，家具与各种器物是其主要生活资料，也必然成为蒙古包装饰元素的主要载体形式

a）北魏时期的鸟纹青铜牌　b）金凤凰图案瓷碗　c）元植物纹样盘口罐

图 2-8　带有动植物装饰元素的器物

---

❶ 邵国田．敖汉文物精华 [M]. 呼伦贝尔：内蒙古文化出版社，2004：138.

❷ 邵国田．敖汉文物精华 [M]. 呼伦贝尔：内蒙古文化出版社，2004：134.

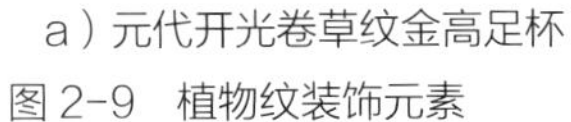

a）元代开光卷草纹金高足杯

b）元代铁绣花带盖罐

c）孔雀蓝釉黑彩花草纹盖罐

图 2-9 植物纹装饰元素

而流传下来。尤其是一些金属器物和瓷器用具上的图案纹样见证了这一时期草原游牧文化的主要涵化成果（图 2-9）。

草原各游牧民族世代生活在蒙古草原上，他们有着共同的祖先，有着共同的图腾符号，有着共同的宗教信仰，更有着共同的对美好生活的向往。这些共同点造就了游牧民族统一的文化寓意。因此，他们通过各种装饰元素组成各种文化寓意深厚的装饰图案，共同企盼着神灵护佑、健康长寿、富裕美满等人类共同愿景的实现（图 2-10）。

成吉思汗及其子孙对蒙古草原的统一，使得蒙古民族作为草原游牧民族共同体出现在历史的长河中。而草原游牧文化也在这种大统一中涵化为统一的蒙古民族文化。由此而产生了蒙古草原内部各游牧民族文化的第一次大叠层。

### 2.1.3 交融的蒙古帝国文化

13 世纪上半叶，成吉思汗及其子孙进行了三次大规模的西征，蒙古铁骑横扫欧亚大陆，相继建立了四大汗国，逐渐形成了人类历史上继罗马帝国之后又一个横跨欧亚大陆的庞大帝国，其版图最大时期达 4500 万平方千米。蒙古民族走出了世代居住的草原，使蒙古民族与欧亚各民族文化相互渗透与交融。蒙古文化的繁荣达到了空前的顶峰，成就了蒙古民族与外部民族文化融合为主导的又一次文化大叠层。在此作用下，大量新的元素融入装饰艺术之中，极大地促进了蒙古民族装饰艺术的发展。

a）红山文化著名的玉龙

b）北朝马头鹿角步摇

c）元代双鱼青铜盆

图 2-10 动物纹装饰元素

### 2.1.3.1　四大汗国的文化区域

到 13 世纪时，成吉思汗及他的子孙们继续着他们对外扩张的宏图，先后统一了 40 多个国家，720 多个民族[1]，建立了四大汗国。其中有现在的俄罗斯、波兰、印度、匈牙利、斯洛伐克、捷克、叙利亚、保加利亚、乌兹别克斯坦、伊朗、伊拉克、阿塞拜疆、格鲁吉亚、亚美尼亚、阿富汗等。涉及的文化区域自然也极其辽阔（表 2–7）。其中俄罗斯的东正教文化、西亚的伊斯兰教文化、印度的佛教文化等为其主要文化区域。

四大汗国文化区域　表 2–7

| 汗国名称 | 存续时间 | 当时征服区域的现今名称 | 区域内文化 |
|---|---|---|---|
| 金帐汗国 | 1219—1502 年 | 保加尔（不里阿耳）、钦察、里海、高加索以北地区（撒耳柯思、阿兰）、乌克兰、俄罗斯、波兰、匈牙利、锡尔河和阿姆河流域地区 | 拜占庭文化、东正教文化、突厥文化 |
| 窝阔台汗国 | 1225—1309 年 | 中国新疆、蒙古国 | — |
| 察合台汗国 | 1227—1369 年 | 中国新疆 | — |
| 伊尔汗国 | 1256—1388 年 | 土耳其、乌兹别克斯坦、伊朗、亚美尼亚、阿富汗、伊拉克、巴基斯坦、小亚细亚半岛、叙利亚 | 伊斯兰文化（阿拉伯文化）、波斯文化 |

### 2.1.3.2　四大汗国的本土文化

四大汗国区域内含有多种文化，并都具有各自本身的地域特色和装饰风格。其中的伊斯兰教文化、波斯地区的宗教文化和基督教文化等的特质都表现出极强的个性。

阿拉伯人的装饰图案艺术与伊斯兰教的影响不可分割，导致其纹饰艺术多以抽象的几何与植物为主体，这种纹饰艺术也更好地反映了宗教文化的内涵。伊斯兰纹样是构成图案的一个重要元素，其中包括植物纹饰、几何纹饰、文字纹饰三大体系[2]。主要使用的装饰元素是几何纹、植物纹和文字，通常由连续不断的、均匀分布的“无限图案”来展现各种装饰意图（图 2–11、图 2–12）。除此之外，在伊斯兰装饰中的抽象艺术常用“三角形、四角形和五角形衍生。形状变化循环，组成各种丰富万象、神秘莫测感觉的图形”[3]。

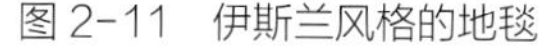

图 2–11　伊斯兰风格的地毯

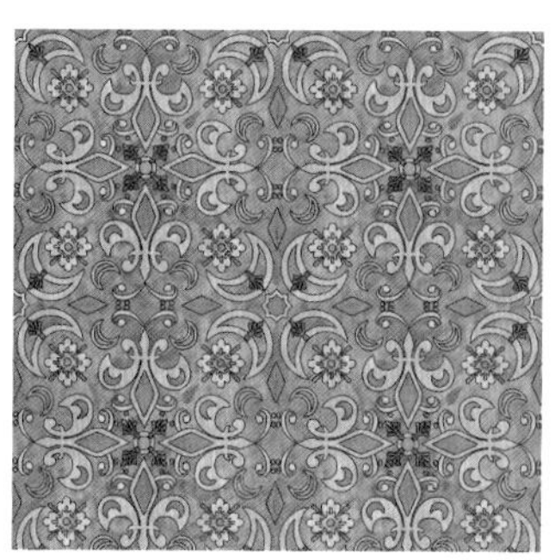

图 2–12　阿拉伯几何装饰图案

[1] 孟春荣，张姗姗 . 蒙古族传统装饰艺术的文化探源：2017 亚洲设计文化研讨会 [C]. 日本：ADCS，2017：621–629.
[2] 张洪瑞 . 阿拉伯图案艺术在首饰设计中的应用研究：植物与几何纹饰 [D]. 北京：中国地质大学，2015：12.
[3] 程全盛 . 阿拉伯图案艺术 [M]. 银川：宁夏人民出版社，2004：1.

古代波斯是现在的伊朗，最强盛时期是曾建立横跨亚欧非三洲的古波斯帝国。古波斯的装饰艺术十分发达，波斯地毯闻名于世，8世纪波斯开始伊斯兰化。1256年，四大汗国中的伊尔汗国建立，波斯归属于伊尔汗国。

波斯的装饰艺术早在阿拉伯帝国统治前就与中国和欧洲相互影响，同时也融合了古埃及、土耳其以及古希腊、古罗马艺术中的某些元素。因而具有区别于伊斯兰装饰艺术的主流特征。波斯装饰艺术中最具特色的是金属制品和丝织品。常见的装饰题材中，无论是动物或人物的造型都显得十分雍容柔美。纹样中出现的翼兽也是波斯装饰艺术中常见的装饰主题，富有神秘色彩（图2-13）。但是波斯的丝织纹饰却是波斯民族的一种创造，其中最具特点且对中西方影响较大的装饰纹样是“联珠纹”。联珠纹是以连续的圆点组成边圈的圆形纹样，内饰以各种动物，或单独或成对成组出现，尤以成对的为多，有对马、对象、对狮、对鹿、对鸟等，并常常伴以植物花卉，形成左右对称的格式[1]。纹样内饰以各种动物，并伴以植物花卉，形成左右对称的构图（图2-14）。

古代俄罗斯在文化上与拜占庭文化关系较为密切，表现在视东正教为国教。教堂采用希腊十字，屋面上建有复杂的穹顶，马赛克镶嵌画是教堂装饰的主要部分。最具代表性的哥罗德索菲亚大教堂，完全按照拜占庭样式建造，内部装饰富丽堂皇的彩色壁画，显示出当时古代俄罗斯文化的拜占庭特征（图2-15）。

图2-13 波斯“狩猎”

图2-14 波斯“联珠纹”

图2-15 哥罗德索菲亚大教堂

#### 2.1.3.3 蒙古文化融入后的文化表征

蒙古帝国打开了东西方政治、经济、文化交流的大门，形成了一个开放包容的社会，为东西方文化融合创造了良好的条件，欧亚文化等汇聚于此，融合发展。

例如著名的波斯细密画就是将波斯艺术与蒙古文化融合后的产物。它色彩鲜亮，动植物造型有明显的几何图案化特征，构图饱满，追求浓稠密度等特征。

---

[1] 杨小民．亚太艺术 [M]. 南京：南京大学出版社，2017：12.

波斯细密画在接受蒙古文化后，形成了一种新的绘画形式。如图 2-16 所示的议事图是汗国君臣商议国事的场景，众人皆是蒙古人，却都穿戴着色彩鲜艳、装饰图案重复繁缛的长袍。另外场景中的帐幕、地毯上都出现了具有典型波斯文化特征的植物和文字装饰，展示出蒙古文化吸收融合波斯装饰文化的特点。

在建筑上，蒙元时期建筑的装饰艺术形态也开始出现了蒙古族传统装饰与伊斯兰风格装饰艺术相融合的特征。如图 2-17 所示的蒙古各汗王统治时期的蒙古包，就明显具有伊斯兰风格。于河北沽源境内出土的元代墓葬建筑梳妆楼，是蒙古包式建筑元素在固定式建筑中的再次尝试。经考古勘察确定其墓主身份为元代蒙古贵族。梳妆楼的圆拱形顶部与蒙古包的穹顶十分相似，但其材料运用、装饰手法及色彩基调明显受伊斯兰风格影响，是蒙古包建筑与伊斯兰风格建筑的融合[1]（图 2-18）。

图 2-16　商议国事场景　　图 2-17　波斯伊斯兰风格蒙古包　　图 2-18　元代墓葬建筑梳妆楼[2]

另外，蒙元时期装饰元素还汲取了欧洲地区装饰的养分。图 2-19 是内蒙古察哈尔右翼前旗元集宁路遗址出土的一床双羊提花织锦被，其圆形图案中就绣有古希腊神话中鹰头狮身有翅怪兽格力芬的形象，但却清晰地出现在蒙古族的丝织品上。

另一个能体现蒙元时期多元文化融合特质的是哈拉和林宫殿的绘画。图 2-20 中该画是根据鲁布鲁乞《东游记》中记载的蒙古各汗王统治时期宫殿场景绘制而成。在宫殿的内部，一棵由法国巴黎的威廉匠师制造的大银树为主要装饰，树的根部有四只银狮子，树干里面的每根管子上面为银蛇，树的顶端有一个小天使。而在宫殿里柱子上又有盘龙的形象。如此复杂的文化组合在同一宫殿中，无疑也是蒙元时期时期多元文化交流融合的一个重要佐证。

由此可以说明蒙古帝国的文化是一个清晰的大叠层文化，各构成要素之间的文化涵化十分明显，为研究欧亚大陆间的文化交流与发展史提供了鲜活的历史记忆。

[1] 孟春荣，张姗姗．蒙古族传统装饰艺术的文化探源．2017 亚洲设计文化研讨会 [C]. 日本：ADCS，2017：621-629.
[2] 孟春荣，张姗姗．蒙古族传统装饰艺术的文化探源．2017 亚洲设计文化研讨会 [C]. 日本：ADCS，2017：621-629.

图 2-19　双羊提花织锦被面[1]

图 2-20　哈拉和林宫殿

## 2.2　蒙汉文化交融的蒙古包装饰文化

1271 年，随着元世祖忽必烈建立元朝，蒙古民族的游牧文化与中原地区汉民族的农耕文化联系日趋频繁，并逐渐相互融合，形成了蒙汉文化交融的蒙古族文化特质和又一次文化大叠层。这一蒙汉文化的大叠层促使蒙古民族文化得到了历史性的发展，烙有汉民族文化印迹的装饰元素也逐渐进入蒙古民族的文化视野中，成为蒙古包装饰元素在文化涵化上的一个重要里程碑。

### 2.2.1　汲取汉族文化

13 世纪的中原汉文化区，农耕文明经过几千年的发展已经十分发达，反映在各类物质文化和精神文化的各个层面上，与以蒙古民族为代表的游牧文化相比，无论是在科学技术、哲理思想，还是在上层建筑等方面都处于高位势的层次上。而在文化的传播上，处于高位势的文化向低位势流动是其主要特征。因此，汲取汉民族农耕文化的精华，成为蒙古族统治者的一种主流意识。这种影响广泛深入地渗透到蒙古族装饰之中，通过直接汲取、融合汲取、创造汲取属于汉文化体系中的各种装饰元素，使蒙古族装饰文化得以极大提高，形成了蒙汉文化涵化的一个新趋势。

#### 2.2.1.1　直接性汲取

在汉文化中，帝王在表现自身地位时，常用龙、凤、牡丹等图案来表现其高贵与显赫；士大夫阶层常以梅、兰、竹、菊四君子自誉，又以功名利禄为目标；而普通百姓则以福寿延绵、子孙满堂

[1] 王永强，史卫民，谢建猷 . 中国少数民族文化史图典（北方卷下）[M]. 南宁：广西教育出版社，1999：181.

为基本诉求。其中有直接的描摹，有深刻的寓意，也有词语的谐音。这些生活上的诉求与意愿，被各类工匠们以高超的工艺表现在各类装饰上。当元朝建立后，这些文化表达的内容与方式被全面汲取下来，并得以持续传承（图 2-21）。

牡丹纹在元代纺织品纹样中有着重要地位，特别是缠枝牡丹纹为连接不同纹样的常见题材。牡丹因象征着富贵而深受百姓喜爱，牡丹纹成熟期在唐代，晚唐著名画家周昉所绘《簪花仕女图》，图中仕女服饰纹样便为大朵的牡丹花。开元年间织物中花井题材主要为融多种花卉特征于一体的宝相花，宝相花具有牡丹、茶花、石植花等花卉的造型元素，发展至晚唐时期牡丹花特征愈加明显，花型由图案型的宝相花发展为较为写实的牡丹花。至宋时，文人开始为牡丹撰写专著，如欧阳修的《洛阳牡丹记》、陆游的《天彭牡丹谱》、丘濬的《牡丹荣辱志》等。宋代观赏牡丹之风更盛，写实花鸟画的发展成熟也进一步促进了牡丹纹的流行，牡丹纹也成为宋代工艺品装饰中最为常见的植物纹样之一[1]。同时牡丹被冠以富贵的象征也深受汉民族的喜爱。受蒙汉文化融合的影响，元代牡丹纹被广泛应用，在装饰纹样中占据重要地位（图 2-22）。

蒙古族装饰纹样中的寿字纹也是受中原文化“福寿绵长、寿与天齐、福寿安康”等寓意而出现的。蒙古人吸收借鉴寿字纹，显然也出于同样的原因，传递同样的祝福（图 2-23）。

a）达理札雅龙纹鹿角扶手宝座

b）凤凰图案的蒙古族储物柜

图 2-21　蒙古族家具

图 2-22　青釉缠枝牡丹纹三足樽（左）
图 2-23　寿字纹食盒[2]（右）

① 刘珂艳 . 元代纺织品纹样研究 [D]. 上海：东华大学，2015：80.
② 赵一东 . 北方民族家具文化 [M]. 呼和浩特：内蒙古大学出版社，2016：112.

汉文化中有表现士人气节的装饰纹样，如松、竹、梅组成的“岁寒三友”，因松、竹、梅都有抗寒的特性，具有极强的生命力，所以并称为“三友”（图 2–24）。另有梅、兰、竹、菊构成的“四君子”，菊花纹在宋代就为广大文人所喜爱，宋代纺织品、瓷器、金银器中都出现了不少菊花纹样[1]。元代的菊花纹也常被运用到蒙古族器物上。例如泉窑粉青釉模印菊花纹高足杯，是蒙古族文化中一种极具时代特征的饮酒器。它采用粉青釉，内底饰有一道弦纹，纹内一束菊花，十分精美（图 2–25）。

图 2–24 松竹梅纹青花瓷盘

图 2–25 泉窑粉青釉模印菊花纹高足杯[2]

从上述几组案例可以看出，蒙古族采用直接吸取汉文化的装饰元素用在各种器物上，从而丰富和完善了蒙古族装饰元素体系，并且开辟了元代装饰图案“图必有意，意必吉祥”的吉祥图案发展方向。

#### 2.2.1.2 融合性汲取

蒙古族在借鉴汉文化的过程中，并非单纯的拿来主义。在一定程度的开放之余，其也会将汉文化装饰元素与蒙古本族的传统装饰元素结合后融汇成一个新的装饰图案。

马纹石棺，用青灰砂岩磨制，边框内浮雕图案下部刻出波浪纹，其中一马奔驰于波浪之上，四蹄踏出如云的水花。马背有半圆鞍状物，其正中升有缭绕的祥云，托起光芒四射的太阳。马的前后方刻出石崖为岸，岸上各刻出一棵半露并向内倾斜的松树。画面对马细致的刻画描绘，反映出的是对神马的崇拜。马是蒙古族最喜欢和崇拜的动物之一，蒙古族的生活同马密不可分，也因而被称为“马背上的民族”。另外，画面的上部有松树与祥云。这里的祥云，既是蒙古民族所喜爱之物，又是汉文化常用之法[3]。而松树却又具有典型汉文化特色的装饰元素。因此这个马纹石棺所体现的就是蒙古装饰元素同汉文化装饰元素的融入性吸取这样一种文化传播模式（图 2–26）。

藏于内蒙古博物院的鹿缠枝牡丹纹金马鞍是元代墓葬出土文物[4]。其中鹿的图案是北方游牧民族古老的图腾动物，在蒙古文化中象征着长寿，在汉文化中又有功名利禄之意。而牡丹图案则是典型的汉文化吉祥纹样，联珠纹也是汉民族吸收波斯等西方文化而形成的。因此这个饰件也显现出蒙古装饰图案同汉文化装饰纹样的融合（图 2–27）。

---

[1] 刘珂艳 . 元代纺织品纹样研究 [D]. 上海：东华大学，2015：80.
[2] 安泳鍀 . 天骄遗宝蒙元精品文物 [M]. 北京：文物出版社，2011.
[3] 邵国田 . 敖汉文物精华 [M]. 呼伦贝尔：内蒙古文化出版社，2004：207.
[4] 安泳鍀 . 天骄遗宝蒙元精品文物 [M]. 北京：文物出版社，2011：142.

图 2-26　马纹石棺

图 2-27　鹿缠枝牡丹纹金马鞍

图 2-28　海兽葡萄纹铜镜

葡萄纹是汉文化中流行的吉祥装饰纹样。锡林郭勒盟正蓝旗元上都砧子山出土的海兽葡萄纹铜镜，借用葡萄成熟时果实累累的形象，寓意着多子多福。铜镜同时受蒙古装饰元素的影响也十分突出，铜镜上方的云纹和月亮都反映出蒙古人对自然的崇拜，而中部连绵不断的山纹和下部的水纹，则在蒙古文化中象征着恒远、稳固。因此这个铜镜中的图案组合也透露出蒙汉文化的融合特征（图 2-28）。

上述案例表明了在元代蒙古民族善于将自身的装饰文化与汉民族的装饰文化融合成整体的一种现象，创造出一种融合性的装饰图案。这种融合后的装饰图案具有更为丰富多元的文化元素和装饰效果，是蒙汉二元文化交融涵化的典型案例。

#### 2.2.1.3　创造性汲取

融合与汲取并不只是简单地描摹，而是创造性地汲取汉民族文化，以提升蒙古族游牧文化的品位，尤其是要适应蒙古族上层社会的需求，是元朝初期文化发展的一个重要方面。这就要求工匠们依据本民族文化的特点，对汲取来的汉文化进行二次创造，从而形成一种新的装饰文化。

例如汉民族寿字纹样，由于其文化内涵上的民族一致性，也深受蒙古民族的喜爱。但在一些案例上我们也可以看出工匠们常采用蒙古民族常用的勾联、缠绕、变体等方法对寿字纹样进行改造，使之更加符合蒙古民族的视觉习惯，其外形特点非常类似于蒙古族日常生活用品——火撑子，蒙古语将其称为“兰萨纹”。兰萨纹通常由上下对称、中心窄两头宽的束腰状寿字构成[1]，以加强装饰图案的艺术效果。这样的变化既保持了汉文化的语义内涵，又有所创新，以满足蒙古民族的文化意象，其创造性不言而喻。

蒙古民族还在同汉文化的融合中创造出了新的装饰元素和造型。如元代集宁路古城遗址出土的龙泉窑瓜棱纹荷叶盖罐和元代青花凤穿牡丹纹执壶这两件典型的元代器物，都在造型上继承了元代蒙古族器物粗犷大气的审美取向，而后者的造型就是蒙古民族铜壶粗犷豪迈风格的物化，创新性十分突出（图 2-29）。

---

[1] 乌恩琦 . 蒙古族图案花纹考 [D]. 呼和浩特：内蒙古师范大学，2006：7.

a）变形后的“兰萨纹”[1]

b）瓜棱纹荷叶盖罐[2]

c）青花凤穿牡丹纹执壶

图 2-29 元代蒙古族器物

至此，蒙古民族的装饰文化在蒙元时期加大了与汉民族文化的交融力度，从汲取、融合到创新，认真实践着文化传播的永恒定律。

## 2.2.2 融入理性手法

元朝建立以后，蒙古族统治者认识到北宋以来的程朱理学对于维护统治者治理天下的作用之后开始大力提倡理学。在建筑室内的装饰艺术中，承袭汉民族装饰的理性手法，强调装饰元素的程式化造型模式、寓意鲜明的元素指向和灵活多样的布局。

### 2.2.2.1 装饰元素的程式化

装饰元素的程式化是指在某些元素的使用上形成自己固有的模式。从某种意义上说，中国传统建筑装饰讲究理性与浪漫的交织，装饰元素的程式化有利于表现这一思想理念。尤其是宋代以后，这种程式化的倾向在宋代程朱理学的倡导下更为突出。从某种意义上说，程式化就是规范化，就能有效传承。元代的装饰艺术接续了宋代的文化传统，使得蒙古民族装饰的程式化手法非常突出，各种程式化的装饰元素极为稳定。主要表现在以下几个方面：

（1）构图的中心性。元代的装饰如同书画一样，是在有限的空间里表达出一定的主题，因而中心图案与外围相应规整的纹样相结合，构成了主次分明、强调中心的程式化特征。元代工匠严格控制装饰层次的布局，利用图案布局的对称、大小、繁简等关系，来突出主要图案的中心性（表 2-8）。

---

❶ 赵一东 . 北方民族家具文化 [M]. 呼和浩特：内蒙古大学出版社，2016：112.

❷ 安泳鍀 . 天骄遗宝蒙元精品文物 [M]. 北京：文物出版社，2011：150.

装饰图案构图中心性应用　　表 2-8

| 载体 | 时间 | 特点简介 | 构图形式 | 实例图片 |
| --- | --- | --- | --- | --- |
| 元青花飞凤麒麟纹盘 | 元代 | 从图中可以看出青花盘分为盘心、盘壁、口沿三个装饰区域。有四层装饰层，每一层都装饰着不同的主题纹饰，位于盘心的飞凤、麒麟纹饰是最大、最细密的，盘壁、口沿的装饰纹样体量则逐渐递减 | 图案的繁简 | |
| 镀金团花银果盒[1] | 元代 | 江苏吴县元代吕师孟墓出土的镀金团花银果盒，直腹、平底、矮圈足。盒分上下两层，出土时盖已不在，在口沿上承一浅盘，银盒平面为八棱莲花瓣形，银盒满饰小簇团花，有海棠、腊梅、栀子、牡丹、兰、山茶、水仙等 20 多种花卉。盘内底圆心处錾有双凤图案，构图作中心旋转式对称 | 图案的对称 | |
| 镀金团花银盒[2] | 元代 | 江苏吴县元代吕师孟墓出土的镀金团花银盒，盒盖上的纹饰是典型的对称形式，八朵小簇团花簇拥着中心的一朵大团花，而每簇团花的构图都十分紧密和谐 | 图案的对称 | |

表 2-8 中三件器物的装饰布局均给人一种主次分明、突出主体的视觉感受，完美呈现了构图的中心性征。

（2）图案的寓意性。中国传统的艺术注重“写意”与“传神”的表达，以体现中国美学的理想化特征。因此在元代的装饰艺术中，象征多子多福、福禄寿喜、富贵等寓意性的图案成了重要的组成部分，具有丰富的造型和深刻的精神内涵（表 2-9）。

装饰图案寓意性应用　　表 2-9

| 载体 | 时间 | 特点简介 | 象征意义 | 实例图片 |
| --- | --- | --- | --- | --- |
| 青釉石榴花纹盘 | 元代 | 石榴纹 | 多子多福、幸福美满 | |

❶ 翁雪花 . 虚实相合　灵动流畅：元代银果盒赏析 [J]. 南方文物，2009（1）：152-153.
❷ 翁雪花 . 虚实相合　灵动流畅：元代银果盒赏析 [J]. 南方文物，2009（1）：152-153.

续表

| 载体 | 时间 | 特点简介 | 象征意义 | 实例图片 |
|---|---|---|---|---|
| 陶供桌[1] | 元代 | 大同崔莹李氏墓出土的陶供桌，上半部的围栏是北方游牧民族的典型特征；桌面下四周镶板，饰牡丹纹 | 吉祥富贵、荣华永驻 | |
| 青花鸳鸯水草纹盘[2] | 元代 | 青花鸳鸯水草纹盘，现藏于赤峰市林西县博物馆，圆唇、弧腹、小圈足，外壁口沿下绘六朵缠枝菊花，内底绘莲池鸳鸯纹 | 美满幸福 | |
| 磁州窑龙纹罐[3] | 元代 | 故宫博物院收藏的磁州窑龙纹罐，龙口微张，露齿，头上有角，角微上勾，通体饰细密的鳞纹 | 吉祥与富贵 | |

通过这些案例可以看出具有寓意性的图案在元代具有很强的时代特点，不仅继承和发展了原始而传统的艺术观，而且将人们的美好愿望融入装饰艺术中。

（3）现实生活的关联性。图案与现实生活的关联性是元代装饰程式化的另一种方式，通过表现日常生活场景来进行装饰，将浓郁的生活气息装点在各种装饰画面上，更易感染观者，引起共鸣（表 2-10）。

装饰图案现实生活的关联性应用　　表 2-10

| 载体 | 时间 | 特点简介 | 实例图片 |
|---|---|---|---|
| 河南尉氏县后大村元墓壁画[4] | 元代 | 田真行孝图，厅廊一侧栽着一棵枯树。兄弟三人同坐在凉亭内，田真正在劝说其兄弟。画面中有“田真哭树”四字榜题，反映了宋代以来以理学为基础的崇尚孝道的社会风尚 | |

[1] 唐云俊 . 山西大同东郊元代崔莹李氏墓 [J]. 文物，1987（6）：87-90，105.
[2] 安泳鍀 . 天骄遗宝蒙元精品文物 [M]. 北京：文物出版社，2011：68.
[3] 冯小琦 . 元代瓷器上的龙纹装饰 [J]. 艺术市场，2004（5）：66-68.
[4] 吴瑶 . 山峦为界：元代墓室壁画中“孝子故事”图像的建构模式 [J]. 艺苑，2018（5）：89-93.

续表

| 载体 | 时间 | 特点简介 | 实例图片 |
| --- | --- | --- | --- |
| 内蒙古赤峰市元宝山元墓壁画[1] | 元代 | 男女主人于帐幕之下相对而坐的宴饮图，身后分别立有男女仆侍一名。人物的面相与衣着打扮是蒙古式的 | |

综上所述，元代装饰有着自己独特的程式化语言，不仅在装饰布局上形成了独具匠心的中心性画面，而且在装饰图案的使用上形成了自己独特的寓意性和关联性，为我们深入研究蒙古包装饰提供了有力的依据。

### 2.2.2.2 装饰元素的指向性

中国思想史上的“理学”，产生并成熟于两宋，元代疆域的拓展使得理学由南至北发展，并由原先士大夫阶层发展至元朝统治阶层及普通民众，地方官吏通过兴建学校和庙宇，移风易俗，息讼劝农等方式推行“理学”观念的普及。对于社会层面的教化作用也逐渐显现出来，深受民众喜爱的小说、戏曲、讲史在社会上发展起来，通过民众喜爱乐于接受的形式将理学伦理逐渐渗透到普通民众的日常行为中[2]。因此，元曲、小说、文人画在这个时候发展并兴盛起来。这种民众喜闻乐见的传播方式，使得广大平民接受了这种社会价值观，并对社会审美意识产生了深远的影响。同时元代商业贸易的繁荣促进了市井文化的发展，百姓逐渐形成理想中的美好生活指向，并在现实生活中直接表现出对理想中的美好生活的向往，这种思想理念势必影响到文化艺术领域，反映到具体的元代装饰纹样中便是集中体现带有吉祥寓意、夫妻恩爱、子孙满堂、功名顺达、福禄寿全等心理指向的装饰图案和装饰元素。这种艺术倾向直接反映在元代的服饰、金银器、瓷器、雕刻等方面，尤其是元代得到极大发展的青花瓷表现得极为突出，被后世称为极品（表2-11）。

从表2-11中有代表性的元代青花瓷案例可以看出，元代装饰艺术的一个主要特征就是装饰元素选取的理性精神和清晰的语义指向。其中有表现贵族的龙凤元素的瓷器，有表现士大夫阶层的牡丹梅花元素的瓷器，还有表现百姓阶层的青松鸳鸯元素的瓷器。这些装饰题材与装饰元素从整体上满足了人们日常生活对于室内装饰器物的需求，是元代蒙汉文化理性精神的代表。

综上所述，这类具有指向性的装饰图案反映出元代各阶层人民对幸福生活的向往与追求，元代也因此而开辟了装饰图案“图必有意，意必吉祥”的发展之路。

---

[1] 王永强，史卫民，谢建猷．中国少数民族文化史图典（北方卷下）[M].南宁：广西教育出版社，1999：177.

[2] 刘珂艳．元代纺织品纹样研究[D].上海：东华大学，2015：208.

元代青花瓷的装饰图案　　表 2-11

| 元代青花瓷 | | | | |
|---|---|---|---|---|
| 名称 | 云龙纹牡丹铺首罐 | 凤穿牡丹纹执壶 | 鱼藻纹折沿盘 | 缠枝牡丹纹罐 |
| 主体 | 龙 | 凤凰 | 鱼 | 牡丹 |
| 指向 | 皇权 | 祥瑞 | 富裕 | 富贵 |
| 元代青花瓷 | | | | |
| 名称 | 喜鹊登梅瓶 | 青松瓷瓶 | 蝙蝠纹盘 | 鸳鸯卧莲纹花口盘 |
| 主体 | 喜鹊梅花 | 青松 | 蝙蝠 | 鸳鸯 |
| 指向 | 吉祥 | 长寿 | 进福 | 爱情 |

### 2.2.2.3 装饰元素的灵活性

由于元代十分注重装饰艺术的发展，允许艺术家和工匠享有较大的创作自由和灵活性，从而激发了他们大胆的艺术创新和尝试[1]。在这样的环境下，元代的装饰艺术十分兴旺发达，灵活创新，不拘泥于传统规则的限制。在装饰元素的搭配、题材的选择和载体处理上都十分灵活。主要表现在以下几个方面：

其一是装饰题材的灵活。还以元代青花瓷为例，其题材包括植物类纹样中的各种树木花卉，如牡丹、荷花、梅花等；动物类纹样中的各种吉祥瑞兽，如龙、凤、麒麟、虎等；崇拜信仰类的神灵形象，如鬼谷子、佛、观音等；生活场景类中的各种戏剧，如西厢记、三国演义、昭君出塞等，包罗万象，反映了元代全面汲取汉文化，以及蒙汉文化相融相生的涵化场景。

其二是装饰元素的灵活。在元代著名的八大人物故事瓷器中，可以看到画面中的环境栩栩如生，用各种植物元素辅助画面场景，灵活而又不失秩序。画面中的人物元素根据各自的故事情节

---

[1] 莫里斯·罗沙比．忽必烈和他的世界帝国 [M]. 赵清治，译．重庆：重庆出版社，2008：157-158.

安排，或有动有静，或动静结合，或静中取动等。将画面处理得生动活泼，抓住了故事情节的关键点，理性而又灵活（表 2-12）。

元代青花瓷的装饰元素　表 2-12

| 元代青花瓷人物故事[1] | | | | |
|---|---|---|---|---|
| 名称 | 萧何月下追韩信 | 三顾茅庐 | 昭君出塞 | 鬼谷子下山 |
| 环境 | 多样植物 | 古树 | 细柳 | 苍松 |
| 人物 | 动感强烈 | 有动有静 | 动中取静 | 兽动人静 |

其三是装饰载体类别的灵活。元代青花瓷器类别丰富，有瓶、罐、盘、碗、杯、炉、壶、觚等各大类。大类下又分若干小类，其中瓶和罐的小类最多。室内所能够容纳的各种器物都可以用青花瓷来制作。这些不同造型的青花瓷器丰富了室内装饰元素的艺术特性，为元代蒙汉各阶层的达官显贵们提供了灵活选择的余地。

除此以外，元代蒙古民族室内装饰元素的灵活性还体现在装饰图案可以用于多种不同的器物上。除瓷器外，在金银器、铜器、家具等多种室内器物上多有呈现。从整体上表现出元代蒙古民族装饰文化与汉民族装饰文化在共同的理性精神的作用下，积极涵化的一个总趋势。

### 2.2.3　建构元属文化

元朝是中华民族对外开放、汲取外来文化的一个重要历史时期。来自于陆路和海上丝绸之路的对外贸易为文化传播打通了中外文化交流的通道，带来了频繁的中外交流的机会，建构起了独特、多元、开放的元代文化性格。“成吉思汗及后代子孙横跨欧亚大陆，在政权统治范围内，曾使陆上商贸要道畅通无阻，这使大批的波斯、阿拉伯人来到中国，带来了西域的文化和习俗。”[2] 这表明，蒙古民族从草原来到中原，既保留了草原游牧文化，又接受了中原农耕文化，还汲取了西域文化。这种文化涵化的结果，导致了具有较强影响力的元属文化的产生。

❶（晋）郭璞 . 山海经 [M]. 上海：上海古籍出版社，1989.
❷ 山水 . 元代瓷器文化解读 [J]. 中国文物报，2019（6）：17.

#### 2.2.3.1 涵化的文化

通过查阅资料发现，元代装饰文化的集大成者为元代瓷器。“元代瓷器不仅装饰纹样丰富多彩、工艺精湛，且蕴含着浓厚的中原传统文化、伊斯兰文化、蒙古草原文化和藏传佛教等多种文化因素。所以，元代瓷器是元代中华文化开放性、多样性和包容性的最好物证。”[1] 而元青花瓷又是元代瓷器中的典型代表。元青花瓷白底蓝花是其主要特色，这是由于使用了产自波斯进口苏麻离青为绘制钴料，再结合中原制瓷技术，高度融合了双方的审美情趣烧制而成的精品佳作[2]。这种青花瓷器又大量地出口到西亚等区域，这种对外交流而来的文化涵化为元代装饰文化的发展带来了卓越的贡献。

此外，现藏于内蒙古博物院的钧窑“小宋自造”香炉，堪称元代钧窑瓷器的重要代表，具有明显的文化涵化属性。香炉从宋代起就登堂入室，以中小型香炉为主。不光出现在帝王的内廷，而且还成为文人雅士的把玩之物，颇受文人喜爱。元代香炉自然也保持着宋代的风格。香炉的颈部堆塑雕刻有三个麒麟，麒麟作为中原文化中的神兽，被视为吉祥的象征。而这一香炉整体造型浑厚而硕大，古朴典雅，底部接三个兽足，耳下部另有兽形环耳衔接于颈腹部之间。这些装饰特征却又具有典型的游牧文化特点（图 2-30）。

图 2-30 钧窑“小宋自造”香炉[3]

另一件钧窑月白釉香炉也是如此，下承的三个兽形足，颈部两侧附有的环形兽耳，月白釉色与露胎橘红的对比关系，使得器物厚重大方，也都透露着明显的游牧文化痕迹。而香炉上梅花状鼓钉的装饰却又显露出中原文化的影子，表现出一丝温婉。这样的造型结合，充分体现出元代的独特工艺和文化融合的主体特征（图 2-31）。

图 2-31 钧窑月白釉香炉[4]

卵白釉制瓷技术在宋代就相对成熟，到了元代，质量、种类和工艺上都有了更大的提升。从出土的卵白釉瓷器来看，其器型规整，釉色纯正，纹饰华丽，特点也十分鲜明。而卵白釉的印花装饰采用的白乳浊色主要是与蒙古人尚白的审美习俗有关，因此卵白釉瓷器具有文化涵化后的特色，符合蒙汉文化融合的审美取向。

荷叶盖罐在元代颇为流行，此罐短直颈，圆鼓腹，胎质灰白、细腻坚硬，胎体厚重，形制雄伟有气魄，非常符合蒙古民族的审美要求。这种大型器物的主要用途很可能是用来盛酒，器盖为荷叶

[1] 山水．元代瓷器文化解读 [J]. 中国文物报，2019（6）：17.
[2] 山水．元代瓷器文化解读 [J]. 中国文物报，2019（6）：17.
[3] 安泳鍀．天骄遗宝蒙元精品文物 [M]. 北京：文物出版社，2011：116.
[4] 安泳鍀．天骄遗宝蒙元精品文物 [M]. 北京：文物出版社，2011：122.

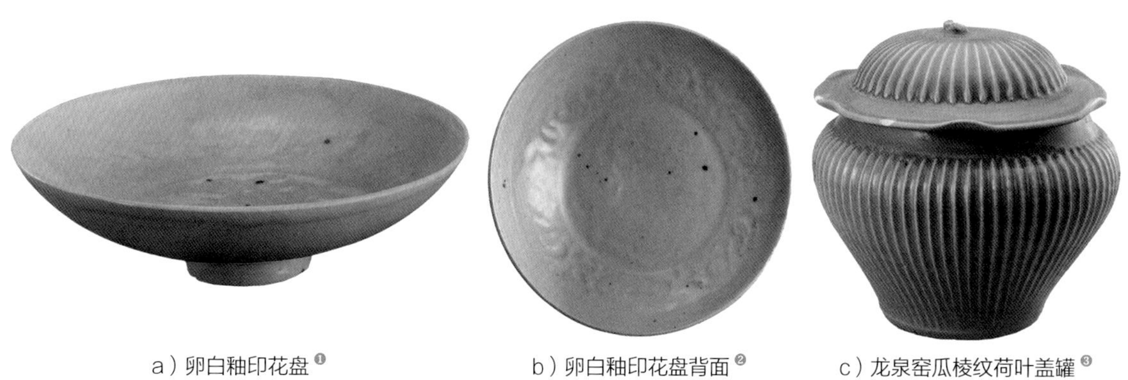

a）卵白釉印花盘[1]　b）卵白釉印花盘背面[2]　c）龙泉窑瓜棱纹荷叶盖罐[3]

图 2-32　内蒙古地区出土的瓷器

形纽盖，边缘为高低略有起伏的荷叶花边，通体以瓜棱形为纹样，并且釉色温润柔和，又使粗大笨重的盖罐线条显得非常柔和，增添了些许含蓄婉约的中原汉文化的审美意象（图 2-32）。

从上述案例的分析可以看出，元代的装饰文化表现出了两个文化涵化的走向，其一是与伊斯兰文化的融合，其二是蒙汉文化的融合。这两种文化涵化的走向为元代创造了很多精美华丽的文化精品，也因此形成了元代文化涵化这一独特品质。

#### 2.2.3.2　拿来的工艺

来自草原游牧文化的元朝开启者深知游牧文明与农耕文明之间的差异，尤其是在手工业技艺上，中原地区的发达程度远远高于蒙古草原。因此，当元朝建立后，统治者全盘继承了汉文化中的诸多技艺，并将之发扬光大，使元代的手工艺生产技术得到了空前的发展，制造业也得到了大规模的提高。瓷器、金银器、木器、丝织品等也因此工艺繁复，技巧高超，而且装饰十分细密，并融入有草原文化的特色。例如“以景德镇为中心，全国性和地方窑口的生产十分活跃，不仅大大促进了瓷器海外贸易的扩展，还使中国的瓷器生产技术达到一个飞速跃升的时期”[4]。

瓷器的发展在宋代时就已相对成熟，到了元代其质量和工艺都有了更大的发展。图 2-33 是两件龙泉窑凤尾尊，这两件尊挺拔秀美，釉色素净温润，刻画流畅舒展，装饰手法别致，是龙泉窑厚釉、刻画与贴塑工艺相结合的典型器物，反映了元代瓷器高超的装饰工艺。

这一时期的金银器也形成了比较明显的时代风格，被大量应用在普通的生活器皿上。装饰主要以錾刻简单明快的花卉纹样为主，用捶揲变换造型。这种制作工艺在元朝也广为流行，其多层次的立体装饰效果十分突出。如内蒙古乌兰察布市出土的高足金杯，杯身捶揲焊接而成，口沿外卷，深腹，圆底，喇叭形高圈足。这种上为碗形、下为柄状高足的容器，主要用于盛酒或盛果实，是元代流行的器物，同时具有鲜明的游牧文化特色，符合游牧民族席地而坐的生活习惯（图 2-34a）。

---

[1] 安泳鍀 . 天骄遗宝蒙元精品文物 [M]. 北京：文物出版社，2011：107.
[2] 安泳鍀 . 天骄遗宝蒙元精品文物 [M]. 北京：文物出版社，2011：108.
[3] 安泳鍀 . 天骄遗宝蒙元精品文物 [M]. 北京：文物出版社，2011：150.
[4] 山水 . 元代瓷器文化解读 [J]. 中国文物报，2019（6）：17.

图 2-33 龙泉窑凤尾尊[1]

内蒙古兴和县出土的錾耳金匜也非常具有代表性，此錾耳金匜为花瓣形缠枝牡丹纹，捶揲焊接而成。其上主要装饰有卷草纹和牡丹纹。这种錾耳金匜制作精巧，在蒙古草原地带多有出土，是蒙古帝国宫廷内经常使用的高档饮酒器物（图 2-34b）。

此外，元朝时金银器具的镶嵌技术也十分普遍，饰物具有技艺考究、制作精细的特点，形成了这个时期装饰工艺的新趋势。如金镶玉凤纹帽顶就是在金器托座上镶嵌宝石，并且同玉飞凤相结合，玉凤饰还运用多层镂空技术雕琢而成。在这样的工艺下帽顶层次更加丰富，立体感也更强。按照元代舆服制度推断此为元代贵族用物。还有蒙古贵族妇女佩戴的顾姑冠，也是将金、木与丝织品有机结合的典范（图 2-34c）。

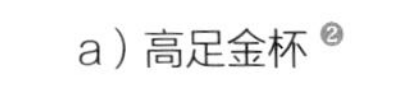
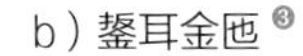

a）高足金杯[2]　b）錾耳金匜[3]　c）金镶玉凤纹帽顶[4]

图 2-34 内蒙古地区出土的元代金饰品

[1] 西林．蒙古族的传统色彩观念 [J]. 新疆大学学报（哲学社会科学版），1996（1）：52-54.
[2] 安泳鍀．天骄遗宝蒙元精品文物 [M]. 北京：文物出版社，2011：49.
[3] 安泳鍀．天骄遗宝蒙元精品文物 [M]. 北京：文物出版社，2011：49.
[4] 内蒙古博物院．中国少数民族文物图典（内蒙古博物院卷）[M]. 沈阳：辽宁民族出版社，2014：41.

由此看出元代装饰器物的制造技艺以拿来主义的态度继承和吸取了前朝的先进工艺，并根据新的内外需求不断创新，在装饰的技艺上展示出强大的文化涵化能力，为后世装饰制造工艺的发展奠定了坚实的基础。

#### 2.2.3.3　个性的元素

元代是一个民族大融合的时代，在其形成、发展的漫长过程中，受到了不同区域、不同民族、不同宗教文化因素的冲击和影响。特定的社会背景、文化特点与审美价值取向等因素，使其成为中国历史上文化影响力较深远的朝代之一，元代因此具有鲜明的时代特征和审美魅力，其艺术元素也呈现出个性化的特点。

元代青花瓷作为元代室内陈设的重要器物，其青白二色的配色模式表达了以蒙古民族为代表的我国北方草原游牧民族崇蓝尚白的色彩喜好。这种审美意识根深蒂固，一直伴随着蒙古民族的发展。同时，这也是我国中原农耕民族色彩审美意趣的一种表达。青白两色“对游牧民族而言，象征着辽阔的草原、蔚蓝的天空、洁白的羊群。而对农耕民族而言，则又是一种清雅宁静和纯洁的象征。蓝色与白色的搭配迎合了各民族的审美爱好”[1]（图 2-35）。

图 2-35　元代青花瓷[2]

“唐卡”是藏语译音，是用彩缎装裱的卷轴画。它和著名的藏族壁画同为藏画艺苑中两颗璀璨的明珠。北元的阿拉坦汗时期，随着藏传佛教传入蒙古地区，唐卡艺术也在各召庙中流行。唐卡形制多为竖长条幅，大小无定制。有小唐卡，也有长达几十米的巨型唐卡。一般有绘制唐卡、刺绣唐卡、印制唐卡几种。绘制唐卡是在布底上绘画着色后镶缀彩缎边框，背面用彩缎绢帛托裱，两端加硬木轴，能自由卷曲。唐卡题材多为佛教故事，阿拉坦汗时代以后也有表现蒙古社会世俗生活和历史题材的唐卡。清代蒙古地区各召庙中都有绘制唐卡的画师。艺术上，唐卡用笔细腻精巧，色彩鲜

---

[1] 陈炎 . 中国审美文化史：元明清卷 [M]. 济南：山东画报出版社，2007：125-126.

[2] 安泳鍀 . 天骄遗宝蒙元精品文物 [M]. 北京：文物出版社，2011：66-74.

明，除在召庙中悬挂唐卡外，牧民家中也挂小型唐卡[1]。但随着与蒙古民族文化的融合，唐卡上出现了对于游牧民族生活有着重要意义的动物——马，元代唐卡艺术也因此具有了属于自己的个性化表达模式（图 2-36）。

由此可以看出，元代的装饰元素形成了自己独特的审美风格，在色彩、造型等方面均呈现出个性化艺术特点，其丰富的文化内涵、非凡的艺术造型和深远的美学影响，都强烈地投射到蒙古民族的装饰文化中。

图 2-36 蒙古族藏传佛教唐卡[2]

## 2.3 满蒙文化相生的蒙古包装饰文化

满族的兴起，尤其是在建立大清王朝的进程中，蒙古贵族的支持起到了巨大的作用。在清代早期，统治者通过设立蒙古“铁帽子王”、选蒙古族女子为后妃、嫁公主给蒙古贵族的和亲制度等政策，强化了满蒙关系融合的态势，为巩固清政权奠定了基础。因此，清代的满蒙关系大体上是和谐的。在这种大背景下，蒙古包的装饰文化经历了满蒙文化相生的涵化过程。

❶ 阿木尔巴图 . 蒙古族工艺美术 [M]. 呼和浩特：内蒙古大学出版社，2002：296.
❷ 阿木尔巴图 . 蒙古族工艺美术 [M]. 呼和浩特：内蒙古大学出版社，2002：297-300.

## 2.3.1　协同游牧的部落文化

满蒙文化关系是我国民族文化关系中的一个重要内容，有着悠久的历史和丰富的内涵。回顾这一关系的历史，可追溯到辽金时期。在契丹人建立的辽王朝，满族的祖先女真人和蒙古诸部同属于契丹王朝。这一时期他们共同接受了契丹文化的影响。金兴辽亡后，女真人开始统治蒙古人，并在政治、文化方面影响了蒙古人。到元朝时期，女真人开始受蒙古贵族的统治，他们受到了蒙古文化的影响。万历十一年（1583 年），努尔哈赤开始了他的统一大业，经过三十多年的艰苦征战，终于统一了女真各部，并于 1616 年建立了后金政权。在这之后，女真人很多方面仍保留了蒙古民族的特征[1]。因而在蒙古民族文化的长期影响下，满蒙文化走过了从相互吸收到消化，再到融合漫长的文化涵化过程，这就决定了满蒙文化既存在共性，又有个性。

### 2.3.1.1　游牧文化的共性

在漫长的文化交往和涵化的过程中，满蒙两个民族之间产生了强烈的文化上的共性特征。比如相似的经济生活使他们很大程度上依赖于大自然的恩赐，这使得他们对大自然的神秘莫测产生了强烈的好奇心和敬畏心理，认为万物皆有灵。因此以万物有灵思想为核心的萨满教成了他们共同的原始学科。他们希望通过信奉萨满来获得护佑和神助。通过巫术活动以达到和上天沟通的目的，从而祈求万物庇护。随着这种巫术逐渐演化成了一种固定的仪式，因而出现了对自然、图腾等崇拜的艺术化。鹰崇拜与满蒙民族的萨满信仰是紧密联系的，在萨满起源传说中鹰是善神派来保护人类的守护神。传说鹰是“腾格里”的神鸟，它的力量无比，能用右边的翅膀遮住太阳，能用左边的翅膀遮住月亮[2]。因此蒙古族把鹰作为自己的图腾崇拜，将鹰作为民族精神的象征。满族也把鹰看成是民族精神之魂，各种工艺品上常有展翅欲飞的鹰元素。

另外，随着两族交往的日益加深。满族人的风俗习惯也受到了蒙古人习惯的很大影响，《清太祖武皇帝实录》中曾记载，满族先人女真人和蒙古人都有在进行出征、旋师或结盟等重要活动时，杀牛或白马来举行规模宏大的仪式[3]。此外，蒙古族对鹿具有极高的崇拜之情，认为鹿具有超强的神力。蒙古族萨满们，也常将自己扮成牡鹿的模样，以鹿角作为头饰。鹿是一种与猛兽截然不同的草食动物，因它和满族人之间有着紧密的关系，也成为人们崇拜的对象。在有的姓氏中，鹿神还被作为氏族神而得到祭祀，比如宁古塔吴姓把祀奉的鹿神称作“抓罗妈妈”。满族人在打鹿角采鹿茸时都要进行跳鹿神仪式，并在以后的猎鹿过程中逐渐形成了特定的仪式与禁忌[4]。可见在蒙古文化的长期影响下，满族人“虽信仰起居之微，殆无不取法于蒙古了”[5]。也正因为此，这些鹿纹的装饰

---

❶ 苏日嘎拉图．满蒙文化关系研究 [D]. 北京：中央民族大学，2003.

❷ 阿木尔巴图．蒙古族美术研究 [M]. 沈阳：辽宁民族出版社，1997：90.

❸ 吴元丰．清太祖武皇帝实录 [M]. 北京：民族出版社，2016.

❹ 乐磊．满族装饰艺术在室内设计中的应用研究 [D]. 南京：南京林业大学，2011：12-14.

❺ 清朝全史（上册）[M]. 但寿，译．上海：中华书局，1914：3.

纹样不仅象征着他们对美好生活的祝愿，同时也体现出两族文化交融影响下产生的装饰文化共性（见图 2–37）。

a）蒙古族家具[4]

b）沈阳故宫建筑

c）清代鹿纹银酒壶[5]

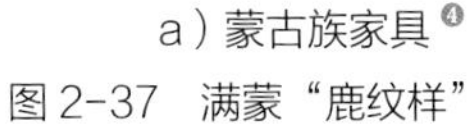

图 2–37 满蒙"鹿纹样"

除此以外，由于龙与北方游牧民族文化有着极深的历史渊源，同时满蒙在文化交融的过程中又都同中原产生过一定的联系，吸收了中原的龙文化，因此象征着帝王、天威的龙纹成了两族具有共性特征的装饰纹样之一，使用也十分频繁。清朝时期蒙古贵族使用的器物，上面都雕刻着造型别致的龙纹，以显示出使用者至高无上的地位。而满族人更是将龙纹作为皇家的主要装饰，努尔哈赤时期的沈阳故宫建筑上的龙纹随处可见，就连台基的望柱、栏板上也都雕满了龙纹，象征着皇权的神圣威严。清朝末年黄龙旗上的龙纹更是成了满族装饰的重要元素（表 2–13）。

由此可见，满蒙两族浓厚的文化基础和文化渊源决定了他们的文化具有血脉相继、融和一体的共性风格。也正是这种共性的存在，促进了满蒙之间装饰文化更深层次的交流和融合。

蒙古文化的"龙纹样"器物　　表 2–13

|  龙纹白铜扁壶 |  白铜龙纹执壶 |  铜鎏金龙纹双流提梁壶 |
| --- | --- | --- |
| 蒙古族"龙纹样"器物[3] | | |

❶ 丛亚娟 . 蒙古族传统家具图案的影响因素研究 [D]. 呼和浩特：内蒙古农业大学，2013：35.
❷ 通辽市博物馆 . 蒙古族文物精华 [M]. 呼和浩特：内蒙古人民出版社，2008：68.
❸ 通辽市博物馆 . 蒙古族文物精华 [M]. 呼和浩特：内蒙古人民出版社，2008：43–67.

续表

| | | |
|---|---|---|
| <br>沈阳故宫建筑 | <br>满族正黄旗[1] | 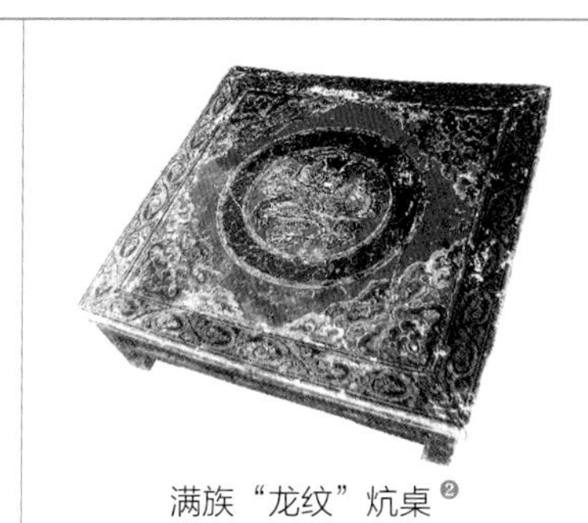<br>满族“龙纹”炕桌[2] |
| 满族“龙纹样”器物 | | |

### 2.3.1.2　游牧文化的个性

1644 年清军入关建立清王朝，满族文化由渔猎过渡到了农耕文化。因此，定居成为满族生活的主要方式。而相对来说，退居到漠北草原的蒙古民族则仍以游牧生活为主导。两个民族的文化差异也显露无遗，反映到满蒙装饰文化上也存在着自身的个性特征，这种个性也彰显着民族文化的多样性。

首先，这种个性文化体现在装饰色彩体系的不同。满蒙先人同为游牧民族，对于色彩的装饰最初大多来自自然界。例如蒙古族所住的蒙古包，采用的颜色是与天空、白云相呼应的蓝白两色。其室内的哈那、乌尼也都采用柳条等植物的自身色彩。然而，随着清朝建立，经济繁荣，满族开始对装饰色彩划分等级，并且具有了自己独特的个性特征。《五帝本纪》中记载“有土德之瑞，土黄色，故称皇帝”[3]。满族皇家传承了这种精神，黄色成为清代皇族的固有色彩体系，以表现皇权和高贵（表 2–14）。

土黄色在满蒙文化中的体现　　表 2–14

| 载体 | 特点简介 | 案例图示 |
|---|---|---|
| 成吉思汗画像[4]<br>努尔哈赤画像[5] | 所示图片为成吉思汗的画像和努尔哈赤的画像，可以明显看出虽然他们都穿着象征威严的龙袍，但成吉思汗的龙袍依旧沿袭了游牧民族崇尚蓝白的色彩喜好，而努尔哈赤的龙袍以及座饰等均为特有的黄色 | |

❶ 王永强，史卫民，谢建猷 . 中国少数民族文化史图典（东北卷）[M]. 南宁：广西教育出版社，1999：185.
❷ 赵一东 . 北方民族家具文化 [M]. 呼和浩特：内蒙古大学出版社，2016：105.
❸ 赵光勇，吕新峰 . 五帝本纪 [M]. 西安：西北大学出版社，2019.
❹ 阿勒得尔图 . 成吉思汗中外画集 [M]. 呼和浩特：内蒙古教育出版社，2007：12.
❺ 王永强，史卫民，谢建猷 . 中国少数民族文化史图典（东北卷）[M]. 南宁：广西教育出版社，1999：125.

其次，家具在两个民族文化上的差异。满族的定居使得居住方式由渔猎状态的“撮罗子”转向了民居。这种居住方式的变化，尤其是火炕的出现使得室内家具发生了巨大的变化，满族家具开始向组合化发展。而蒙古牧民仍以游牧为主要生活方式，蒙古包室内的家具变化不大，具有功能单一、形式简约，便于迁居等特征（表 2–15）。

满族家具和蒙古族家具的特征　　表 2–15

| 载体 | 特点简介 | 案例图示 |
| --- | --- | --- |
| 满族家具 | 图中所示的炕琴是放置于炕上的家具，炕琴的满语是“能装很多东西”的意思。它符合满族人的生活习惯和审美情趣。以纯黑髹漆、对称布局为特点，由柜体和抽屉两个部分组成，营造出平稳庄重、威严震慑的氛围 | |
| 蒙古族家具[1] | 所示图片为传统蒙柜，主要用来储物，具有形制简单、功能单一等特征 | |

最后，满蒙在室内器物上的个性表现。满族入关传承了汉文化的精华，尤其是在室内装饰器物上。由于几千年制作工艺的积累，各类器物的制作水平达到了我国封建社会的巅峰状态，如各种宝石镶嵌、瓷器的烧制等都具有极高的工艺水准，各类室内器物极为精美。而蒙古民族的草原生活状态，城市的发展层级与清王朝相比差距极大。因此，生产力水平导致的制作工艺相对落后，室内装饰器物仍保留着蒙古民族特有的粗犷与淳朴（表 2–16）。

由于历史与政治背景的差异较大，满蒙文化的个性也极为突出。但在特殊的政策关联与联姻传统的制约下，满蒙文化的涵化还是十分鲜明的，文化的叠层现象也是非常明显的。这一文化属性的产生也带动了蒙古族装饰文化的进步，为蒙古包室内家具器物等的发展提供了强大的动力。

[1] 赵一东 . 北方游牧民族家具文化研究 [M]. 呼和浩特：内蒙古大学出版社，2013：70.

满族器物和蒙古族器物的特征　表 2-16

| 载体 | 特点简介 | 案例图示 |
| --- | --- | --- |
| 满族器物[1] | 图为双龙戏珠纹掐丝珐琅酒壶，为满族民俗用品，铜制，壶腹部饰双龙戏珠纹，镶嵌各种颜色的珐琅。颜色华丽夺目，造型典雅 |  |
| 满族器物 | 图为清乾隆饮具金瓯永固杯。杯身刻缠枝花卉，镶嵌着数十颗珍珠和红、蓝宝石与粉色碧玺，华丽至极 |  |
| 蒙古族器物[2] | 图为清代饰银紫铜川壶，是蒙古族民俗用品，紫铜，口沿部镶银花边饰，用来盛放饮品 |  |
| 蒙古族器物[3] | 图为清代蒙古族所使用的典型盛奶用具，由铜、木质组成，造型简单 |  |

❶ 通辽市博物馆 . 蒙古族文物精华 [M]. 呼和浩特：内蒙古人民出版社，2008：221.
❷ 通辽市博物馆 . 蒙古族文物精华 [M]. 呼和浩特：内蒙古人民出版社，2008：119.
❸ 通辽市博物馆 . 蒙古族文物精华 [M]. 呼和浩特：内蒙古人民出版社，2008：55.

#### 2.3.1.3 游牧文化的协同性

由于满蒙两个民族在漫长的游牧长河中有过多次交集，在政治、经济、文化、民俗、建筑和艺术等方面都产生了多层面的交流和相互借鉴。在这个过程中，满蒙两个民族在不断地相互学习与交流中丰富着本民族文化，形成了你中有我、我中有你的协同发展态势。

蒙古族和满族的祖先女真族都被称为“马背上的民族”，马是两个民族最重要的生产资料和生产工具，因此马文化对两个民族来说都具有很强的协同关联。据《建州闻见录》记载：“满族六畜皆兴，惟马最盛。”[1] 因此满族形成了特有的马蹄袖、马褂等服饰装饰特点，而这些服饰特征又被蒙古族所吸收，二者的文化协同性十分突出（图 2-38）。

a）蒙古族喀尔喀部妇女服饰[2]

b）清代皇袍服饰

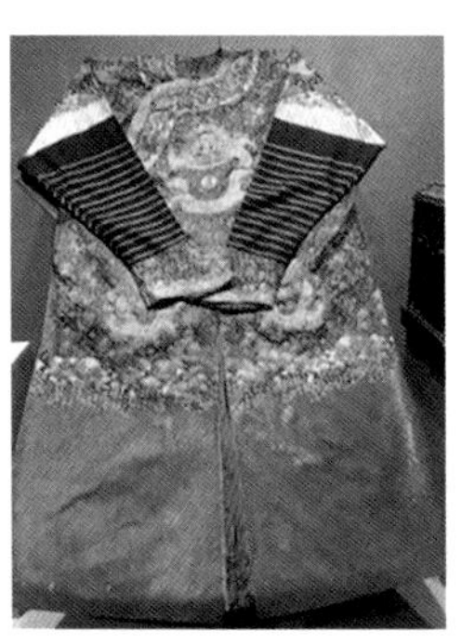

c）蒙古王爷紫段蟒袍

图 2-38 满蒙服饰的“马蹄袖”

满蒙两族在相互学习各自的装饰习俗上也是十分普遍的，并在学习的过程中丰富和发展了蒙古民族的装饰艺术形式。例如蒙古族喜欢采用玛瑙、珊瑚、白色石、兽骨、石佩、各色琉璃等材料镶嵌在器物上，或是对其表面进行雕刻，具有游牧民族特有的浑厚古朴的自然性。然而满族的装饰器物沿袭了蒙古民族的镶嵌之风，但却盛行华丽之美，雕刻工艺繁复精细，运用的镶嵌材料也是精挑细选，多为珐琅、珊瑚、宝石、珍珠等昂贵材料，以满足皇族之需。而这些精细高贵之器熏染了蒙古族的装饰文化，为蒙古族装饰艺术所借鉴（表 2-17）。

---

[1] 辽宁大学历史系．建州闻见录 [Z]. 辽宁：辽宁大学历史系，1978.

[2] 通辽市博物馆．蒙古族文物精华 [M]. 呼和浩特：内蒙古人民出版社，2008：95.

精细的蒙古族装饰艺术　表 2-17

| 载体 | 时间 | 特点简介 | 实例图示 |
| --- | --- | --- | --- |
| 奶茶具 | 清代 | 蒙古国成吉思汗博物馆馆藏，各种珠宝镶嵌与植物纹样相组合，繁复精细，工艺精湛 | |
| 家具[1] | 清代 | 彩绘雕花木桌，方形，桌面绘制以卷云纹组成的菱形图案，桌围挡浮雕错落相绕的卷云纹和花草纹，四腿浮雕卷云纹，施黄、黑、红三彩 | |
| 生活用具[2] | 清代 | 木碗，包银，碗圈足镶银雕花，嵌红珊瑚、绿松石，碗内雕刻盘肠和花卉纹，富丽华贵，蒙古王公喝奶茶所用 | |

除此之外，清王朝对蒙古族传统建筑蒙古包的使用更具有代表性。虽然满族人早已经开始定居生活，但在一定程度上仍保持着游牧民族居住蒙古包的习俗。作为移动的宫殿，蒙古包成了清廷狩猎、征战及联系蒙古贵族的重要见证（图 2-39）。

避暑山庄是清帝北巡进行木兰秋狝时驻跸的塞外离宫，乾隆帝偶尔在宫门搭建大幄赐宴蒙古诸王大臣，但避暑山庄中举行大蒙古包宴的主要地点是在万树园，万树园位于避暑山庄平原区中部，是一处面积很大的开阔地带[3]。此处绿草如茵，颇有草原风貌，符合游牧民族逐水草而居的习俗（图 2-40）。而且在万树园内除了蒙古包以外，不设置其他任何建筑物。这样独特的空间环境像是把草原风光直接引入皇家苑囿，形成了蒙古包建筑与宫廷环境的协同一致。

❶ 通辽市博物馆 . 蒙古族文物精华 [M]. 呼和浩特：内蒙古人民出版社，2008：86.
❷ 通辽市博物馆 . 蒙古族文物精华 [M]. 呼和浩特：内蒙古人民出版社，2008：48.
❸ 贾珺 . 清代离宫中的大蒙古包筵宴空间探析 [J]. 建筑史论文集，2003，17（1）：40-48，275.

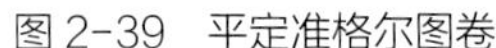

图 2-39　平定准格尔图卷

图 2-40　《万树园赐宴图》[1]

上述研究表明，满蒙两族的装饰文化由于存在着共同的传统游牧文化基因，又经过清代各层次之间的交流与融合，在装饰风格、表现手法、作品特征等方面已然形成了互相影响、共同发展的协同范式。

## 2.3.2　合睦共生的满蒙文化

从上述研究可知，满族文化与蒙古民族文化十分接近。为了巩固清王朝的统治地位，清代各帝王都对蒙古贵族采取了较为温和的政治策略。主要措施有和亲、征服、同化等方式，这些方式也成了满蒙文化交流的重要途径，对满蒙文化的融合起到了促进作用，使满蒙两个民族之间相互影响，合睦共生。

### 2.3.2.1　和亲式的融合

中国古代社会善于与各藩属国通过联姻的方式谋求和平，如王昭君嫁给匈奴单于，文成公主嫁给松赞干布等历史上著名的和亲案例。这样的联姻方式，不但缓和了战争，也促进了文化交流。据史料记载：建州女真首领努尔哈赤是“蒙古遗种”，他的身上有蒙古族血统。这也为他入主中原后与蒙古族建立世代联姻关系奠定了基础[2]。清王朝通过与蒙古贵族的联姻，加强了满蒙的政治关系，维护了清王朝的统治，促进了满蒙文化的融合。

在两族长达三个世纪的和亲关系中，清朝的各种文化产品及其制作工艺流入蒙古族生活的区域，尤其是公主、格格出嫁时陪送的大量金银用具、精美器物等，都是通过联姻的途径带到了蒙古地区。同时也通过随嫁品的形式，将蒙古族文化带到了中原地区，被清皇室所吸收，从而形成了满蒙文化的交流与融合。

---

❶ 王永强，史卫民，谢建猷 . 中国少数民族文化史图典（北方卷下）[M]. 南宁：广西教育出版社，1999：131.

❷ 国家图书馆出版社 . 李朝实录 [M]. 北京：国家图书馆出版社，2011.

如清代达理札雅龙纹鹿角扶手宝座，为阿拉善和硕特旗扎萨克亲王祖传之物。此宝座上雕刻有多条龙纹图案，尤其是靠背上的坐龙是清代皇家典型的龙纹饰，而宝座扶手以马鹿角为元素，四腿为兽腿形态，又体现着蒙古族游牧射猎之文化属性，二者融为一体的设计手法，充分显示出了满蒙文化的密切关系（表 2-18a）。

清代科尔沁博亲王僧格尔沁王府遗物珐琅宫灯由金属薄片焊接而成，上施有珐琅，绘制有回纹、花草纹，工艺十分精湛。历史记载，僧格尔沁家族世代与清王室、宗室王公权贵有联姻关系，使得宫灯这种清朝皇家的器物成了蒙古贵族的生活用具。灯上的珐琅是满族皇家特有的制作工艺，而其上的回纹和花草纹又是蒙古族装饰的产物。因而此宫灯是满蒙文化融合的见证（表 2-18b）。

清代蒙古族贵族器物　　表 2-18

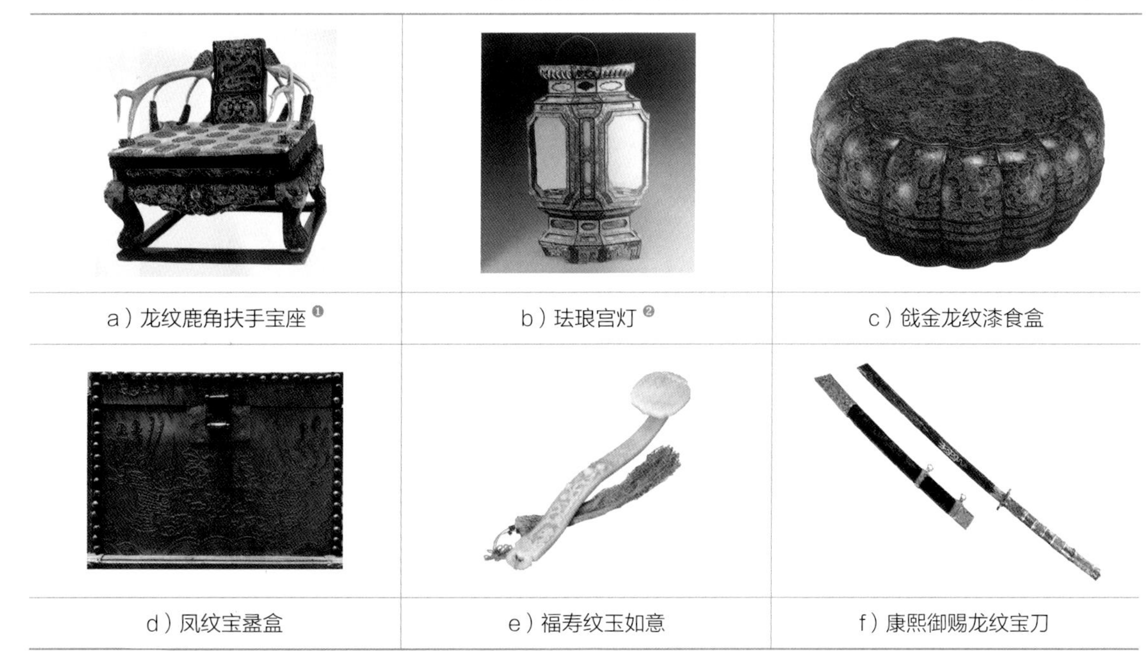

| a）龙纹鹿角扶手宝座[1] | b）珐琅宫灯[2] | c）戗金龙纹漆食盒 |
| --- | --- | --- |
| d）凤纹宝盝盒 | e）福寿纹玉如意 | f）康熙御赐龙纹宝刀 |

满蒙和亲制度使得满族公主、格格们所带来的各种匠人也将满族文化所盛行的各种装饰手法和技艺带到了蒙古各部。如象征江山万代的海水江崖纹，象征富贵的蝴蝶牡丹图案，象征高洁品质的菊花、兰花图案等，都出现在了蒙古各部妇女的服装上，使得蒙古族服饰的文化融合性与文化多样性更加突出（表 2-19）。

上述研究反映出，在满蒙和亲政策的推动下，两个民族的政治、文化的关联更加密切，两个民族的文化交融更为普遍，相互之间的影响更为深刻。而正是在这种文化融合的背景下，才出现了蒙古族装饰文化发展的又一个高峰，为蒙古包装饰艺术的研究提供了更多的案例。

[1] 内蒙古博物院 . 中国少数民族文物图典（内蒙古博物院卷）[M]. 沈阳：辽宁民族出版社，2014：20.

[2] 通辽市博物馆 . 蒙古族文物精华 [M]. 呼和浩特：内蒙古人民出版社，2008：89.

清代蒙古族服饰 表 2-19

| 载体 | 时间 | 特点简介 | 实例图示 |
| --- | --- | --- | --- |
| 蒙古族服饰[1] | 清代 | 服饰上的双龙云寿纹暗花绿缎为袍面，圆领，马蹄袖，坎肩上绣花卉、海水江崖纹 |  |
| 蒙古族服饰 | 清代 | 服装为典型的蒙古族妇女装式，其上的花卉为牡丹、菊花，还有蝴蝶。嵌边上有藏传佛教的八宝图案 |  |
| 蒙古族服饰[2] | 清代 | 服饰的前后襟共绣四对飞凤，周围绣满菊花、兰花等花卉纹 |  |

### 2.3.2.2 征服式的融合

清王朝建立后，对蒙古各部族也充满了警惕，表现在政治上一直采用盟旗、朝贡、扶持宗教，甚至是军事征讨等手段来统治蒙古族各部，实现了与蒙古各部既密切又有威慑的政治联盟关系，以此来强化清王朝的统治。其中的盟旗制度是清朝统治蒙古地区的基本政治制度，主要是对蒙古诸部地区实行分而治之并加以限制的一种措施。不仅从经济、政治等方面对蒙古诸部进行制约，在其服

❶ 通辽市博物馆 . 蒙古族文物精华 [M]. 呼和浩特：内蒙古人民出版社，2008：94.
❷ 通辽市博物馆 . 蒙古族文物精华 [M]. 呼和浩特：内蒙古人民出版社，2008：93.

饰的样式上也有一定的规定，对蒙古族服饰文化产生了深远的影响。《绥远通志稿·民族志》记载："服饰分官服与便服，按照清朝规定，无论男女老少、富贵贫贱，身上都要穿长袍，腰系腰带，脚踏靴等制度……"[1]《绥蒙辑要》也记载："其服各旗虽不一致，但以赤、紫、内色为普遍。"[2] 显然清朝对蒙古各部的分化政策对满蒙文化的融合起到了潜移默化的影响（表 2–20）。此外，清政府还规定了蒙古族上层的朝贡制度，以控制蒙古各部，巩固其统治，强化蒙古族对清朝的从属关系，从而促进了文化上的交流。清朝皇帝通过蒙古族上层的朝贡，获取了大量的贡品，如牛羊、奶制品、工艺品等，又通过赏赐绫罗绸缎、装饰品等行为满足蒙古贵族的各种物质需求（表 2–21）。

此外，清朝在与蒙古族长期的接触中深知蒙古族与藏传佛教有很深的历史文化交融，对蒙古族产生了极大的影响，因此清政府利用蒙古族这一特点，积极扶持藏传佛教以柔服蒙古族。如清时期蒙古贵族所使用很多的器物、家具上常见佛教文化装饰元素。这一现象不仅丰富了蒙古装饰文化的内涵，也因此促进了满蒙装饰艺术的融合和发展（表 2–22）。

清代龙袍服饰 表 2–20

| 载体 | 时间 | 特点简介 | 实例图示 |
| --- | --- | --- | --- |
| 紫缎蟒袍 | 清代 | 袍子中央有黄色坐龙，领边上为行龙，袍子为紫色，是清代大臣所用。蒙古贵族虽可穿龙袍，但仍为臣子的色彩，君臣之道十分清晰 | |
| 清帝龙袍 | 清代 | 清代皇帝龙袍，前后共九条龙，以对应皇帝的九五之尊。龙袍为黄色，是帝王之色 | |

[1] 绥远通志馆 . 绥远通志稿（第七册）[M]. 呼和浩特：内蒙古人民出版社，2007：147–148.

[2] 陈玉甲 . 绥蒙辑要 [M]. 出版社不详 .

清代蒙古族上贡物品 表 2-21

| 载体 | 时间 | 特点简介 | 实例图示 |
| --- | --- | --- | --- |
| 餐具[1] | 清代 | 光绪款红彩描金寿字纹餐具，清朝末年赐给蒙古王公的一套餐具。盘、碟、盅、匙俱备 |  |
| 撒袋[2] | 清代 | 黑绒嵌银撒袋是土尔扈特部首领渥巴锡献给乾隆皇帝的礼物 | 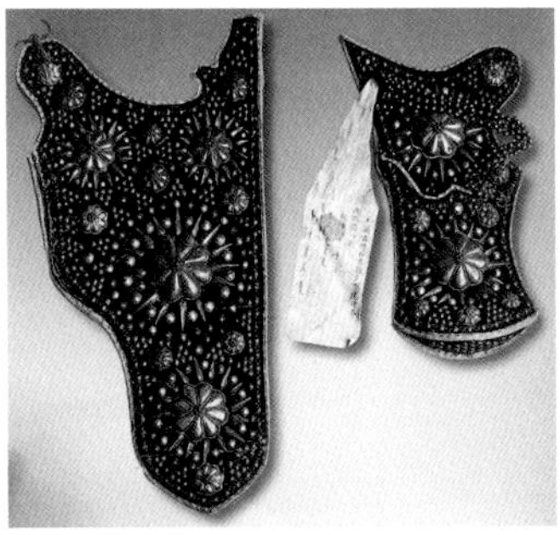 |
| 特印[3] | 清代 | 乌纳恩土尔扈特印，乾隆四十年（1775 年）颁给土尔扈特部首领的银印 |  |

蒙古贵族器物和家具上的元素 表 2-22

| 载体 | 时间 | 特点简介 | 实例图示 |
| --- | --- | --- | --- |
| 执壶[4] | 清代 | 紫铜鎏银佛八宝执壶，瓜棱形，弧腹，平底。圆顶盖，火焰珠钮，腹部浮雕八宝纹 |  |

❶ 王永强，史卫民，谢建猷 . 中国少数民族文化史图典（北方卷下）[M]. 南宁：广西教育出版社，1999：271.
❷ 王永强，史卫民，谢建猷 . 中国少数民族文化史图典（北方卷下）[M]. 南宁：广西教育出版社，1999：132.
❸ 王永强，史卫民，谢建猷 . 中国少数民族文化史图典（北方卷下）[M]. 南宁：广西教育出版社，1999：133.
❹ 通辽市博物馆 . 蒙古族文物精华 [M]. 呼和浩特：内蒙古人民出版社，2008：38.

续表

| 载体 | 时间 | 特点简介 | 实例图示 |
| --- | --- | --- | --- |
| 执壶[1] | 清代 | 紫铜鎏金，扁圆腹，子母口，金刚铃盖，摩尼宝钮，腹部一面贴菱形鎏金片，浮雕一周大象纹，中心浮雕有四个金刚杵造型的花纹，另一面贴圆形鎏金片，圆心浮雕阴阳鱼 | |
| 家具[2] | 清代 | 八宝纹雕花木箱，饰有莲花、八宝、神兽、鹿与仙人图案 | |

从上述案例分析可以看出，清政府对蒙古族的一系列政策制度虽然目的是出于维护其政治统治，但在无形中对满蒙文化的交流与融合起到了重要的促进作用。这种政策强化下的文化融合使蒙古贵族文化与清皇室文化的涵化提供了保障，也为蒙古包装饰元素的多样化奠定了基础。

#### 2.3.2.3　同化式的融合

从历史的发展角度来看，满蒙之间的关系长期处于较为平和的状态，这是由于满族的祖先女真人的渔猎经济与当时蒙古族的游牧经济具有很强的互补性，两个民族的语言与宗教信仰也相似。而在地理环境上女真人与蒙古民族有加深交往的自然条件。这些人文与自然因素，成为清代满蒙和睦相处的一个重要保障。此外，明末满族的崛起创造了历史机遇，他们建立满蒙联盟，为满族入关建立清王朝提供了保障。

历史的发展为文化的交流创造了必要的条件。满蒙两个民族的文化都包含了游牧与农耕两种文化。在二者联盟的作用下，满族对蒙古各部族关系的掌控亲疏有致，使得满蒙关系的基本走向在满族入关前基本确立。在这种状态下，满蒙两族的文化在双方的利益选择和文化认同方面的积淀较深，在宗教、社会发展等诸多方面相互影响较大，从而确保了二者较为深厚的文化融合度。

高度的文化涵化，促使满蒙装饰文化的融合在清代是十分普遍的。如清朝康熙、乾隆二帝都对鼻烟壶喜爱有加，朝野上下皆嗜鼻烟。据清宫造办处的资料记载，造办处的各个作坊都曾大量制

[1] 通辽市博物馆 . 蒙古族文物精华 [M]. 呼和浩特：内蒙古人民出版社，2008：46.
[2] 通辽市博物馆 . 蒙古族文物精华 [M]. 呼和浩特：内蒙古人民出版社，2008：85.

作鼻烟壶[1]。在其影响下，蒙古王公贵族们竞相模仿制作与使用鼻烟壶以此彰显身份。蒙古族鼻烟壶的使用由此进入了黄金时代，逐渐成为蒙古族生活中不可缺少的装饰与实用功能相结合的器物（表 2–23）。

满蒙贵族的鼻烟壶造型 表 2–23

| 载体 | 时间 | 特点简介 | 实例图示 |
| --- | --- | --- | --- |
| 清皇室鼻烟壶 | 清代 | 清明上河图鼻烟壶，清代鼻烟壶中的上乘之作 | |
| 蒙古族鼻烟壶 | 清代 | 俏色玛瑙鼻烟壶，黄褐色玛瑙，扁肩腹，腹部巧雕山水人物画 | |

在器物装饰纹样的运用上满蒙之间的融合性也很强。作为统治阶层的清皇室有什么样的装饰，蒙古贵族往往就学着为自己做什么。如狮子被看作是百兽之王，象征着威武与权力，清代的继位者与王公贵族都很喜爱狮子。因此狮子纹被大量运用在各类装饰中，如清代各种家具柜子门上的拉手等。受其影响，蒙古贵族对这类祥瑞纹样同样产生兴趣，在贵族日常使用的奶具上也出现了象征权力感的狮子纹（表 2–24）。

此外，清代官服上的“补子”是一种圆形或方形装饰，起源于蒙元时期蒙古人特有的服饰装饰，位于胸前和背后（图 2–41）。

满蒙文化的融合还表现在音乐艺术上，据《大清会典》《礼部则例》的记载，所有清宫重要的礼仪，如皇帝大婚、皇后寿宴等喜庆日子，一定会演奏“蒙古乐”，而蒙古筝是演奏蒙古乐的重要乐器。蒙古筝在蒙古语中称雅托可，有十二弦、十三弦、十四弦和十六弦，不同的场合会使用不同的蒙古筝（图 2–42）。在皇帝出征和凯旋等仪式中，多使用十四弦的蒙古筝。宫廷和王府在迎亲、

[1] 中国第一历史档案馆 . 清宫内务府造办处档案总汇 [M]. 北京：人民出版社，2005.

狮子纹在各类装饰中的运用　表 2-24

| 载体 | 时间 | 特点简介 | 实例图示 |
| --- | --- | --- | --- |
| 清代书柜紫铜狮子头衔环小铺手 | 清代 | 狮纹兽环，文房书柜上的构件 |  |
| 白铜双狮夺宝龙头执壶[1] | 清代 | 白铜、直腹、龙柄、龙头鹅颈流，平底，盖面浮雕覆莲纹，腹部浮雕双狮夺宝纹，近底处有一道凸弦纹 |  |
| 紫铜狮首耳奶桶[2] | 清代 | 桶耳雕狮首，嘴咬铃环，额头刻“王”字 |  |

宴请等礼仪活动中，多演奏十二弦的蒙古筝（图 2-43）。对清朝皇室而言，蒙古筝已然成为清朝音乐艺术文化的重要组成部分。

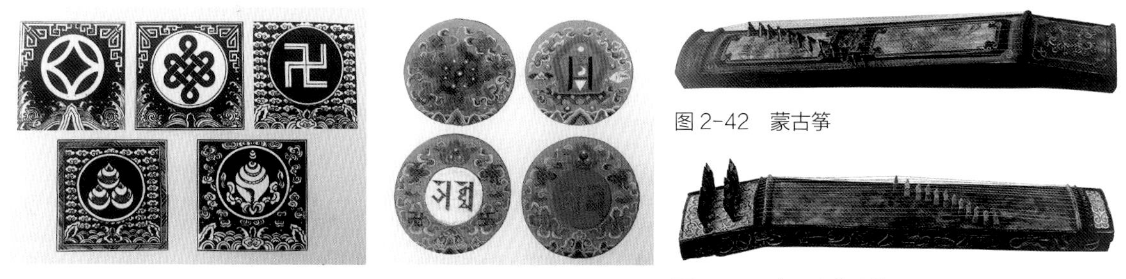

图 2-41　清代博格达汗时期各级官员的补子[3]

图 2-42　蒙古筝

图 2-43　十二弦蒙古筝

❶ 通辽市博物馆 . 蒙古族文物精华 [M]. 呼和浩特：内蒙古人民出版社，2008：41.
❷ 通辽市博物馆 . 蒙古族文物精华 [M]. 呼和浩特：内蒙古人民出版社，2008：60.
❸ Henny H H. Mongol Costumes[M]. Britain：Thames & Hudson，2018.

上述研究表明，作为我国北方两大游牧民族的满蒙文化由于特殊的政治原因和生存环境，促使二者之间的室内装饰文化有很高的融合度和相似度。这也从一个侧面反映两个民族在历史发展过程中所进行的文化交流，而这种民族文化的融合为蒙古包室内装饰元素的多样化提供了原动力。

### 2.3.3 统一和谐的民族文化

满蒙文化的发展是一个内容丰富、底蕴深厚的历史过程。在两个民族物质、政治、精神的高度交流下，两族文化不断融合，相互影响，在一定程度上达到文化的统一，是满蒙民族真正的传承所在，也因此形成了具有满蒙民族文化统一特点的装饰文化形式。

#### 2.3.3.1 宗教饰物类装饰的趋同性

满蒙文化在形成过程中，都不同程度地吸收了佛教文化元素，藏传佛教成了满蒙文化的重要纽带和构成要素。

首先在建筑方面，据《满文老档》记载：最早的满族人开始信奉藏传佛教是受到蒙古族的影响[1]，盛京大政殿的建造过程中也有蒙古僧人的参与。因此满族建筑艺术上也保留有藏传佛教建筑艺术的痕迹。大政殿的柱子顶部的云纹兽面饰物，在其外檐下的额枋上按立体梯形组合而成的“叠经”装饰等，均为藏传佛教建筑中所特有的饰物和常用的装饰方法。对于蒙古族建筑来说，藏传佛教装饰元素更是成了蒙古族建筑装饰艺术中重要的一部分（表 2-25）。

藏传佛教装饰元素　　表 2-25

| 载体 | 时间 | 特点简介 | 实例图示 |
|---|---|---|---|
| 五当召壁画[2] | 清代 | 五当召的横梁、顶棚、藻井等处都雕刻并绘制有二龙戏珠、莲花纹及七珍八宝等佛教内容 | |

[1] 中国第一历史档案馆 . 满文老档 [M]. 北京：中华书局，1990：151.
[2] 王磊义，姚桂轩，郭建中 . 藏传佛教寺院美岱召五当召调查与研究 [M]. 北京：中国藏学出版社，2009：168.

续表

| 载体 | 时间 | 特点简介 | 实例图示 |
| --- | --- | --- | --- |
| 五当召[1] | 清代 | 五当召殿顶饰带、金幢、法轮等装饰 | |
| 蒙古包套脑 | 清代 | 藏传佛教装饰艺术中较有代表性的八吉祥被应用在蒙古包套脑上 | |

其次，宗教文化在满蒙服饰上的装饰趋同性最直接地体现在佛教饰品的运用上。总结起来，藏传佛教七宝之中的金、银、珊瑚、珍珠等是蒙藏两个民族饰物中共同广泛使用的材质[2]。随着藏传佛教的深入，蒙古民族也将这些藏传佛教的七宝作为吉祥物佩戴在身上。《建州闻见录》中记载，大意是：努尔哈赤“经常手持念珠，一边坐着一边数，脖颈上经常佩戴条巾，条巾上悬挂各种念珠”[3]。由此可以窥见，早在后金时期满族人的服饰中就已经出现了佛教饰品，而清代官服所用朝珠、金佛头，甚至于乾隆佛装画像等，也都显示出佛教对满族服饰的影响（表 2-26）。

藏传佛教饰品的运用　表 2-26

| 载体 | 时间 | 特点简介 | 实例图示 |
| --- | --- | --- | --- |
| 蒙古族头饰[4] | 清代 | 科尔沁部蒙古族妇女头饰，红珊瑚、绿松石头饰牌，银烧蓝镶珊瑚发筒、扁簪、竖簪，各种宝石竖簪，凤钗、蝴蝶钗和红珊瑚枝衔翠步摇 | |

❶ 王磊义，姚桂轩，郭建中 . 藏传佛教寺院美岱召五当召调查与研究 [M]. 北京：中国藏学出版社，2009：169.
❷ 赤新 . 蒙古族饰物中的藏文化因素 [D]. 呼和浩特：内蒙古大学，2010：12.
❸ 辽宁大学历史系 . 建州闻见录 [Z]. 辽宁：辽宁大学历史系，1978.
❹ 通辽市博物馆 . 蒙古族文物精华 [M]. 呼和浩特：内蒙古人民出版社，2008：92.

续表

| 载体 | 时间 | 特点简介 | 实例图示 |
| --- | --- | --- | --- |
| 画像[1] | 清代 | 雍正画像，冠顶镶嵌金佛头，身上佩戴着朝珠 |  |
| 画像 | 清代 | 现收藏于故宫博物院的《乾隆皇帝佛装像》，乾隆坐在莲花宝座上，身着红色袈裟 |  |

满蒙两族共同信奉藏传佛教，也都有运用藏传佛教装饰元素的习惯，如运用八宝、转轮王七珍、法轮等元素来象征吉祥、如意。另外在佛教文化中，龙纹、狮子纹都作为佛的守护瑞兽出现，因此龙纹、狮子纹图案也深受青睐，在满蒙家具装饰中被广泛运用（表 2-27）。

藏传佛教的装饰图案　　表 2-27

| 载体 | 时间 | 特点简介 | 实例图示 |
| --- | --- | --- | --- |
| 家具[2] | 清代 | 乌海蒙古族家居博物馆藏，法轮、绸带纹储物柜 |  |

❶ 王永强，史卫民，谢建猷．中国少数民族文化史图典（东北卷）[M]. 南宁：广西教育出版社，1999：145.
❷ 赵一东．北方民族家具文化 [M]. 呼和浩特：内蒙古大学出版社，2016：138.

续表

| 载体 | 时间 | 特点简介 | 实例图示 |
| --- | --- | --- | --- |
| 家具[1] | 清代 | 松木制，红底彩绘四艺八宝纹木箱 | |
| 家具[2] | 清代 | 包头藏品，狮子纹诵经桌 | |

综上所述，宗教文化的介入对满蒙民族的审美观念及装饰文化产生了深远影响。从满蒙建筑到服饰、家具等都有宗教元素的直接融合，具有较高的艺术感染力，体现出统一的装饰文化特征。

#### 2.3.3.2 动植物图案类装饰的广谱性

动植物图案是游牧文化背景下衍生出的原始文化的产物，是游牧民族在同大自然斗争的过程中逐渐形成的，是从大自然中吸收灵感诞生出的一种装饰艺术。满蒙两族具有相似的动植物图案装饰，并且深受两族的喜爱而被广泛运用。从满蒙两族的居住建筑到室内器具，动植物图案随处可见，常见的动植物图案主要有鹰、虎、鹿、马、羊纹与卷草纹、牡丹纹等。

（1）羊纹。羊早在远古时代就曾是游牧民族的重要图腾，阴山岩画中也保留了很多羊的图案。加上满蒙两族自古以来受游牧经济的影响，满族还因此与蒙古族有了畜牧上的交流，对牲畜的依赖性很强。另外羊与祥有谐音关系，羊这种动物图案被赋予了吉祥、祥瑞的含义。因此大量的羊的造型图案被普遍应用（表 2–28）。

（2）鹰纹。北方游牧民族对鹰的崇拜有着古老的历史文化渊源。满蒙两族都广泛流传着有关鹰的神话传说，因此鹰作为满蒙两族的神鸟，被认为可以直接与天神对话，是光明和幸福的象征。所以在满蒙两族的建筑、服饰及其器物装饰中均有鹰的形象出现（表 2–29）。

（3）卷草纹。在满、蒙两个民族的传统植物图案中，卷草纹是运用最广泛、最普遍的一种植物纹样。不仅在满蒙装饰图案艺术构成中起到了不可替代的作用，更是成了满蒙最具民族特色的代表性的纹样之一。卷草纹形态来源于对自然的模仿，呈现曲线特征充满灵动，有连绵不绝、柔美繁盛

❶ 刘兆和 . 蒙古民族毡庐文化 [M]. 北京：文物出版社，2008：137.
❷ 赵一东 . 北方民族家具文化 [M]. 呼和浩特：内蒙古大学出版社，2016：99.

羊纹造型图案的运用 表 2-28

| 载体 | 时间 | 特点简介 | 实例图示 |
| --- | --- | --- | --- |
| 蒙古包 | 近代 | 蒙古国蒙古包内挂毯上的羊纹样 |  |
| 家具[1] | 清代 | 乌海蒙古族家居博物馆藏，羊纹藏式小箱 |  |
| 翡翠器物 | 清代 | 羊钮活环翡翠瓶，瓶体外面及盖钮上雕羊首衔环 |  |
| 根雕[2] | 清代 | 母羊哺双羔，杏树根雕，描金。立于长方形座上，座围绘卷云纹 |  |

鹰纹造型图案的运用 表 2-29

| 载体 | 时间 | 特点简介 | 实例图示 |
| --- | --- | --- | --- |
| 蒙古包 | 近代 | 蒙古国蒙古包内挂毯上的鹰纹样 |  |

❶ 赵一东 . 北方民族家具文化 [M]. 呼和浩特：内蒙古大学出版社，2016：185.
❷ 通辽市博物馆 . 蒙古族文物精华 [M]. 呼和浩特：内蒙古人民出版社，2008：188.

续表

| 载体 | 时间 | 特点简介 | 实例图示 |
| --- | --- | --- | --- |
| 家具 | 清代 | 老酸枝鹰雀鹿梅花工座 |  |
| 摆件 | 清代 | 玉雕老鹰宝瓶 |  |

吉祥之意。这也应该是卷草纹受到满蒙两族喜爱的原因所在（表 2-30）。

从以上案例的分析可以看出，满蒙动植物图案之所以具有广泛普遍、历久弥新的特征，是因为它有深厚的游牧文化背景作支撑，有两族人民对自然的崇敬作情感基础，有充分的文化融合作养分。同时满蒙动植物图案的广泛普遍性也象征着满蒙两族对自然和生活的热爱。

卷草纹造型图案的运用　　表 2-30

| 载体 | 时间 | 特点简介 | 实例图片 |
| --- | --- | --- | --- |
| 建筑 | 清代 | 沈阳故宫建筑上的卷草纹 |  |
| 家具[1] | 清代 | 浅浮雕彩绘卷草花卉纹佛柜，由上下两部分组成，柜面通体雕饰卷草花卉纹 |  |

[1] 内蒙古博物院 . 中国少数民族文物图典（内蒙古博物院卷）[M]. 沈阳：辽宁民族出版社，2014：98.

续表

| 载体 | 时间 | 特点简介 | 实例图片 |
| --- | --- | --- | --- |
| 蒙古包 | 现代 | 蒙古包套脑上出现的卷草纹 | |

### 2.3.3.3 生活场景类装饰的一致性

在满蒙文化逐渐统一的过程中，满蒙两族在生活习惯、生活方式上也产生了相互交融，生活场景类装饰也因此而呈现出高度的融合性，表现了对日常生活场景的描绘。满蒙生活场景类装饰的融合性主要体现在两个方面：一方面是生活场景本身所呈现出的满蒙文化的融合，另一方面体现在生活场景类装饰与载体在满蒙文化之间的汇合。

《中国少数民族文化史图典》中收录了两张大宴图的局部，描绘的是宴饮类生活场景，从图中人们的穿着，所佩戴帽子、饰品等可以看出其具有满族人特有的服饰特征，而且还出现了清朝的旗帜。但是图中的蒙古包，帷帐上的图案等却又都具有明显的蒙古族特征，就连图中所展现的活动也是蒙古族所喜爱的传统体育项目。因此在这个场景中满蒙两族的文化呈现出融合一体的状态（图 2-44）。

另外，清代《草原生活图》的局部描绘的是蒙古贵族的庆典活动场景。图中同样出现了蒙古族特有的蒙古包和毡车，但是蒙古贵族的服饰都具有圆领、窄袖、外罩对襟马褂等满族服饰特征，就连家具的形制也仿同清代式样。由此也可以看出蒙古贵族的生活习惯和方式已受到满族人的影响，这个场景也展现出了满蒙文化的高度融合（图 2-45）。

除此以外，在生活场景类装饰与载体上也体现着融合性。如蒙古族所使用的抽盖小盒，上面绘制的却是清代官员的生活工作场景图，主图是一幅审讯图，画面共有 5 人，端坐在圆垫上的两人一官一僧，跪在前方的为原告，绳索反捆着并被衙役摁住却昂头不服的应该是被告，圆垫上黄色衣服者手拿案纸，后面官员似在听案。左上角祥云中有四爪龙纹，面目狰狞（图 2-46）。再如五当召大殿的工笔重彩壁画，所绘制的为清朝的生活场景，在客观上形成了生活场景类装饰与载体在满蒙间的大融合（图 2-47）。

上述所列举的绘画、壁画及家具上的生活场景类装饰，均体现出满蒙文化相融合。满族和蒙古族在文化交流过程中相互吸收、借鉴，故而产生了生活场景类装饰的融合性。

总之，本章通过考据学的方法和文化涵化理论对蒙古民族历史发展进行了深入研究，考证其在不同发展阶段对蒙古民族文化产生的深刻影响，以及在各段历史时期内，对其他民族文化的吸收与融合，进而提出了蒙古包装饰元素的三大文化叠层现象，论述了蒙古包装饰元素的文化涵化过程。

图 2-44　大宴图（局部）[1]

图 2-45 《草原生活图》（局部）[2]

图 2-46　生活场景纹抽盖小盒（局部）[3]

图 2-47　五当召大殿的工笔重彩壁画 [4]

首先，研究表明，蒙古民族是蒙古草原各游牧民族的集合，蒙古民族文化是蒙古草原游牧文化的集大成者。考古发掘成果证明，早在旧石器时代，蒙古草原就有人类生存。7 世纪，蒙古族在额尔古纳河的滋养抚育下成长起来，1206 年蒙古帝国建立，逐步统一了蒙古草原 200 多个游牧部落，构筑了蒙古草原内部各民族的文化叠层。

其次，蒙古帝国建立的四大汗国属地，产生了庞大的域外族群与文化。蒙古帝国的对外扩张，征服的疆域扩展到西域和欧洲，使得蒙古民族文化与欧亚地区不同国度的民族文化得到了广泛的交流与融合，构筑了蒙古草原外部的文化叠层。在继承草原民族传统豪放朴素的装饰文化的基础上，又融合了西域与欧洲繁复精细、庄重华贵的文化性格。

最后，元朝的大统一促使蒙古民族游牧文化同汉民族农耕文化的相互交融与传承，形成了蒙汉文化协同发展的格局，给蒙古族装饰文化以深刻的影响，构筑了蒙汉文化一体化的文化叠层。清朝建立后，交往深入且频繁的满蒙关系，也促进了满蒙文化的进一步涵化。

[1] 王永强，史卫民，谢建猷 . 中国少数民族文化史图典（北方卷下）[M]. 南宁：广西教育出版社，1999：249.
[2] 王永强，史卫民，谢建猷 . 中国少数民族文化史图典（北方卷下）[M]. 南宁：广西教育出版社，1999：255.
[3] 赵一东 . 北方民族家具文化 [M]. 呼和浩特：内蒙古大学出版社，2016：148.
[4] 王永强，史卫民，谢建猷 . 中国少数民族文化史图典（北方卷下）[M]. 南宁：广西教育出版社，1999：281.

CHAPTER 3

# 第3章 蒙古包装饰文化原形

“原形”一词指的是事物的本来面目和原来的形态，也指物体本身形态的基本模式、基本结构与基本功能，具有动态发展的属性。本章所使用的“文化原形”表达的是蒙古包装饰文化的表层结构，旨在探索在蒙古民族文化涵化的前提下，以蒙古包毡包本体及其包内各类装饰陈设为载体的装饰元素在各个历史时期的基本形态和发展演变过程。

著名学者李泽厚先生在《美的历程》中曾说：“装饰是精神生产、意识形态的产物。”[1]日本学者海野弘认为：“装饰，是人与世界取得联系的最初形式，从中可以发现人类认识世界的原始性。”同时，任何一类装饰都是由不同元素构成的，这些元素又是由不同的原形发展进化而来的。蒙古包装饰作为北方各游牧民族集体的智慧结晶，其原形的发展范式是十分丰满的，其装饰元素也是十分丰富的。

## 3.1 包体构架装饰的文化原形

草原上的蒙古包恰似草原上的珍珠，洁白圆润，有着无与伦比的魅力。这是蒙古包构架经过千百年草原游牧民族千锤百炼的结果。在内蒙古自治区阴山支脉狼山乌拉特后旗布尔和哈达山巅上，岩画学家发现了一幅非常接近蒙古包的毡帐岩画，其形制较今日牧区蒙古包稍高，顶上开有天窗（套脑），一面设门，外表用粗绳横拦两道以加固围壁[2]。故从最初简陋的毡帐，到如今具有手工技艺类非物质文化遗产名头的蒙古毡包，其装饰原形历经发展，体现着独特的装饰属性。其构架主体，即套脑、乌尼和哈那三大构件，都是从原形的技术属性发展到艺术构件的。其物质到精神的属性转换恰如其分地反映出人类文明的物质过程。

### 3.1.1 套脑

套脑是蒙古包构架的三大构件之一，位于毡包结构的最上端。其原形主要承担着空气流通和室内采光的作用。但由于造型独特，在保持其技艺作用的同时，也逐渐演化成为毡包主体重要的装饰元素之一。在距今 13000 年前，套脑最初的原形为焦布根（蒙古包）的换气孔。在铁木真称汗至元朝时期，斡耳朵（蒙古包）则“以柳编套脑，用千余绳索拽住”[3]，足可见其尺度之宏大。到了明清时期，套脑的发展更注重传承，也相应地衍生出不同的构成形式。

---

[1] 李泽厚 . 美的历程 [M]. 北京：文物出版社，1981：1–15.
[2] 刘兆和 . 蒙古民族毡庐文化 [M]. 北京：文物出版社，2008：2.
[3] 刘兆和 . 蒙古民族毡庐文化 [M]. 北京：文物出版社，2008：3.

#### 3.1.1.1　套脑的构成

套脑作为蒙古包的主要构件，历来有不同的构成形式和装饰作用。在时间、形式、类型和装饰等维度下，套脑有着不同的原形属性，是研究蒙古包本体装饰的重要一环。纵观两万余年的发展时长，套脑在北方游牧民族的不同发展区域，展示了丰富的套脑文化。

从时间维度来看，套脑经过两万余年的发展，分别经历了定型期、发展期和传承期三个发展阶段。在公元前漫长的时间里，北方游牧民族以缓慢的节奏生活在草原上，蒙古包以十分简陋的形态和初始的功能满足了牧民的游牧生活，这是套脑的定型期（表 3-1）。

套脑的定型期　表 3-1

| 发展阶段 | 地点 | 来源 | 实例图示 |
|---|---|---|---|
| 公元前 10000 年—公元前 476 年 | 内蒙古自治区阴山格尔敖包沟 | 岩画[1] | |
| 公元前 2500 年—公元前 1500 年 | 内杭爱浩布特苏木塔布西和西伯利亚原始森林 | 岩画 | |
| 公元前 1500 年 | 乌拉特中旗 | 岩画 | |
| 公元前 53 年—公元 216 年 | 蒙古草原 | 彩棺 | |

公元后，蒙古草原不同的游牧民族中的贵族所使用的大型豪华蒙古包出现了。套脑作为蒙古包三大主要构件之一，其形态也发生了极大的变化（表 3-2）。1206 年，成吉思汗建立蒙古帝国，蒙古包从草原牧民的毡包开始转化为蒙古帝国皇宫贵戚们生活的场所。清朝统治者马上得天下，入关后依然在一定程度上保持着游牧民族居住蒙古包的习俗，皇帝巡幸和行围，常以行营毡帐为驻跸之处，后逐渐形成固定的制度。皇家园林中所设蒙古包更重要的功能是举行筵宴，多用于赐宴外藩。西苑和避暑山庄、圆明园举行的筵宴都曾经多次搭建大蒙古包[2]。套脑的造型也极尽奢华。通过上述三个阶段，套脑的形态和装饰属性都有了极大的发展（图 3-1）。

---

❶ 刘兆和 . 蒙古民族毡庐文化 [M]. 北京：文物出版社，2008：14.

❷ 贾珺 . 清代离宫中的大蒙古包筵宴空间探析 [J]. 建筑史论文集，2003，17（1）：40-48，275.

套脑的形态演化 表 3-2

| 发展阶段 | 图示地点 | 来源 | 实例图示 |
| --- | --- | --- | --- |
| 174—239 年 | 河套平原、河西走廊 | 画轴 | |
| 386—534 年 | 大同沙岭 | 墓葬壁画 | |
| 618—907 年 | 内蒙古自治区阴山支脉狼山乌拉特布尔和哈达山 | 岩画 | |
| 1000—1300 年 | 中戈壁德伦山 | 岩画 | |
| 1206—1300 年 | 蒙古国 | 绘画 | |
| 1206—1300 年 | 蒙古国乌兰巴托 | 实物毡包 | |

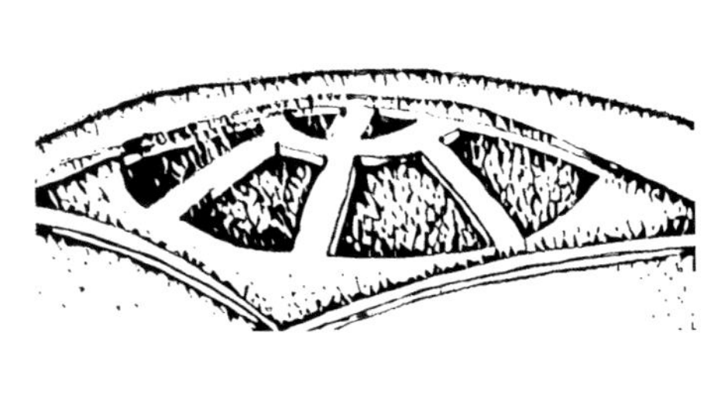

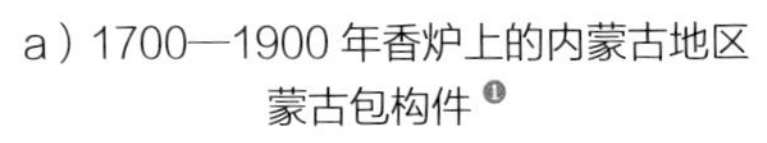

a）1700—1900 年香炉上的内蒙古地区蒙古包构件[1]

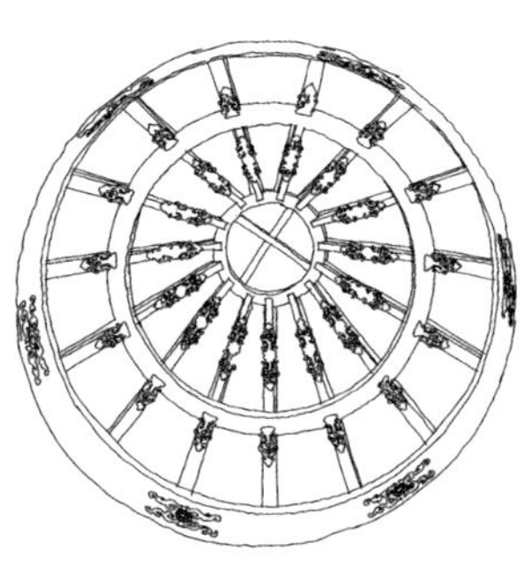

b）蒙古包套脑

c）当代蒙古包套脑

图 3-1 套脑的形态和装饰属性图

[1] 刘兆和．蒙古民族毡庐文化 [M]. 北京：文物出版社，2008：17.

从形式与类型维度来看，套脑为了满足基本功能和连接方式上的便利性，圆形是套脑的基本原形，这一点从草原先民们的岩画中可以一目了然。同时，为了使套脑的圆形形态保持不变，在套脑的内侧加一些构件来支撑套脑。在一些大型的包体上，在套脑的下部加几个竖向的木杆来稳定大型套脑。这样，套脑的圆形体（本体）、支撑体和稳定体三个主要部分就构成了套脑组成的主体（图 3–2）。

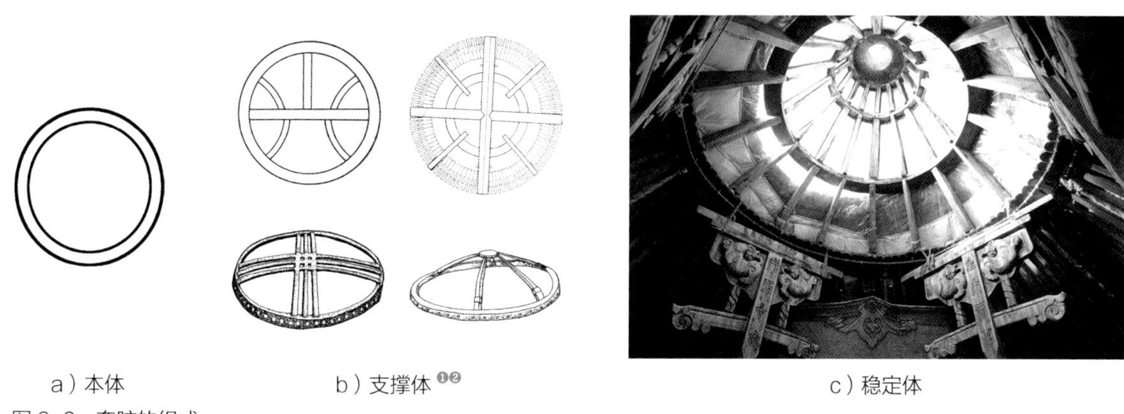

a）本体　b）支撑体[1][2]　c）稳定体

图 3-2　套脑的组成

从装饰维度来看，套脑本身就是蒙古包的重要装饰物。在蒙古包的三大组成部分中，套脑是唯一一个独立的构件。其圆形的实物形态，可以与下部的乌尼便利地连接。“灿烂的阳光照耀的套脑，清爽的空气流通的套脑”[3]，上述诗句说明了套脑满足空气流通和采光的要求。同时套脑又兼具计时功能，蒙古包太阳计时就是根据从蒙古包套脑（天窗）射进的太阳光照到的不同位置，比较准确地判断时辰的传统方法，甚至带有初民对天地的崇拜于其中。随着蒙古包类型、规模以及使用者身份的变化，套脑本体、支撑体和稳定体上各种装饰图案和装饰线脚变得更加丰富多彩，装饰属性更加突出（图 3–3）。

总之，蒙古包的套脑是集物质和精神需求于一体的产物，经过时间的演化，套脑由功能、技术构件逐渐演化为艺术构件，有了装饰的属性。使用者在蒙古包内的舒适性逐步提高，艺术装饰效果更加突出。不仅如此，套脑拥有优美的曲线造型，给人以对称与均衡、节奏与韵律的感受。而从套脑的附加装饰来看，通过雕刻、彩绘和镶嵌来装饰套脑，使套脑更加具有艺术感和造型感，烘托着不同的空间属性，给人们以美的享受。所以套脑以其本身装饰和附加装饰来体现着独特的装饰性格。

---

❶ 中华人民共和国住房和城乡建设部 . 中国传统建筑解析与传承（内蒙古卷）[M]. 北京：中国建筑工业出版社，2015：48，49.

❷ 刘兆和 . 蒙古民族毡庐文化 [M]. 北京：文物出版社，2008：51，52.

❸ 布和朝鲁 . 蒙古包文化 [M]. 呼和浩特：内蒙古人民出版社，2013：14.

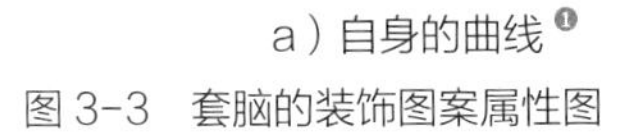
a）自身的曲线[1]

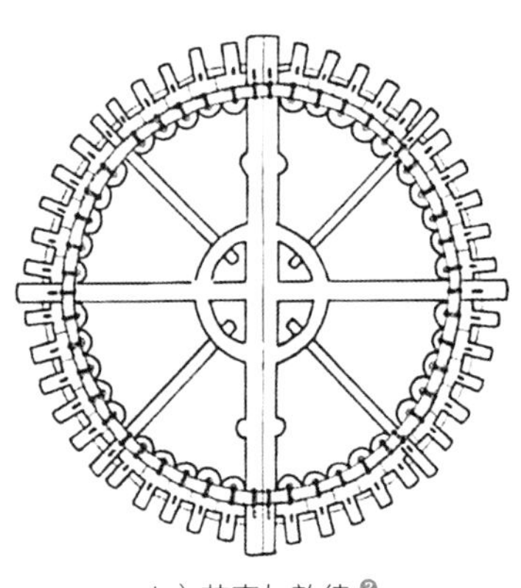
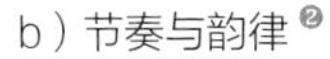
b）节奏与韵律[2]

c）套脑装饰[3]

图3-3 套脑的装饰图案属性图

#### 3.1.1.2 套脑的装饰手法

蒙古族史诗《勇士谷诺干》中有："金镀的屋顶，银包的围墙，水晶的房柱，珊瑚的马桩。珍珠镶的山墙，鸟骨架的房梁，狮子头骨做的天窗，金龙戏柱上下飞翔。"[4]该史诗略带夸张地描述了原始社会末期到奴隶制初期时北方游牧民族的蒙古包建筑装饰样式，从一个侧面反映出北方游牧民族已经有了对蒙古包进行装饰的意识。随着蒙古包的不断发展，套脑也随之不断演化，成为蒙古包中装饰最为华丽、装饰手法最为丰富的构件。构成套脑三个部分的套脑本体、支撑体和稳定体三部分的装饰手法也不尽相同。

套脑本体的圆形形态就具有很强的装饰属性，同时随着时间的变迁和使用者地位的不同，套脑除了本体自身的装饰属性外，附加的视觉装饰元素也变得越来越丰富，装饰手法也越来越多。主要装饰手法有油漆彩绘、雕刻、镶嵌等。普通牧民的蒙古包中对套脑本体是以使用为主，少有装饰，套脑体现出本体的淳朴、简洁之美，偶有油漆也是以防腐为主。贵族蒙古包对套脑的装饰格外讲究，套脑的装饰被认为是身份和地位的象征，动物、植物和几何符号等纹样被绘制、雕刻于套脑本体上。帝王的宫殿式蒙古包对套脑的装饰就更奢华，选取祥瑞的龙凤、狼鹿的图腾等题材运用到套脑中。其中运用雕刻与镶嵌的手法居多。而用油漆绘制上更加绚丽的彩色图案，使套脑具有更为浓郁的装饰性和艺术性，打造出富丽堂皇的空间效果，体现着帝王无上的权力和威严（图3–4）。

套脑中间的支撑体是用来加固套脑的一种结构构件，根据包体大小和力的传导方式的差异，套脑中间的支撑体也有不同的结构方式，构成了不同的套脑形态。尤其是一些王公贵族所使用的蒙古包，随着包体尺度的扩大，套脑支撑体的形态也越来越丰富，再配以不同的装饰手法，诸如彩绘、雕刻、镶嵌等对其进行装饰，会使蒙古包套脑整体上更具艺术属性（图3–5）。

---

[1] 中华人民共和国住房和城乡建设部. 中国传统建筑解析与传承（内蒙古卷）[M]. 北京：中国建筑工业出版社，2015：49.
[2] 中华人民共和国住房和城乡建设部. 中国传统建筑解析与传承（内蒙古卷）[M]. 北京：中国建筑工业出版社，2015：48.
[3] 布和朝鲁. 蒙古包文化 [M]. 呼和浩特：内蒙古人民出版社，2013：17.
[4] 勇士谷诺干 [M]. 霍尔查，译. 呼和浩特：内蒙古人民出版社，1980.

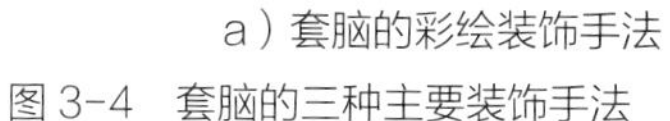
a）套脑的彩绘装饰手法

b）套脑的镶嵌装饰手法

c）套脑的雕刻装饰[1]

图 3-4　套脑的三种主要装饰手法

在大型套脑下加立柱可以稳定住套脑，防止其坠落。这一稳定体也被蒙古贵族赋予了很强的装饰和艺术属性。其装饰主要集中于撑杆和托木上。关于撑杆的装饰，袁冀的《元代宫廷大宴考》中曾评论："柱亦涂金，每一柱顶，皆雕巨龙，龙首支阁顶，尾则盘柱上，脚爪外伸。"[2] 由此可见帝王宫殿式蒙古包一般用龙凤雕塑或祥瑞图案作为装饰，以彰显帝王之风范。贵族蒙古包套脑的立柱一般会有绘画或镶嵌的动植物纹样，而托木上运用更多的是整体装饰性极强的单独纹样，这种装饰手法突显了贵族生活空间的威严大气（图 3-6）。

总之，套脑的装饰手法是完成蒙古包不同阶层地位象征的重要手段，对营造包内空间氛围起着非常关键的作用。长期以来，草原游牧民族创造了丰富多彩的装饰来渲染蒙古包，来点睛套脑。其彩绘、镶嵌、雕刻和各种线脚等丰富的装饰手法，突显了套脑不同的装饰特色及不同的社会等级观念。

a）支撑体装饰（一）[3]

b）支撑体装饰（二）[4]

图 3-5　套脑支撑体装饰手法

#### 3.1.1.3　套脑的装饰特色

蒙古包套脑在装饰特色上表现得十分突出，工匠们会根据不同的使用者进行不同的装饰，构成各具特色的套脑，主要反映在牧民包的简约、贵族包的复杂和帝王包的豪华这三个方面。

普通牧民的毡包以满足日常生活为主要宗旨，也限于经济原因，套脑的装饰十分简单，以朴素的木色为主，少有装饰。偶有装饰者，或漆以黄、蓝、白、红等牧民喜欢的颜色，或绘以动植物图案，以表达一些牧民对生活的祈愿，其特色是简约质朴，寓意明了（图 3-7a）。

---

[1] 刘兆和 . 蒙古民族毡庐文化 [M]. 北京：文物出版社，2008：77.
[2] 勇士谷诺干 [M]. 霍尔查，译 . 呼和浩特：内蒙古人民出版社，1980.
[3] 刘兆和 . 蒙古民族毡庐文化 [M]. 北京：文物出版社，2008：77.
[4] 王永强，史卫民，谢建猷 . 中国少数民族文化史图典（北方卷下）[M]. 南宁：广西教育出版社，1999：158.

a）稳定体（一）

b）稳定体（二）

c）稳定体（三）

d）稳定体（四）[1]

图 3-6 不同套脑的稳定体装饰

由于使用者身份地位的提高，贵族蒙古包套脑的装饰开始复杂起来，使用色彩、装饰题材也不同于普通牧民的蒙古包套脑。他们更讲究套脑的鲜亮华丽，饰物繁复。在色彩上，套脑的主色往往以金、红、橘色为主，辅色主要有黄、蓝、白、绿、红等颜色。贵族蒙古包套脑的装饰题材多有动物纹样，如蟠龙、鹿、羊等，大多被雕刻在套脑撑杆的托木上，描画精致，讲究得体。在一些贵族的大型毡包套脑及撑杆上还出现了描金、镶金的用色以及盘龙柱的雕刻方式，使套脑看上去精致复杂、富裕尊贵，以彰显其贵族气派（图 3-7b）。

铁木真成为大汗后，统治者使用的蒙古包套脑装饰穷极奢华，大力表现帝王的气派。由于游牧民族的特殊生活与生产方式，没有保存至今的帝王包实体。但文献中有记载其豪华程度，在《普兰・迦尔宾行记》中形容蒙古帝国第三任大汗孛儿只斤・贵由登基时的蒙古包“天幕架在贴金叶的支柱上，支柱用金钉子钉在梁木上，在天幕内壁上部覆以巴达金”[2]，以达金碧辉煌之艺术魅力。在蒙古国乌兰巴托郊区复原的成吉思汗大帐的套脑中，装饰题材大多是以鹰、狼、大象等寓意深刻的动物为主，镶金雕刻，使空间变得神圣威严，豪华壮美（图 3-7c）。

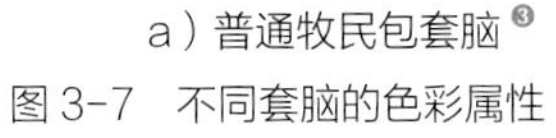

a）普通牧民包套脑[3]

b）贵族包套脑

c）帝王包套脑

图 3-7 不同套脑的色彩属性

[1] 刘兆和．蒙古民族毡庐文化 [M]. 北京：文物出版社，2008：75.
[2] 普兰・迦儿宾行记 鲁布鲁克东方行记 [M]. 余大均，蔡志纯，译．呼和浩特：内蒙古大学出版社，2009：93.
[3] 刘兆和．蒙古民族毡庐文化 [M]. 北京：文物出版社，2008：54.

总之，在蒙古包中套脑的文化原形演化跨度较大，装饰也最为华丽，是蒙古包主人身份和地位的象征，套脑位于蒙古包的中心，其大小比例和造型在空间中有着独特的装饰艺术性。不同的色彩和装饰题材也对空间有着不同的烘托效果，普通牧民蒙古包的简约、贵族蒙古包的复杂、帝王蒙古包的奢华等，反映出套脑装饰的鲜明特色和突出品质（图 3-8、图 3-9）。

a）普通牧民的套脑纹样

b）贵族的套脑纹样[1]

c）帝王的套脑纹样

图 3-8　不同套脑的图案纹样属性

a）牧民

b）贵族

c）帝王

图 3-9　不同阶层蒙古包的套脑

[1] 赵迪 . 蒙古包营造技艺 [M]. 合肥：安徽科学技术出版社，2013.

## 3.1.2 乌尼

乌尼可称是蒙古包的屋顶构件，像中国传统建筑的椽子，上连套脑，下接哈那。据文献考证，乌尼是毡包主体最早出现的建筑构件，在距今20000~13000年前，乌尼最初的雏形是“焦布根”“肖包亥”[1]。在蒙古各汗王统治时期，乌尼装饰华丽，以金镶嵌[2]。元以后，蒙古族退居漠北，此时的乌尼也随蒙古包主体进行演化。到了明清时期出现了套脑与乌尼的多种连接形式。乌尼相对于蒙古包的其他主体来说结构简单，拆搭方便，所衍生的原形样式的变化较少。

### 3.1.2.1 乌尼的基本构成

乌尼作为蒙古包主体的主要技术构件，在装饰属性上不如套脑表现得丰富。但是，在历经万余年的发展演进过程中，乌尼已经成为蒙古包本体装饰中不可或缺的重要组成部分。

乌尼与套脑是两个相互连接的构件。因此，乌尼的发展与套脑有相同的时间维度。据《多桑蒙古史》记载:“所居帐幕，结枝为垣，形圆高与人齐。上有椽，其端以木环承之。”[3]也有史料记载:“拓跋鲜卑的毡帐以绳相交络，纽木枝枨。”[4]随着蒙古包主人身份等级的巨大变化，乌尼的发展也根据毡包主人的身份不同而形成不同的乌尼形态。尤其是一些贵族的蒙古包，乌尼已不再是仅仅满足支撑套脑，承托蒙古包顶面的技术需求，而是开始向满足贵族精神需求方面发展。蒙古各汗王统治到元王朝时期，帝王及蒙古贵族的蒙古包中都开始体现华丽之感，文献记载帝王所用毡帐:“顶帐及四壁装饰考究，柱子与横梁连接处用金钉固定。”[5]由此可见，此时的乌尼已经有了很强的装饰属性（表3-3）。

乌尼的形态构成 表3-3

| 发展时间 | 图示地点 | 来源 | 实例图示 |
|---|---|---|---|
| 1206—1300年 | 蒙古国 | 实体 | |

❶ 阿拉腾敖德.蒙古族建筑的谱系学与类型学研究[D].北京：清华大学，2013.
❷ 郭雨桥.细说蒙古包[M].北京：东方出版社，2010：191.
❸ 多桑.多桑蒙古史[M].冯承均，译.北京：商务印书馆，1939：32.
❹ 白斯古郎，白秀金.浅谈蒙古包的变迁[C].《鄂尔多斯学研究成果丛书》民俗研究.鄂尔多斯市鄂尔多斯学研究会，2012：226-232.
❺ 白斯古郎，白秀金.浅谈蒙古包的变迁[C].《鄂尔多斯学研究成果丛书》民俗研究.鄂尔多斯市鄂尔多斯学研究会，2012：226-232.

续表

| 发展时间 | 图示地点 | 来源 | 实例图示 |
|---|---|---|---|
| 1700—1900 年[1] | 内蒙古 | 绘画[2] |  |
| 1700—1900 年 | 蒙古国 | 实体 |  |

从形式类型来看，乌尼根据使用要求有下接哈那和不承接哈那之分。下接哈那的乌尼主要分为两种，一种是直的乌尼，称直杆乌尼；另一种是上直下弯的乌尼，称弯杆乌尼。圆顶蒙古包多使用直杆乌尼，弯顶蒙古包多使用弯杆乌尼（表 3-4）。其下不承接哈那的乌尼则直接与地面接触，是一种叫茄吉 - 格儿的毡包，多在早期的蒙古草原出现[3]。

不同乌尼的形态　表 3-4

| 形式 | 地点 | 来源 | 实例图示 |
|---|---|---|---|
| 直杆乌尼 | 内蒙古 | 绘画[4] | 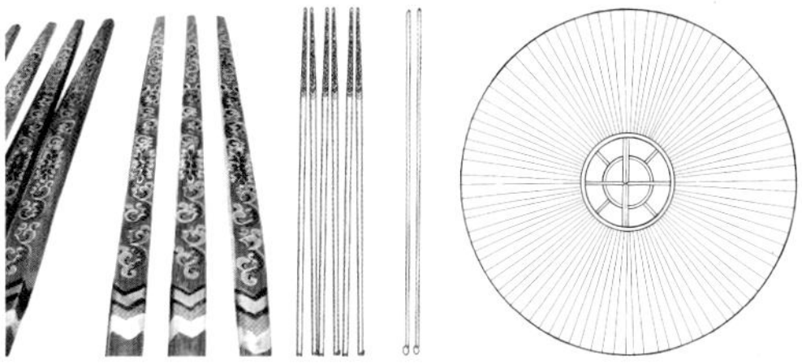 |

❶ 刘兆和 . 蒙古民族毡庐文化 [M]. 北京：文物出版社，2008：43.
❷ 陈炎 . 中国审美文化史（元明清卷）[M]. 济南：山东画报出版社，2007：125-126.
❸ 阿拉腾敖德 . 蒙古族建筑的谱系学与类型学研究 [D]. 北京：清华大学，2013.
❹ 刘兆和 . 蒙古民族毡庐文化 [M]. 北京：文物出版社，2008：56-57.

续表

| 形式 | 地点 | 来源 | 实例图示 |
| --- | --- | --- | --- |
| 弯杆乌尼 | 内蒙古、蒙古国 | 绘画[1] | |
| 下不承接哈那乌尼 | 内蒙古、蒙古国 | 绘画[2] | |

在装饰上，乌尼与套脑的连接显示出高度协调统一性，二者共同彰显蒙古包顶界面的节奏与韵律之美。同时，乌尼的数目决定着蒙古包的大小，决定着蒙古包室内的舒适性。而且乌尼对材料和尺度要求很高，要保持一致，共同支撑套脑，以显示蒙古包顶界面以圆为中心特殊的向心性构图（图 3-10）。

总之，蒙古包的乌尼是蒙古包主体结构中不可或缺的一部分，由起初简陋的木条，逐渐变成了蒙古包装饰的主体，通过密集的乌尼元素的应用，烘托着蒙古包空间美的旋律，成为蒙古包主体装饰的重要一环。

a）动感与韵律

b）协调与统一

c）装饰与精美

图 3-10　乌尼的装饰属性

❶ 刘兆和 . 蒙古民族毡庐文化 [M]. 北京：文物出版社，2008：41.

❷ МОНГОЛ ГЭР ТАЙЛБАР ТОЛЬ：59.

### 3.1.2.2　乌尼的组织方式

乌尼是蒙古包的主要支撑结构，是技艺合一的核心构件。在材料上，不同套脑的蒙古包所用的乌尼材料也有不同。插接式套脑的蒙古包一般采用松木、杉木做乌尼；串接式套脑的蒙古包一般用桦树或柳条做乌尼。

乌尼的构造简单，就是一根杆。一般有上端（连接套脑的部分）弯曲、下端（连接哈那的部分）弯曲、通体端直三种形态[❶]。其中，乌尼与套脑的连接又分为两种，插接式和连接式。其中连接式的乌尼要在侧面端头打眼，用皮绳与套脑固定（表 3–5）。

乌尼的搭接方式示意图　　表 3–5

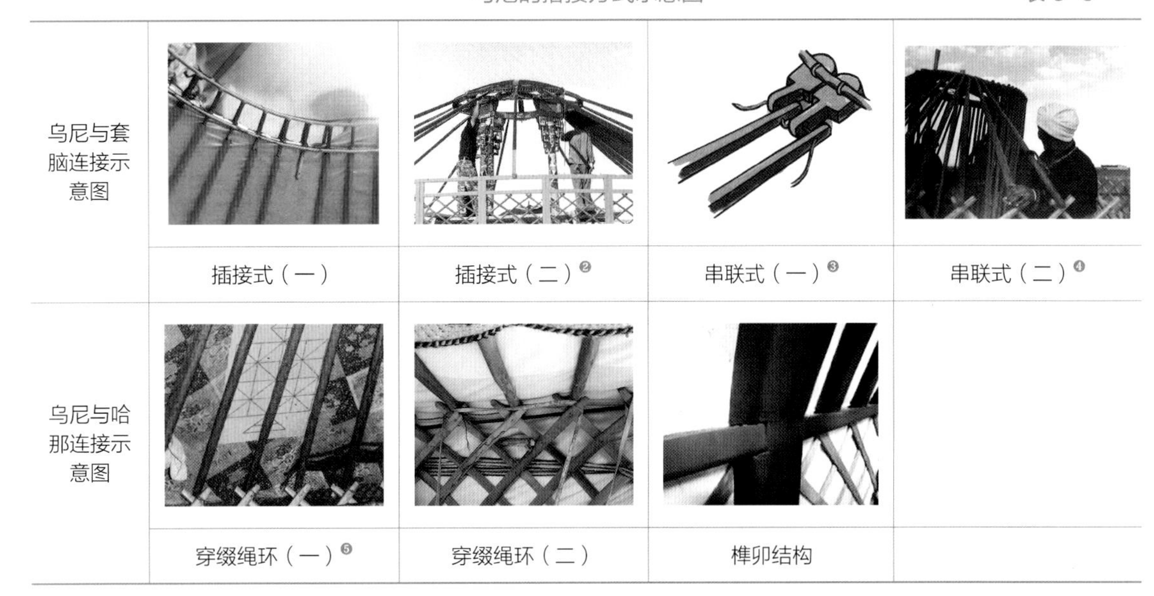

| | | | | |
|---|---|---|---|---|
| 乌尼与套脑连接示意图 | 插接式（一） | 插接式（二）[❷] | 串联式（一）[❸] | 串联式（二）[❹] |
| 乌尼与哈那连接示意图 | 穿缀绳环（一）[❺] | 穿缀绳环（二） | 榫卯结构 | |

在与哈那的连接方式上，通过乌尼下端的孔洞，穿缀绳环直接系在哈那头上。弯杆乌尼搭建时要将其捆在哈那壁上。

乌尼的排列采取以蒙古包中心点向四周扩散，呈中心对称式环绕，以形成一个规则的圆形（图 3–11）。白居易的《青毡帐二十韵》中有"无隅四向圆"之说，说明乌尼是以等距、整齐排列的组合方式，形成了拥有中心对称的圆形造型。所以乌尼的排列方式表现出很强的装饰属性，充分显示了乌尼在蒙古包主体造型中的艺术价值，是蒙古包主体审美表达的重要一环。乌尼在满足屋面结构和与上下构件逻辑关系合理性的条件下，体现出很强的秩序之美，做到技术与艺术的完美统一。

❶ 郭雨桥 . 细说蒙古包 [M]. 北京：东方出版社，2010：196.
❷ 刘兆和 . 蒙古民族毡庐文化 [M]. 北京：文物出版社，2008：129.
❸ 赵迪 . 蒙古包营造技艺 [M]. 合肥：安徽科学技术出版社，2013：136.
❹ 布和朝鲁 . 蒙古包文化 [M]. 呼和浩特：内蒙古人民出版社，2013：16.
❺ 布和朝鲁 . 蒙古包文化 [M]. 呼和浩特：内蒙古人民出版社，2013：16.

因此，一座蒙古包对乌尼的组织方式有着极高的要求。在材料上，要选用相同的木材制作乌尼，每根尺寸一致。在搭接方式上，与套脑和哈那的连接都是通过打孔，用皮绳连接的方式来固定这三个构件。在排列方式上，主要采用中心对称、均匀布置的手法。正因为有如此严谨的技艺模式，才导致乌尼成为包体空间充满节奏与韵律的装饰存在，增强了蒙古包主体的艺术表现力。

a）中心对称

b）重复

图 3-11 排列方式

### 3.1.2.3 乌尼的主体特色

在奴隶制初期，蒙古族史诗《勇士谷诺干》中有“天窗由楠木制成，帐绳是一条条活龙，沃奈是洁白的蟒骨”[1]的描述。其中沃奈即乌尼，虽然描述略带夸张，但可见对乌尼的装饰古已有之。所以乌尼的主体特色是非常鲜明的，主要体现在以下三个方面：

其一是乌尼本体。乌尼的作用主要是上撑套脑，下连哈那，其本身的技术属性非常强。一般的牧民包是以素色为主，或简单地漆以颜色。主要以红色、黄色为主，或者红色、黄色上面再简单地漆一种颜色。当使用者的身份地位与经济条件较高时，会在乌尼上描绘各种图样。其中吉祥几何纹样、植物纹样出现频率较高。漆色和彩绘运用不同颜色的排列增加了乌尼的观赏性，而颜色的搭配也富有民族特色，表达着蒙古族文化的个性。在高等级的蒙古包上，乌尼是采用镶嵌、包裹金属的手法对其进行装饰，使乌尼看上去更加绚丽多彩（图 3-12）。

其二是在与套脑的连接处。套脑是蒙古包本体装饰最为华丽之处，乌尼与之连接时会根据套脑的等级与装饰纹样进行配合，使二者珠联璧合，熠熠生辉。小型包体搭接处会绘以卷草纹、云纹等作为装饰。在蒙古包等级较高时，还会采用镶嵌、金属包裹的手法。大型包在套脑乌尼连接处还会

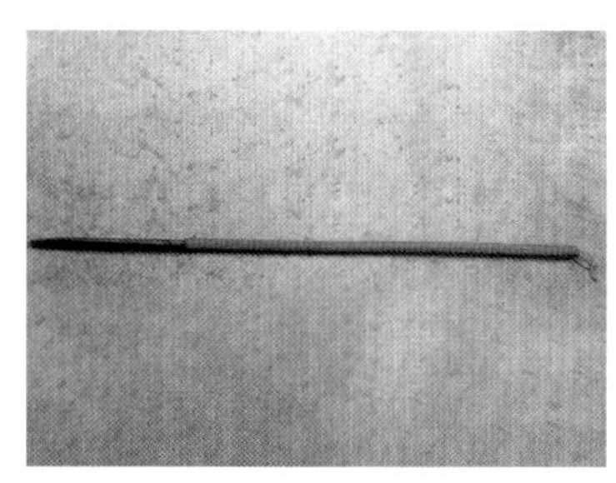

a）漆色[2]

b）描绘图样[3]

c）包裹金属

图 3-12 乌尼的装饰属性

[1] 勇士谷诺干 [M]. 霍尔查，译 . 呼和浩特：内蒙古人民出版社，1980.
[2] 赵迪 . 蒙古包营造技艺 [M]. 合肥：安徽科学技术出版社，2013：55.
[3] 刘兆和 . 蒙古民族毡庐文化 [M]. 北京：文物出版社，2008：77.

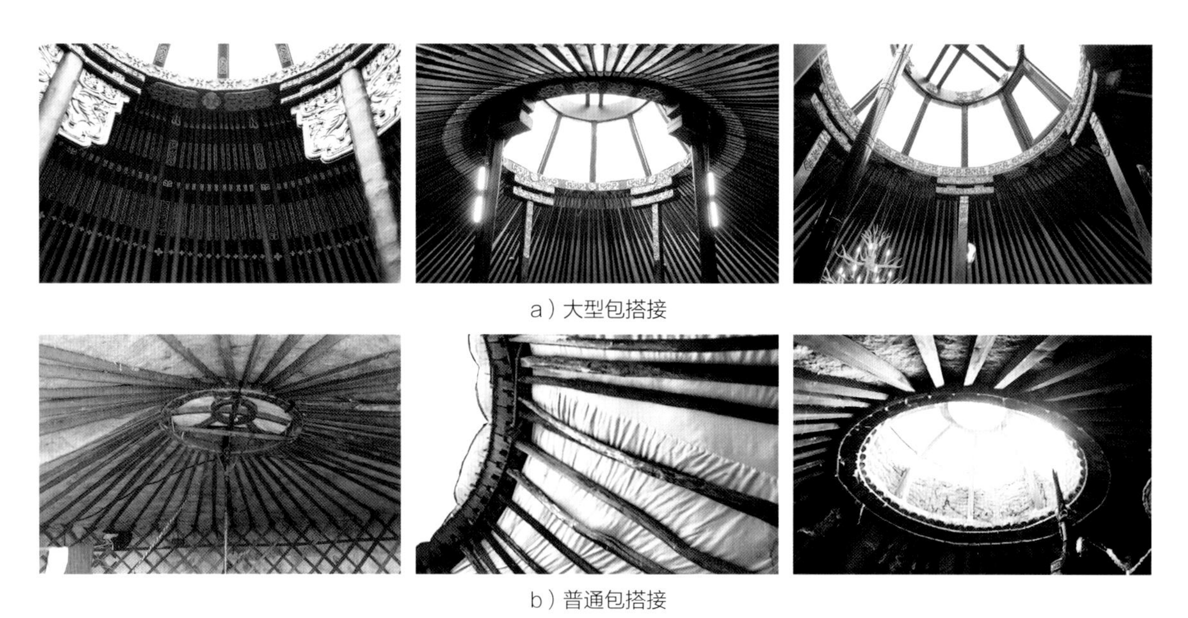

a）大型包搭接

b）普通包搭接

图 3-13　乌尼的搭接方式（一）

以圈梁加固，在加固时上面会以金属动植物图案作为装饰，渲染了空间的华美壮丽（图 3-13）。

其三是在与哈那的连接处。传统牧民的蒙古包，乌尼与哈那的连接使用绳索捆绑；而大型的蒙古包，二者的连接为榫卯。因此，在这些连接处，乌尼的彩绘、镶嵌与金属包裹同样精彩。传统蒙古包的皮绳搭接，质朴实用，别有特色。一些大型包以榫卯为插接。在一些帝王所用包中，会选用有动植物纹样的金属、皮、布对乌尼进行包裹，还会悬挂颜色鲜亮的围布作为装饰，极具装饰性（图 3-14）。

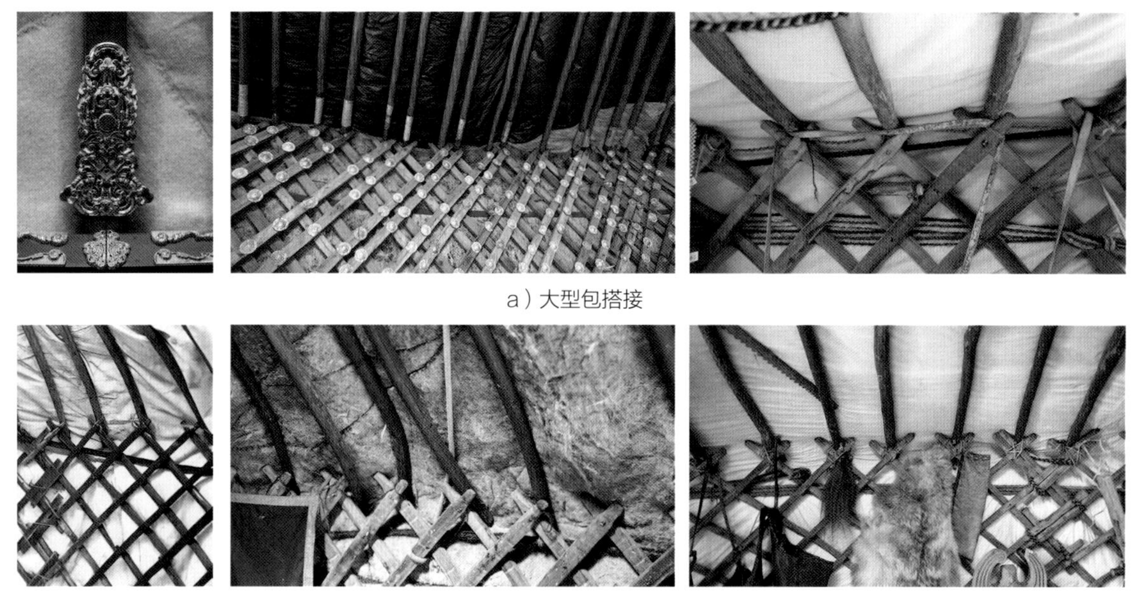

a）大型包搭接

b）普通包搭接

图 3-14　乌尼的搭接方式（二）

乌尼原形的发展与鲜明的主体特色体现了北方游牧民族的装饰文化、审美意识和表达系统。单根乌尼虽然装饰体积并不十分大，但当乌尼作为包体顶界面的重要组成部分，尤其是与套脑构成一体时，其装饰所展现的艺术效果便是极为精美和绚丽的。乌尼的主体特色是蒙古包主体装饰艺术的集中体现，从宏观到微观，从物质到精神，都体现了游牧民族的文化个性，以其独有的感染力，成为中华民族传统建筑中别具特色的一支。

## 3.1.3 哈那

哈那是蒙古包的外墙体系，其原形为由一片片呈 45° 角排列的木条加外部毡毯组成。哈那的多少决定着蒙古包规模的大小。一座普通的蒙古包可以由 4 片、6 片、8 片等哈那构成。元时期的帝王大型蒙古包中，出现了梁柱结构体系，哈那与乌尼之间设置了周圈的梁，哈那只起围护作用，划分内外空间，装饰性加强，成为蒙古包主体又一个装饰构件，具有独特的装饰属性。

### 3.1.3.1 哈那的基本形态

哈那作为蒙古包主体的主要构件，其基本形态是一片圆弧状的片状体，其间用双层的树枝条或木板条支撑，具有技艺合一的特质。

哈那作为蒙古包主要构件的稳定形态和哈那与乌尼的捆绑式连接方式的形成大约可追溯到公元前四五千年的乌拉尔山、贝加尔湖、西伯利亚地区的岩画中[1]，可见哈那作为蒙古包主体的主要围护构件出现在历史舞台的时间是非常早的。《南齐书·魏虏传》形容蒙古包为百子帐："以绳相交络，纽木枝枨。"[2] 在绘画、彩棺上的早期哈那都以菱形渔网状的支撑体为主，并在很长的一段时间内保持这种原形形态，少有变化（图 3–15）。

元时期，随着蒙古包形制的扩大，容纳千百余人的帝王包中支撑结构的梁柱方式打破了整片哈那的结构，哈那填充在柱与梁之间，由承重构件变成了围护构件。这种原形形态的变化提升了哈那的装饰属性（图 3–16）。

哈那相对于蒙古包其他木构件来说，更偏向技术层面，所以其装饰比较简单。通常情况下是通过哈那自身构成呈交叉重叠的菱形图案来展示其装饰性。而且其大多都是以原色示人，朴实而简约。在一些大型蒙古包中，哈那的交接点用简单的金属钉连接，既保持哈那的稳定，又具有一定的装饰效果（图 3–17）。

总之，哈那作为蒙古包的外围护构件，其原形的构成表达了装饰艺术的本质属性，达到了技术与艺术的完美统一，反映出北方游牧民族丰富的物质生活与精神世界的合二为一，是蒙古包主体装饰艺术不可或缺的重要组成部分。

---

[1] 阿拉腾敖德 . 蒙古族建筑的谱系学与类型学研究 [D]. 北京：清华大学，2013.
[2] （梁）萧子显 . 南齐书 · 魏虏传 [M]. 北京：中华书局，1972：983.

a）早期岩画上的哈那[1]　b）早期墓葬绘画上的哈那[2]　c）连接方式[3]

d）成熟的哈那（一）　e）成熟的哈那（二）　f）成熟的哈那（三）

图 3-15　哈那的表现形式

a）柱间哈那（一）　b）柱间哈那（二）　c）柱间哈那（三）

图 3-16　哈那的表现形式

a）哈那兽皮装饰　b）哈那交接点金属钉

图 3-17　哈那不同部位的装饰

❶ 刘兆和 . 蒙古民族毡庐文化 [M]. 北京：文物出版社，2008：2，14，16.
❷ 刘兆和 . 蒙古民族毡庐文化 [M]. 北京：文物出版社，2008：2，14，18.
❸ 刘兆和 . 蒙古民族毡庐文化 [M]. 北京：文物出版社，2008：2，14，15.

### 3.1.3.2 哈那的技术组织

哈那通常是用柳条或木条叠合之后再呈菱形交叉，以组成网状长方形圆弧扇片状形态。多片哈那相接围合成圆形蒙古包，即蒙古包的外墙。相较蒙古包主体的其他构件，哈那的功能与技术要求更为突出，拥有严格的技术组织程序。

在功能实用方面，哈那的可折叠性方便了牧民的迁徙。这种特性是由它的构造决定的。每扇哈那都是由粗细均匀的两层柳条交叉组合而成，在两层柳条的交叉点上打小孔，穿皮钉，形成可转动的点，受到拉力时，通过柳条平行旋转，实现伸缩的特性。在大型蒙古包中，因为使用了梁柱结构作为主要的承重体系，因此哈那的功能由承重与围护兼有转向了单一围护性。哈那通过弧形的单片个体，相互连接形成一个圆形空间，就构成了蒙古包的外墙。一片哈那还可进行调整，变化不同的高度与宽度。组成一个蒙古包的哈那片数也可以进行增减，以调整蒙古包面积的大小。

在技术方面，哈那与其他部分的连接技术较为严格。哈那之间通常用牛皮、骆驼皮绳把相邻两个哈那对口拴在一起。贵族包中还会以带有动植物纹样的钉子固定（图 3-18）。在哈那与门的连接上，哈那的高度就是门框的高度。普通牧区的蒙古包在搭建过程中，门要与哈那横向地固定在一起（图 3-19）。

在装饰上，哈那本身菱形重复的形态具有很强的韵律感。贵族大型蒙古包的哈那连接处都有金属钉子作为装饰，使哈那增加华贵之气。再加上哈那上有挂毯、围毯、动物皮毛等饰物的配合，使原本朴实的哈那平添了贵族气息。

总之，哈那本身具有高度的技术性，组织严密。这些原形特征一方面满足了哈那的功能要求，另一方面又尽可能地使哈那便于迁徙和使用坚固。而哈那本身高度的技术工艺，又使哈那具有了较强的装饰性，丰富了蒙古包主体装饰的艺术表现力。

a）哈那自身的技术

b）哈那与哈那连接

c）哈那的围合

图 3-18 哈那的技术组织

图 3-19　哈那与门的搭接方式

### 3.1.3.3　哈那的装饰形态

哈那原形的网状结构就有很好的装饰效果，再配以其他附属装饰，会使毡包本体呈现出一种和谐的秩序美。

就哈那自身装饰而言，传统蒙古包由多片网状的哈那围合而成，形成简单的几何形状，这些线条统一协调的排列组合使蒙古包呈现出更多的装饰性。一些大型蒙古包以金属钉帽代替皮钉，起到了很好的装饰作用，突出了整个空间的富丽堂皇。在梁柱体系的圈梁上也有使用金属片和金属钉帽作装饰，技术与艺术相结合。这些哈那以木色或单色为主，上面附以金属镶嵌，渲染了高贵华丽的装饰氛围（图 3-20）。

在等级较高的贵族包中，哈那除了自身的装饰，一些附加的饰物也起着增强哈那装饰属性的作用，如在哈那上附加一些围帘、挂毯、丝织物和动物的皮毛作为装饰，更显得富丽堂皇，充满装饰韵味。有的哈那还悬挂一圈颜色鲜艳亮丽的围帘，其上刺绣着动植物和人物符号等，围绕蒙古包内一圈，强化了室内空间的装饰意味。

a）哈那本体

b）哈那与乌尼连接处

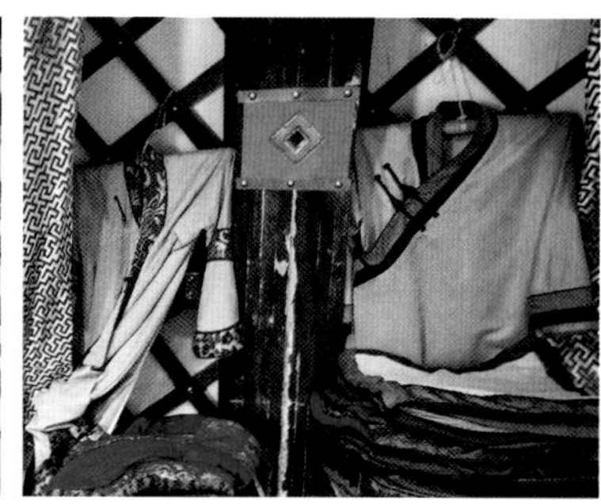
c）哈那上的金属饰物

图 3-20　哈那与附属装饰

包内的西北方是神位[1]。通常悬挂挂毯，上面有动物纹样作为装饰，打破了哈那重复中的单调感。除此之外，一些哈那上还悬挂有丝织物和其他雕饰物，也会使哈那的墙面特征更加突出，整体艺术形式更为丰富。贵族蒙古包哈那上还悬挂有动物毛皮的案例，也突出了蒙古包装饰的华贵豪放。这些附加饰物使哈那的装饰效果更加强烈，烘托了大型贵族蒙古包的华丽壮美（表 3-6）。

总之，原形哈那不仅是一个技术构件，更是一个装饰构件。其简约的本体，构成朴实无华的装饰韵味。使用者在为哈那披上众多附属饰物时，便将这种朴实升华为贵族意识下的身份象征。

哈那装饰 表 3-6

| 围帘（一） | 围帘（二） | 挂毯（一） |
|---|---|---|
| 挂毯（二） | 丝织物 | 其他（一） |
| 其他（二） | 动物毛皮 | |

❶ 郭雨桥 . 细说蒙古包 [M]. 北京：东方出版社，2010：223.

蒙古包构架的三大构件原形是技术与艺术的完美结合，更是北方游牧民族审美意识的集中体现。游牧民族将它们以技术为原点，以装饰为辅助，以艺术为终极目标，演绎着蒙古包主人的人生价值与生活情趣。蒙古包的装饰文化反映了北方游牧民族的审美追求，更是草原民族物质生活与精神世界的集中体现。

# 3.2 室内陈设装饰的文化原形

蒙古包建筑装饰的文化原形除包体本身以外，室内陈设就成为各类装饰元素的主要文化载体，承担着表达蒙古民族装饰文化和艺术的重要作用。从现有资料来看，蒙古包室内陈设总类众多。其中以家具、器物和各种毡毯三大构成类别最为突出。这些陈设上附着的各类图案，在展示蒙古民族文化性格、艺术特色和民族精神等方面具有强大的表现力。对其遗存进行深入研究，可深刻把握蒙古民族浓郁的民族文化特色，其作用至关重要。

## 3.2.1 室内家具

蒙古包室内家具拥有丰富的文化原形，对表现蒙古族传统艺术有重要的贡献。由于蒙古包本身的特点，早期的北方游牧民族以低矮简洁的家具陈设为主，《文姬归汉图》中就有匈奴矮桌家具的描绘。随着贵族以及帝王所用蒙古包规模的扩大，室内家具的类别也日渐丰富，装饰风格和艺术特色也日趋豪华。

### 3.2.1.1 室内家具的类别特征

为满足草原游牧民族的日常生活需要，蒙古包中包含多种不同种类的家具，其中包括箱橱柜类、桌案GUI类和床椅凳类，这些不同种类的家具共同组成了丰富的蒙古包装饰文化，具有鲜明的特色。

其一是蒙古族家具类别虽然较多，但功能较为单一。从现实案例到文献资料我们都可以看出蒙古包中各种储物柜、桌椅、床类等家具应有尽有，类别齐全，但并没有组合类家具，多为功能单一型家具。原因应该与蒙古包空间的局限性有关。

其二是家具多数都较为低矮，以适应蒙古包低矮的空间。包内多是席地而坐，为与之相适应，家具多为矮足类。蒙古民族习惯吃饭饮茶坐在地毯上，矮足类家具适应这一生活习惯与包内空间。这样的桌子由桌面和四条桌腿组成，下面空置，可供盘腿之人伸缩脚时使用。矮凳由椅背和椅腿组成，椅腿仿照动物腿做成，粗壮坚固，造型低矮，方便搬迁。

其三是蒙古族家具具有可拆卸和组合折叠的工艺特点，以适应蒙古族放牧迁徙的生活习性。在波斯细密画中就绘有折叠的椅子，由木板插接而成。蒙古族常把碗架做成活的，可以变成几块板拿走，用的时候是碗柜，迁徙的时候就是木板，方便蒙古族的日常生活。

其四是蒙古族家具与中原家具融合过程中，矮足家具逐渐发生变化。随着北方游牧民族与中原文化的频繁接触，促进了以胡床为代表的蒙古族低矮家具向高足家具发展[1]。在元代壁画中就绘有高足家具。如高桌是草原游牧民族桌案的另一种形式，由桌面和长桌腿组成，造型简单，中间有支撑桌面的牙板，是高足家具的典型代表。

其五是家具为了防腐，多以油漆彩绘为主，等级较高的家具还有雕刻和镶嵌，颜色艳丽。箱橱柜类、桌案瓮类和床椅凳类等家具都有重漆彩绘的传统，以红色、黄色等艳丽颜色为主。在彩绘内容上，多以植物，宗教故事，寓意吉祥的动物、器物为主题，使蒙古族家具装饰更为独特（表 3-7）。

家具特征　　表 3-7

| 特征 | 图例 | | | |
|---|---|---|---|---|
| 造型简单，实用坚固 |  |  |  |  |
| | 储物箱 | 储物柜[1] | 床 | 小桌 |
| 造型低矮 |  |  |  | 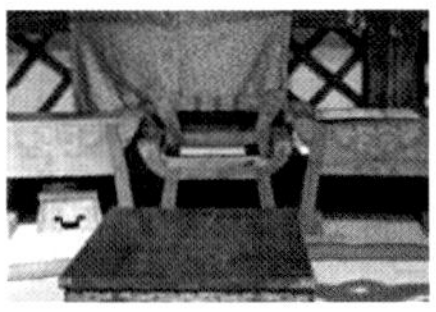 |
| | 矮桌（辽）[2] | 矮桌（元） | 矮桌 | 矮凳 |
| |  |  |  |  |
| | 可拆卸和组合折叠[3] | | 高足家具 | |

[1] 李军，李京波 . 蒙古族家具研究 [M]. 北京：中国林业出版社，2015：15.

[1] 赵一东 . 北方游牧民族家具文化研究 [M]. 呼和浩特：内蒙古大学出版社，2013：30.

[2] 石阳 . 文物载千秋：巴林右旗博物馆文物精品荟萃 [M]. 呼和浩特：内蒙古人民出版社，2011：159，233.

[3] 郭雨桥 . 细说蒙古包 [M]. 北京：东方出版社，2010：228.

续表

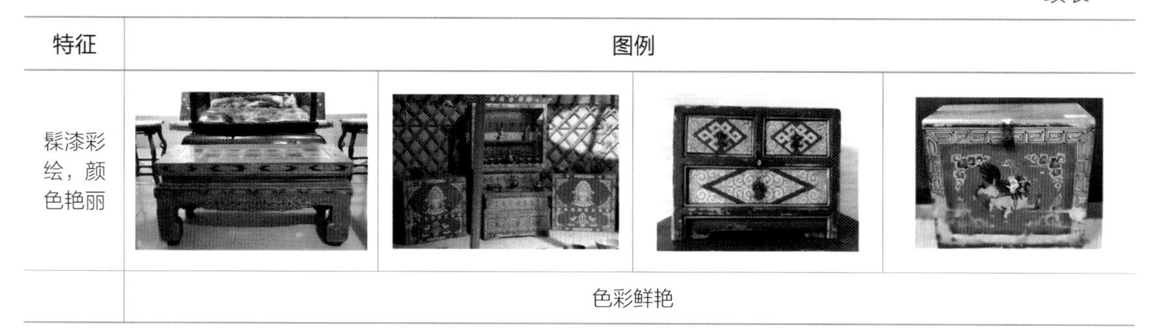

| 特征 | 图例 |
| --- | --- |
| 髹漆彩绘，颜色艳丽 | |
| | 色彩鲜艳 |

总之，蒙古包家具种类丰富，特征突出，满足着草原游牧民族日常生活的方方面面。多种家具汇聚成了丰富的蒙古包室内陈设，成为蒙古包建筑装饰文化不可分割的一部分。

#### 3.2.1.2　室内家具的造型特征

蒙古族家具以淳朴的造型和独特的工艺著称，通过工匠们高超的技术，显示出了粗犷豪放的民族性格，通过历史原形的不断演化塑造了具有丰富内涵的蒙古族室内家具艺术。

早期的蒙古族家具造型淳朴、实用。9 世纪，蒙兀室韦开始西迁。从这一时期的出土文物来看，蒙古牧民的生产加工能力较低，对外交流较少。因此这一时期的家具少装饰，更注重家具的使用功能。其特征是家具低矮，样式方正而简洁，重功能，轻装饰。家具材料以榆木、柳木、杨木、松木为主（图 3-21）。

中期的蒙古族家具造型浑厚、庄重。成吉思汗建立蒙古帝国后，为适应贵族的需求，家具特征发生了明显的变化。蒙古民族的厚重之风加之汉文化的贵族之气，使得家具造型讲究轮廓粗犷，强壮有力。同时，家具的装饰之风也日渐兴盛。因此，这一时期家具造型上以简洁笔直的直线为主，以示结实牢固。并且大部分家具都用金属镶嵌，金属所占的比例和安装部位都经过精心配置，并被制成各式图案，形成独特的游牧风格。此外，元朝上层社会也开始注重家具的装饰效果，不同家具的造型也出现了不同形式。例如从元代著名的宫廷写实画家刘贯道的《消夏图》中可以看出，床榻尺寸较大，但略显纤细。床旁坐具下面有马蹄足的特征，桌腿下藏有曲状的装饰灯。又如赤峰市元

a）早期蒙古族小桌

b）早期蒙古族家具（一）

c）早期蒙古族家具（二）

图 3-21　早期蒙古族家具造型

图 3-22 中期蒙古族家具特征

宝山区砂子山出土的元墓壁画中，有一幅名为《对坐图》的壁画，在两侧撩起的蒙古包幕帐中，男女主人公端坐其中，可以清晰地看出凳子曲线的椅腿，椅腿的触地点向外翻出的造型特征。这些案例都体现了蒙元时期家具的典型特征：体型厚重，重视装饰，家具局部喜用曲线造型，由低足家具逐渐走向高足家具（图 3-22）。

后期家具造型复杂、奢华。明清期间，受中原文化的影响以及制造工艺的发展，蒙古族上层社会所使用的家具开始走向造型复杂、装饰精细、风格奢华之路。在工艺上，雕、嵌、描金兼取，螺钿、木石并用。在髹漆彩绘方面，由单漆、单油、彩绘、沥粉、描金等程序手法组成，使花纹五彩缤纷、花团锦簇，图案色彩艳丽。沥粉、描金的手法使用在贵族家具中，增加了家具的华丽高贵。家具的雕刻手法较多，有平雕、圆雕、毛雕、浮雕、透雕和综合雕等，使家具纹样有高低、深浅的变化，对家具起到了很好的装饰效果。以金、银、宝石等贵重之物嵌入木器，组成各样的纹饰和图样，增加了家具的奢华之气。少数家具中还有裹皮的工艺，常裹以羊皮，既保护了家具，又强化了装饰（图 3-23）。

图 3-23 后期蒙古族家具装饰纹样

家具的造型体现了蒙古民族粗犷豪放的性格，也展示出不同文化融合的痕迹。从整体的方正简洁淳朴，逐渐演化为浑厚庄重，进而演化为复杂而奢华。逐渐重视装饰在家具造型上的作用，以及蒙古民族对生活的祈愿。通过家具原形的演化，显示了蒙古族工匠的智慧和高超的制作技艺，使蒙古族家具在满足使用功能的同时丰富了装饰，显示出独有的民族艺术之美。

#### 3.2.1.3　室内家具的装饰特征

蒙古包家具由早期注重使用功能，到中后期开始注重其装饰，反映了蒙古族社会变迁对家具需求的变化。意大利人普兰·迦尔宾在他的《普兰·迦尔宾行记》中形容蒙古帝国第三任大汗孛儿只斤·贵由的宝座时写道："宝座是用象牙制成的，雕刻得十分精致。上面还镶有金子、宝石，也镶有珍珠。宝座的后部是圆形的。"[1] 贵由虽为大汗，但还处于大蒙古帝国征战之中的统治者，已显现出其座椅的奢侈与豪华。可见，随着元朝的建立，家具装饰在蒙古族上层社会之中的重要性。

此时的蒙古族家具主要是由工匠们通过雕刻、彩绘和镶嵌等手法，在家具上建构各类装饰图案，以表达不同阶层使用者的各种诉求。其中装饰图案的元素类别、布局模式和色彩选择三个方面较为突出。在图案元素的选择上，工匠们常把蒙古族常用的传统装饰符号运用在家具装饰上，如以动植物元素为主的纹样中有狼、鹿、牛、鹰、马等动物元素；也有由草原植物演变而来的卷草纹，以及云纹等元素。随着蒙古族文化与汉文化的结合，蒙古族的家具中也出现了福、寿、富贵、多子多孙等象征美好生活的装饰图案。受藏传佛教文化的影响，蒙古族家具中常见有八宝、火焰宝、莲花、十字金刚杵等装饰元素。所以在蒙古族家具装饰元素选择上，既有蒙古族游牧文化特色，又有中原地区农耕文化特色，还有藏传佛教的装饰特色。可谓多种选择，协调而精美（图3-24）。

在蒙古族家具图案的布局上，工匠们将各个装饰元素合理安排，精心排布，创造出了一个个有规律、有秩序感的装饰图案。其中对称式布局应用得十分普遍。蒙古族家具形状通常为方形与长方形，其本身就具有对称式的属性。因此，在家具上对称式布置各类装饰图案，在视觉上会产生

a）蒙古族图案

b）中原文化

c）藏传佛教图案

图3-24　蒙古族家具文化特色

[1] 普兰·迦儿宾行记 鲁布鲁克东方行记[M]. 余大均，蔡志纯，译. 呼和浩特：内蒙古大学出版社，2009：96.

平衡感，具有均衡美的视觉效果。向心形也是一个常用的构图模式，一般是以最中心的主图案为核心，外围配置一层或多层附属图样。这样的构成使得中心更加突出，主次更加分明，更具装饰性（图 3–25）。当然，蒙古族家具种类繁多，装饰图案的布局也随之多样化。

在色彩的选择上，蒙古族家具装饰图案以红色为主色调，黄色、绿色、蓝色为配用色，金、白、黑、银为分隔色。这样一套稳定的色彩选择，使得蒙古族家具有色彩鲜明、图案清晰、表达精准的审美特性（图 3–26）。

除此之外，蒙古族家具的制作还使用了金属、珠宝镶嵌和螺钿等手法来进行装饰，以满足贵族奢华生活的需求。在早期的蒙古包室内家具中，光素的家具表面靠复杂的金属饰品来打破沉寂。而后期的重漆彩绘家具则饰以简单的金属饰品，甚至一些贵族所用蒙柜常用错金、错银的方法制造出花纹，用镂空铁花、铁环作装饰，装饰效果更加突出。在蒙元时期，还有用螺钿工艺装饰家具的做法[1]。螺钿可以使家具雍容华丽，丰富了家具装饰图案的构成而更具地域特色。贵族的家具还镶嵌皮毛作装饰，是游牧民族独有的装饰特色，具有浓厚的草原生活特征（图 3–27）。

a）对称

b）向心

c）主次[2]

图 3–25 蒙古族家具图案属性

a）主色

b）配用色

c）分隔色

图 3–26 蒙古族家具色彩属性

[1] 陈丽华．螺钿漆器与衬色螺钿漆器浅议 [J]. 文物，1997（2）：55–56，97–98.

[2] 乌仁其其格．蒙古族火崇拜习俗中的象征与禁忌 [J]. 中央民族大学学报，2005（5）：135–139.

a）镂空铁花[1]

b）螺钿[2]

c）皮毛[3]

图 3-27　蒙古族家具装饰属性

总之，蒙古族家具上的装饰元素类别、布局模式、色彩选择等构成了丰富的蒙古族家具装饰文化特色，显示了千百年来草原游牧民族的审美观念、宗教信仰和意识形态。在融合了不同区域与民族的装饰之风后，蒙古包室内家具装饰文化所蕴含的文化原形表象更为丰富，体现出中华民族装饰艺术的独特性和鲜明性。

## 3.2.2　室内器物

室内器物是一个民族室内陈设的重要元素之一。英国设计史学家乔治·塞维奇认为："室内陈设是建筑内部固定的表面装饰和可以移动的布置所创造的整体效果。"[4] 不同民族的室内陈设由不同的室内器物等组成，反映着鲜明的地域文化和民族精神。蒙古包的室内器物陈设受蒙古族文化的影响，有其独特的地域特色。世人常以粗犷豪放来形容蒙古族器物，因为它们往往体现着一股特有的民族品格。

### 3.2.2.1　室内器物的功能特征

蒙古民族所使用的室内器物以其显著的民族特色著称，是功能与艺术结合的产物。在其功能特征上主要有以下几类：

第一类是骑具。蒙古民族号称是"马背上的民族"，骑马放牧和马上征战反映了游牧民族对马的依赖。因此，蒙古人自古以来十分重视骑具，上马精心调配，下马放进包中的显要位置。至于骑具的造型，蒙古民歌《骏马赞》中唱道："金的鞍韂，银的铃铛，珍贵护镫，跨坐舒适，名贵雕鞍。"蒙古族在继承了古代游牧民族鞍马工艺的基础上，又制作出适应征战、放牧、狩猎等各种功能用途的骑具。除马鞍外，还有马鞭、马棒、马烙印、马汉板、马绊等相应的配套骑具，共同组成

❶ 赵一东 . 北方游牧民族家具文化研究 [M]. 呼和浩特：内蒙古大学出版社，2013：60.
❷ 赵一东 . 北方游牧民族家具文化研究 [M]. 呼和浩特：内蒙古大学出版社，2013：69.
❸ 赵一东 . 北方游牧民族家具文化研究 [M]. 呼和浩特：内蒙古大学出版社，2013：38.
❹ 陈健 . 论发展中的室内文化体系：软装饰 [J]. 同济大学学报（社会科学版），2007（3）：53-60，66.

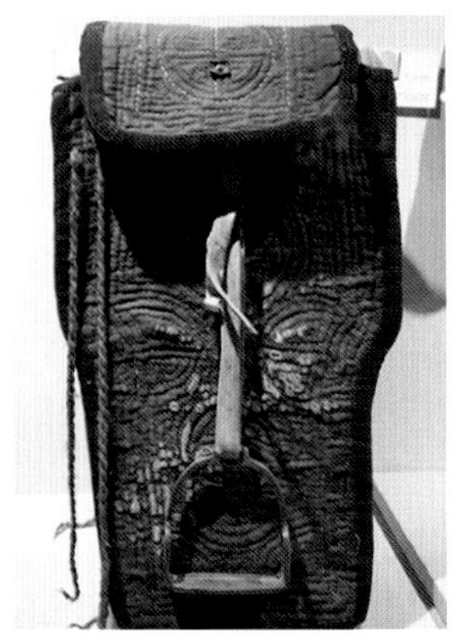

图 3-28　骑具

了完整的马背装饰元素，成为牧民生活中重要的用品（图 3-28）。这些精美的骑具作为男人的器物摆放在包内的东部方位，为蒙古包室内空间增添了浓郁的民族风情。

第二类是酒具、餐具和奶具等以生活功能为主的器具。酒具是蒙古族常用的生活器具。元代张昱《辇下曲一百二首，有序 其九》中有："酋长巡觞宣上旨，尽教满饮大金钟。"[1] 在其《辇下曲一百二首，有序 其十六》中有："黄金酒海赢千石，龙杓梯声给大筵。"[2]《普兰·伽儿宾行记》中也有："拔都居住之地极为富丽堂皇……靠近帐幕入口处的中央，摆着一张桌子，桌子上金银器内盛着饮料"[3]，由此可见酒器属于蒙古族常用的生活器具。古人有事死如事生之说，帝王又是表率。《元史》《祭祀志六·国俗旧礼》中有："殉以金壶瓶二、盏一、碗、碟、勺、箸各一。"可见蒙古贵族使用餐具之齐全。在所使用的勺子中，有铁质的、紫铜质的、黄铜质的、木质的，对应的使用功能也不同（图 3-29）。

蒙古包内也有很多盛奶的器皿，如铜壶、碗等，类型多样。其中东布壶为蒙古民族常用的盛奶茶、水等的器皿。蒙古包中铜壶、铅壶最为结实常用。碗是蒙古包中比较常见的饮食类器皿，蒙古人过去使用的传统碗都是木质的，虽然也有瓷碗，但是木碗与瓷碗相比，木碗更适合"马背上的民族"生活。蒙古民族，尤其是贵族们非常喜欢银碗，除了选材珍贵，碗边和碗身都刻有漂亮的花纹，既实用又有装饰功能（图 3-30）。

第三类是起着装饰功能的器物。在一些贵族的蒙古包室内，常常在茶几和桌案上摆设着一些精美的器具，如瓷器、玉器、金银器物等。相比于其他器物，这类器物更偏向装饰属性。其材质多是身份地位的象征，在蒙元文化遗存中，留存有很多珍贵的装饰类器物（图 3-31）。

总之，蒙古包陈设中包含诸多器物，它们一方面满足着主人的使用需求，另一方面对蒙古包又具有很强的装饰性。它们的形态既透露出蒙古民族粗犷豪放的性格，又有很浓郁的外来文化的痕迹。它们用其多元的文化属性装点着蒙古包，是蒙古民族珍贵的物质文化遗产和不可多得的实物见证。

---

[1] 柯九思 . 辽金元宫词 [M]. 北京：北京古籍出版社，1988：10–17.
[2] 柯九思 . 辽金元宫词 [M]. 北京：北京古籍出版社，1988：10–17.
[3] 普兰・迦儿宾行记 鲁布鲁克东方行记 [M]. 余大均，蔡志纯，译 . 呼和浩特：内蒙古大学出版社，2009：93.

a）金酒杯 [1]

b）木器

c）瓷碗

图 3-29　酒杯与碗

a）木制奶具

b）金属奶壶

c）金属奶桶

图 3-30　各种木制与金属奶具

a）瓷翁

b）瓷瓶

c）金银饰物 [2]

图 3-31　装饰类器物

---

[1] 安泳锝．天骄遗宝蒙元精品文物 [M]. 北京：文物出版社，2011：50.

[2] 阿木尔巴图．蒙古族工艺美术 [M]. 呼和浩特：内蒙古大学出版社，2002：225.

### 3.2.2.2　室内器物的造型特征

我国自古有良器传百年之说，好的器物，一定具有优美的造型。在北方游牧民族器物造型文化的语境下，绝大多数传世遗物除了为使用功能而设计，还有相当一部分器物在装饰上也极尽所能。因此，蒙古民族室内器物在总体上呈现出了十分丰富的造型，其特征主要以外观造型、装饰纹样、材料选择三个方面为主。

蒙古族器物的文化原形历经了千百年的发展，从早期制造简陋，到后期的工艺精湛，走过了一条明显的动态发展轨迹。粗犷豪放的实用型器物造型，如西乌珠尔墓、谢尔塔拉墓出土的陶器、铜器和金银器所显示的那样简单与厚重的外部形态；元代器物所显示的器形硕大、敦厚、有立体感的外部形态；明清时期器物所显示的饱满丰富、工艺细腻、造型曲直变化丰富的器物形态等，将这条轨迹展示得淋漓尽致（表 3-8）。

蒙古族器物的外观形态　　表 3-8

| | | |
|---|---|---|
| 西乌珠尔墓陶罐 | 元代钧窑香炉 | 蒙古国清代王爷府瓷瓶 |
| 西乌珠尔墓铜带铐 | 元代青铜熏炉 | 清代龙纹火盆 |
| 谢尔塔拉墓银镯[1] | 中期元代金花银盘 | 清代银碗 |

[1] 中国社会科学院考古研究所，等．海拉尔谢尔塔拉墓地 [M]. 北京：科学出版社，2006：彩版三一，彩版三二，彩版三三，彩版三四，彩版三六．

在不同时期器物的装饰纹样上，反映出了由简入繁，以及动物元素、植物纹样和几何纹样等为主的突出特征。受自然因素影响，动物元素是北方游牧民族实用器物的常用元素。在《史集·第二卷》《窝阔台合罕纪（二）》中有："窝阔台时期就曾经下令让工匠打造象、虎、马等兽形的膳具，它们被用来代替大碗来盛酒和马湩。"[1] 动物纹样的应用也有森严的等级制度，元朝时民间禁用麒麟、鸾凤、犀牛等纹样，龙纹更是有禁八龙、九龙、周身大龙之说，上述纹样只有帝王可用。

植物纹样也是蒙古族室内器物上出现较多的纹样。工匠们常提取草穗、叶子、嫩芽、花为主要元素，采用类似编织的手法，绘制在碗边、腰带、器物盖等处（图 3-32a）。几何纹样早期出现在蒙古族陶器和青铜器上，有直线、圆圈、网格、方格等类别，如元代铜瓶，几何纹样围绕瓶身一周，端庄而方正（图 3-32b）。多数传世器物属于各种纹样的综合体，如元代的白釉剔花飞凤牡丹纹瓷罐，就是动植物纹样的结合，肩部为草叶纹，腹部呈双凤牡丹纹，双凤飞于牡丹花丛中，下腹饰莲瓣纹，上中下三部分相得益彰（图 3-32c）。

在室内器物材料的选择上，蒙古民族随着社会的变迁，上层社会的王公贵族们更喜欢以金、银、铜等贵金属和高级瓷器为主导来装饰自己的室内空间。北方游牧民族使用金银材料制作工艺品的历史非常悠久，自匈奴时期金银器物就十分丰富，蒙元时期的使用更是达到顶峰。《史集·第一卷》中有："塔塔儿部落……那里到处都是白银……居民的一切器皿用具都是银制的。""夺得的战利品中有一具银摇篮，一条绣金床单。"[2] 更有"大汗所藏杓盏其他金银器数量之多，非亲见者不能信也"[3]。可见蒙古民族的用金银风气之盛。黄金的使用也是蒙古族等级制度的一种反映。元朝除皇

a）卷草纹东布壶

b）元代铜瓶

c）元代白釉剔花飞凤牡丹纹瓷罐

图 3-32　植物装饰纹样

---

❶（波斯）拉施特．史集·第二卷 [M]. 余大钧，周建奇，译．北京：商务印书馆，2009：69.

❷（波斯）拉施特．史集·第一卷·第一分册 [M]. 余大钧，周建奇，译．北京：商务印书馆，2009：173.

❸ 欧阳哲生．马可波罗眼中的元大都 [J]. 中国高校社会科学，2016（1）：102-116，158.

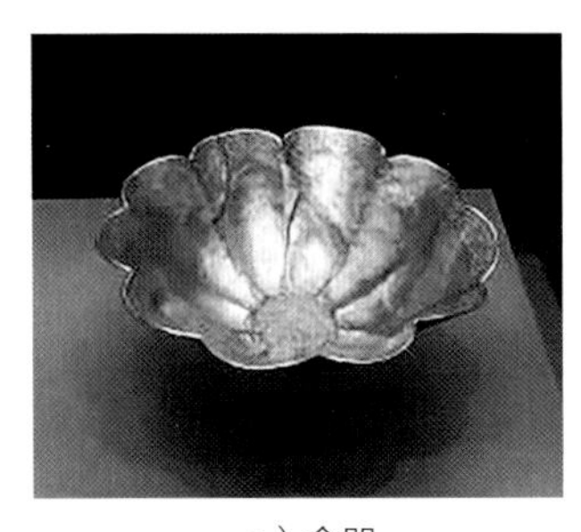
a）金器

b）铜器

c）青花瓷器

d）釉里红瓷器

图 3-33 蒙古族器物

家外，其他阶层被禁用织金、绣金等，铜器便成为蒙古族器物的另一种主要材质。新石器时代就有北方游牧民族对铜器的使用，考古资料也多有对青铜器出土的记载，出土物品包括兵器、饰品、祭祀用具和生活用具等。除此之外，瓷器在辽代契丹族上层社会开始被广泛使用，当时的辽五京都设有窑场，以单色釉器和三彩器为主。元时期，更是以青花、釉里红为标志性瓷器（图 3-33）。

如果把历史理解为动态的过程，精心打造的传世器物通过造型语言使今人透过器物看到历史。蒙古民族的室内器物在造型、色彩、材质、工艺、风格上阐释着北方游牧民族丰富的历史与文化原形，是物质文化与精神文化的双重展示，是草原游牧文化闻名于世的重要物质载体。

#### 3.2.2.3 室内器物的装饰特征

蒙古族室内器物是蒙古族文化艺术长廊里的明珠，是蒙古族装饰艺术不可或缺的一部分，具有高雅的艺术性和历史的珍稀性，其装饰又带有明显的时代标识性。蒙古族室内器物的装饰特征主要分为三个时期，早期即 9 世纪到铁木真称汗，这个时期的器物装饰较少，以简单实用为主。中期的蒙元时期，器物以敦厚华丽为装饰的主要特征。晚期即明清时期，尤其是清代的蒙古贵族，在装饰特征上以精致奢华为主。

9 世纪蒙兀室韦开始西迁，在随后的几百年里，蒙古游牧民族所使用的室内器物更注重实用性。因为这一时期蒙古族器物制作工艺水平低下，其水平决定了器物本体造型少有装饰，以淳朴实用为主，整体稳重、敦实、统一。南宋《黑鞑事略》记载有蒙古族早期器物装饰简朴之由："霆尝考之，鞑人始初草昧，百工之事，无一而有。其国除孳畜外，更何所出？其人椎朴，安有所能。只用白木为鞍，桥鞔以羊皮，镫亦剜木为之，箭镞则以骨，无从得铁。后来灭回回，始有物产，始有工匠，始有器械，盖回回百工技艺极精，攻城之具尤精。后灭金虏，百工之事，于是大备。"[1] 从蒙兀室韦谢尔塔拉墓的考古遗存可以看到早期蒙古族所用室内器物的装饰特征。这些器物材质上以木、陶、铜为主，轮廓线条简单。自然的纹理成了浑然天成的装饰，满足草原牧民的日常使用，给人简约朴实的线条美，具有典型的草原文化特点（图 3-34）。

[1] 彭大雅，徐霆．黑鞑事略 [M]. 上海古籍书店影印《王维遗书》册 13，1983.

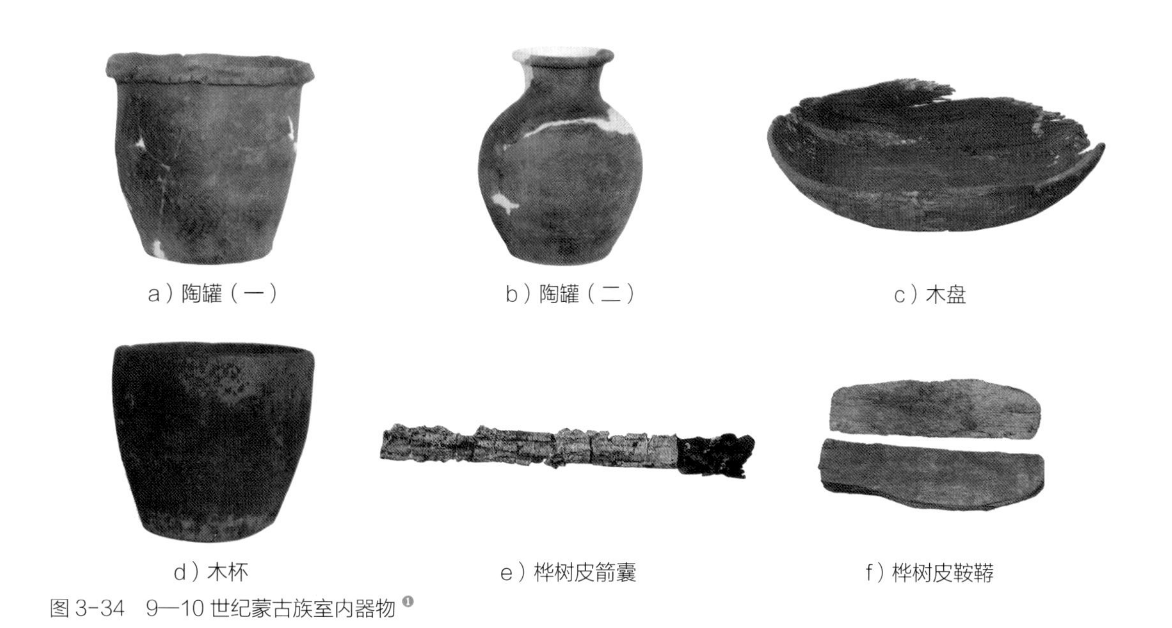

a）陶罐（一） b）陶罐（二） c）木盘

d）木杯 e）桦树皮箭囊 f）桦树皮鞍鞯

图3-34 9—10世纪蒙古族室内器物[1]

随着时代的发展，蒙古民族室内器物的建造工艺有了很大的发展。从地域上，先后获取了西夏、金、辽等漠南诸地，后又入主中原。因此，这一时期蒙古族室内器物制作工艺在吸收了这些区域的技艺后得以大幅提高。在同时期蒙古族民歌《四巧匠颂》中有所描述，大意为："为圣主献力的蒙古族巧匠，汉族巧匠，撒尔塔兀拉巧匠，唐兀扬巧匠，他们个个心灵手巧，精通百艺。"[2]从这一时期的各种馆藏文物来看，蒙古族的装饰开始变得丰富起来，材料以金银、瓷器为主。如史书上有记载成吉思汗的"鞍马带上亦以黄金盘龙为饰"。那个时期贵族的鞍具带有镶金饰品较为风行，器物上开始出现动植物、几何等装饰纹样，线条上有了相对复杂的变化，装饰华丽，以满足上层社会需求为主。

在瓷器的制作上，受中原瓷器制作工艺的影响，无论在釉面图案的装饰纹样上，还是在瓷器的烧制上都得到极大的提高，汉化之风十分浓郁（图3-35）。

清时期，蒙古族在满族夺取中原的战争中立下汗马功劳，清王朝与蒙古贵族交往甚密，导致蒙古族室内器物的发展进入一个新的时期。此时蒙古贵族器物纹饰精美、华丽，工艺精湛（图3-36）。如这一时期的蒙古王爷们所使用的各类器物，装饰上以曲折蜿蜒的缠枝卷草纹为主，动植物纹样有节奏地分布在器物上。其他贵族器物遗存在纹样的绘制中还引入了绘画艺术，使画面充满诗情画意。装饰上讲究美观精细，金银器、铜器、瓷器、刺绣品等表面有多层次的装饰纹样，甚至有宝石镶嵌，做工精致，造型美观（图3-37）。

---

[1] 中国社会科学院考古研究所，等. 海拉尔谢尔塔拉墓地 [M]. 北京：科学出版社，2006：彩版三一，彩版三二，彩版三三，彩版三四，彩版三六.

[2] 张景明. 草原丝绸之路上的蒙元金银器发现与研究 [J]. 哈尔滨学院学报，2014，35（11）：61-66.

a）青铜执壶 b）马具金饰物 c）马鞍

d）金碗 e）瓷瓶 f）宝石镶嵌剑鞘

图 3-35 13 世纪元代蒙古族室内器物

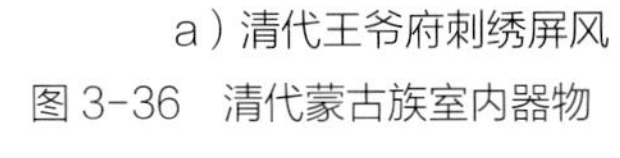

a）清代王爷府刺绣屏风 b）清末座钟 c）清代王爷府银具

图 3-36 清代蒙古族室内器物

了解北方草原不同时期的蒙古包内各种器物的装饰特征，其文化原形从朴实到复杂，从实用到奢华。在满足物质需求的同时，更注重满足精神需求。以上所展示的各类器物，都是技术与艺术完美结合的体现。其装饰的发展不仅是草原文化涵化各民族文化的体现，更是各民族珍贵的装饰艺术技艺的大融合。

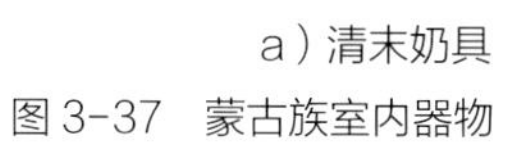

a）清末奶具　　b）20 世纪初奶具　　c）19—20 世纪牧民厨具

图 3-37　蒙古族室内器物

## 3.2.3　室内毡毯

蒙古族在毡包内的装饰十分讲究，除了布置色彩艳丽的家具、精致的器物，用毡毯制成的各类饰品也成为蒙古包室内装饰的重要元素。毡毯由牛、羊等五畜绒毛制成，其编织工艺是蒙古族传统手工艺的典型代表。在英雄史诗《勇士谷诺干》中有这样的描述："墙壁围的是花布，墙帷是光华的黑缎，天窗上盖的是氆氇。"[1] 这里的墙壁与墙帷的装饰即是对蒙古包室内挂毯和室外毡包顶部的毡毯的赞美。

### 3.2.3.1　室内毡毯的装饰类别

蒙古族素有毡帐之民的称谓，用五畜绒毛制成毡毯饰品在蒙古包中起到了很重要的装饰作用。其类别分为挂毯、围毯和地毯三类，分别有不同的装饰模式和文化原形。

在蒙古包内布置挂毯是游牧民族室内装饰的一个重要表现形式。这类挂毯最初有协助哈那阻挡寒风之功能，因此在有的蒙古包中挂满了挂毯。挂毯有着浓厚的蒙古民族特色，主要以羊毛为原材料，用传统手工编织而成。挂毯以长方形为主，悬挂在乌尼和哈那的衔接处，有横挂和竖挂之分。一般以横挂居多，在正北方的神位或主座位处常竖挂，有信仰和崇拜之意（图 3-38）。

围毯在蒙古包中属于特殊类挂毯形式，其上会有一些装饰纹样或饰有一些特殊符号，这些符号或是区别各个部落，或是部族五畜特有的标识符号，或是各个部落的印章演变而来。因此，这类围毯像是一个特殊的符号标识库。这类围毯一般用较薄的毡子或布类织物制成，宽度大概在30~40cm，通长布置，挂在哈那和乌尼的连接处。围毯的周边用马鬃镶边，以驼毛做细线装饰。因此，围毯是既有实用性，又有装饰性的手工艺品。围毯的风格与蒙古包室内陈设装饰风格要相匹配，一些蒙古王公贵族多半拥有围毯（图 3-39）。

---

[1] 勇士谷诺干 [M]. 霍尔查，译 . 呼和浩特：内蒙古人民出版社，1980.

a）满挂挂毯

b）神位处挂毯

c）主座位挂毯

图 3-38 蒙古包挂毯

a）打马印

b）宗教符号

c）宗教类毯

图 3-39 蒙古包围毯

地毯也是古老的蒙古族传统手工艺的代表，其功能是用来隔绝室内地面的潮气，铺设程序是在地面先铺一层牛羊皮，再铺毛毡，最后铺地毯。一般普通的牧民家庭用素的普通毡毯铺设，而蒙古贵族的地毯则非常华丽考究，其上的图案也非常丰富，装饰性极强，是蒙古包室内陈设中必不可少的日常用品（图 3-40）。

a）普通毡毯

b）带有图案的地毯

c）装饰地毯

图 3-40 蒙古包地毯

在蒙古包毡毯中，还有一类是毡包外面披挂的装饰类毡毯。主要分为幪毡、顶毡和围毡三类，分别覆盖套脑、乌尼和哈那。洁白的蒙古包披上这类毡毯装饰，更显得毡包的精美，它不仅是蒙古包的装饰，也是蒙古包主人社会地位与身份的象征（图 3-41）。

a）毡包上的毡毯

b）顶毡上一层装饰毛毡

c）围毡下方的长条形毛毡

图 3-41　毡包外部毡毯

总之，蒙古包的室内外毡毯共同组成了蒙古包丰富的毡毯装饰体系。毡毯有明确的分类，承担着蒙古包隔湿、保暖和装饰作用。毡毯工艺是蒙古民族智慧的体现，也是蒙古民族哲学、历史、文化和艺术的结晶。

### 3.2.3.2　室内毡毯的装饰题材

蒙古包室内毡毯的装饰题材十分丰富，它反映了蒙古包装饰元素的语言构成，决定了蒙古包室内装饰的艺术走向。从大量的调研资料来看，蒙古包室内毡毯的装饰题材多是从游牧民族日常所见的各类动物、植物等自然要素中提取而来的，反映了艺术源于生活、源于自然的创作原则。

在动物纹样的题材中，主要有日常生活中的五畜、早期的动物图腾、神话中的祥兽等。五畜以牛羊为主，运用简练的曲线塑造出牛羊壮硕的体态，贴近生活，是生活元素的艺术化处理。神话中的祥兽是对日常动物的夸张和抽象，以简练的线条，塑造出威仪端庄的形象。这类动物多带有翅膀，可在神话世界中飞升。鹰和鹿是蒙古民族崇拜的对象，多放在蒙古包内正北方的神位上方（表 3-9）。

蒙古族毡毯动物装饰题材　　表 3-9

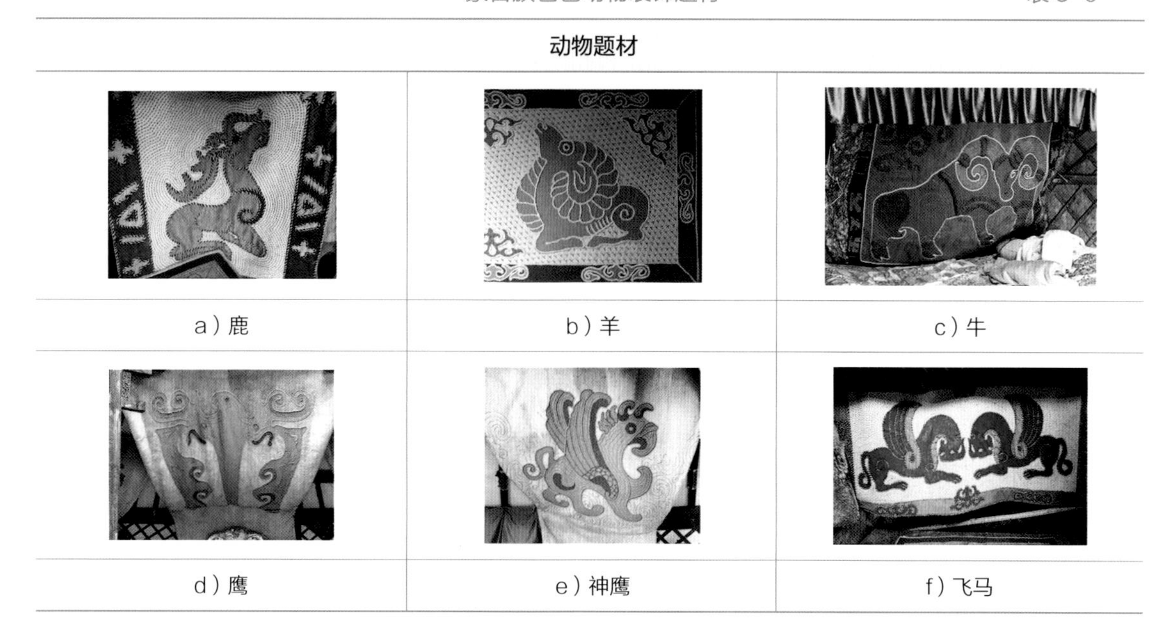

| 动物题材 | | |
|---|---|---|
| a）鹿 | b）羊 | c）牛 |
| d）鹰 | e）神鹰 | f）飞马 |

植物纹样有抽象的植物纹样和写实的植物纹样的区别。抽象的植物纹样运用简练的曲线，提炼植物的根茎，进行夸张抽象处理，并与植物纹样交叉编织在一起，采用连续的手法，运用粗细线条的疏密排列，产生独特的艺术效果。写实的植物纹样曲线饱满优美，茎叶真实，给人以欣欣向荣、草木丰盛的感觉。植物纹样在毡毯中常以附属纹样方式出现，作为边饰，以突出装饰的主体（表 3-10）。

蒙古族毡毯植物装饰题材　　表 3-10

| 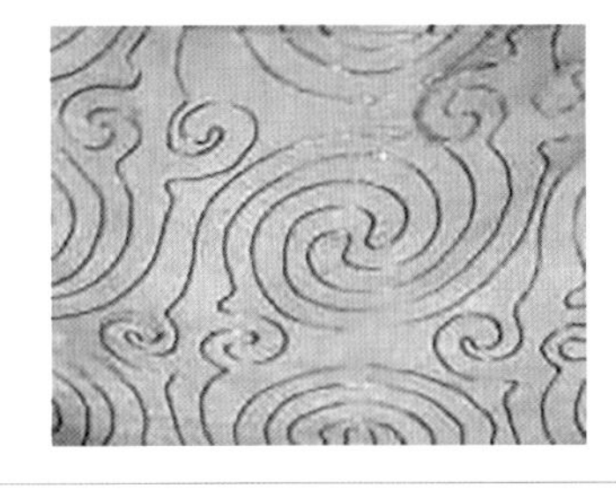 |  | 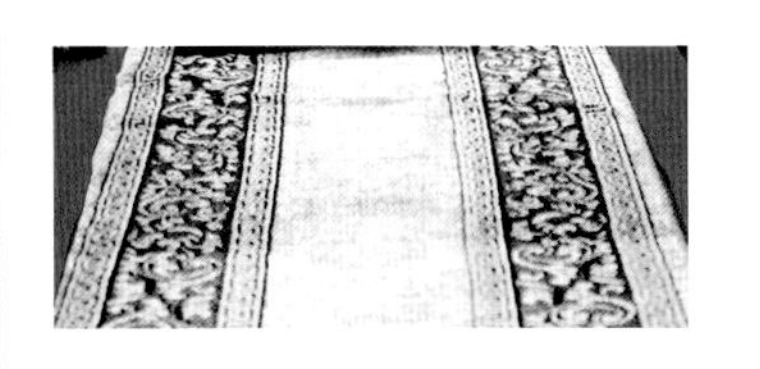 |
|---|---|---|
|  a）抽象植物（一） | b）抽象植物（二） | c）写实植物 |

此外，毡毯的装饰题材还有很多，如信仰类题材，其元素既是装饰，又是信仰的主体。生活场景类有游牧民族射猎的图案等，都是蒙古族日常生活的反映（表 3-11）。

蒙古族毡毯其他装饰题材　　表 3-11

| 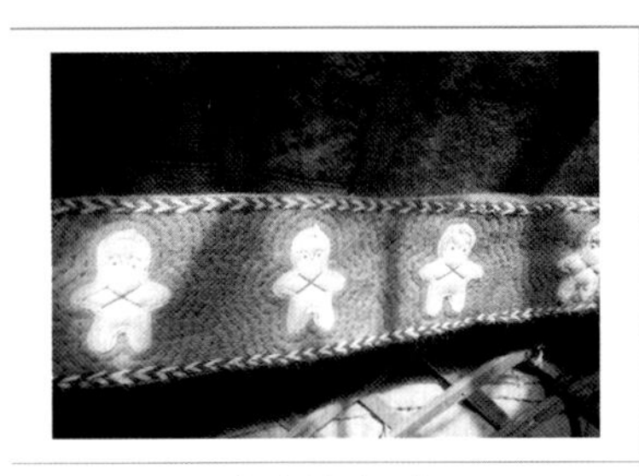 |  |  |
|---|---|---|
| a）宗教（一） | b）宗教（二） | c）射猎 |

毡毯装饰的主要题材源于生活又高于生活。工匠们以独特的艺术手法，记载着蒙古民族的历史、信念、理想和审美情趣，具有很高的艺术魅力和文化价值，是一笔丰厚的民族文化遗产，为蒙古牧民在蒙古包中的生活带来勃勃生机。

#### 3.2.3.3 室内毡毯的装饰特征

蒙古包室内毡毯在满足特定的御寒功能后，其装饰属性逐渐提高。例如地毯，在早期的毡包内，基本都是白毡地毯，只起防潮和抗寒作用。时至今日，装饰地毯愈来愈丰富。挂毯在早期与地毯和围毯一样都要满足防风御寒功能，但是其装饰性更为突出。也有形容蒙古包“悬挂绣着多种颜色和图案的毛毡，人们把各种着色的毛毡缝在其他毛毡上，制成动植物、花鸟等各种图案”[1]。因此，各类挂毯是蒙古包中最具装饰性的毡毯类别。

挂毯悬挂的位置刚好在人的视线最佳观赏区，是蒙古包内部空间的视线焦点。蒙古包内部的正北方位是神位，或者是统治者的主位，这一方位的挂毯一般都做成双层挂毯，是室内最为突出的挂毯（图 3–42）。

a）普通神位的挂毯

b）大汗座位的挂毯

c）萨满教神位的挂毯

图 3–42　正北方位的挂毯

从毡毯图案的表现手法来说，夸张地处理毡毯装饰中的各类元素是最常见的表现手法。夸张的手法加强了装饰的效果，常常表现在抓住装饰对象的主要特征进行夸张，身体和四肢运用省略的方法进行处理。同时，采用卷草纹进行边饰，给人以强烈的视觉感受。对比的手法也在毡毯装饰中经常使用，通过大与小、多与少、方与圆、曲与直、疏与密、虚与实、粗与细等主要关系突出毡毯中的主体元素，突出花与叶、动物与植物之间的对比，使毡毯装饰构图既统一又充满变化。同时，还通过提炼概括动物纹样，使之几何化、简洁化，来充分表达毡毯装饰的艺术特色（图 3–43）。

a）盘羊图案

b）鹿图案

c）几何纹样

图 3–43　挂毯中的各类装饰纹样

值得一提的是，案例中的许多带有动物图案的挂毯均来自蒙古国乌兰巴托附近的蒙古包，而这些动物的造型非常接近内蒙古锡林浩特岩画中的动物图案，二者之间的关联从一个侧面反映出曾经的蒙元帝国文化的影响（图 3–44）。

[1] 普兰・迦儿宾行记 鲁布鲁克东方行记 [M]. 余大均，蔡志纯，译 . 呼和浩特：内蒙古大学出版社，2009：154.

从上述案例中可以看出，蒙古包室内毡毯的装饰特征是非常突出的，表现在毡毯的位置考究，装饰图案的组织明确，夸张的表现手法装饰出朴拙、粗犷的图案效果。这使得蒙古包室内毡毯既实用，又美观，看起来大方、醒目、端庄，清晰地反映出蒙古民族传统文化的无限魅力。

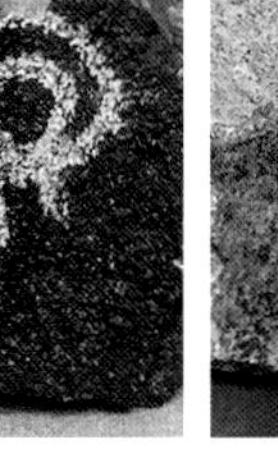
a）盘羊

b）鹿

图 3-44 锡林浩特岩画

# 3.3 图案类别装饰的文化原形

在《蒙古族民间美术》一书中作者对图案的解释为："随着日用工艺品和图案艺术的发展，人民把一切器物的造型设计和各种纹样都称为图案了。所以图案，就是一切器物的造型和一切器物的装饰的平面设计图。"[1] 而散落在蒙古包室内陈设上的装饰图案是十分丰富的，这是因为草原上的蒙古族历史悠久，装饰变化万千，造就了蒙古包装饰图案类别的多样性。按照图案类别所代表的不同主题可划分为宗教、动植物和生活场景三大类别。各类别图案的不同，所选取的装饰元素也不尽相同，反映的文化原形也不相同。它们是蒙古民族日常生活方方面面的文化集合，承载着古老而神秘的蒙古族文化，反映了北方游牧民族的社会习俗，渲染了蒙古民族独特的民族品性。

## 3.3.1 崇拜信仰类

崇拜信仰类纹样是蒙古包装饰元素中常见的纹样类别，反映了蒙古族游牧文明的自然崇拜、图腾崇拜、萨满教崇拜、藏传佛教崇拜等意识，是表现蒙古民族宗教类装饰纹样的重要主体，其文化原形是宗教文化与民间礼仪的完美结合，是蒙古民族崇拜信仰类文化的集中表现。

### 3.3.1.1 崇拜信仰类装饰纹样的载体

蒙古包装饰图案的崇拜信仰类纹样载体丰富，通常以雕刻、绘画和刺绣的方式依附在毡包主体、家具、器物和毡毯上，以表现人们的信仰。

---

[1] 阿木尔巴图 . 蒙古族民间美术 [M]. 呼和浩特：内蒙古人民出版社，1986：25.

以蒙古包为主要载体的崇拜信仰类装饰纹样，主要表现在套脑、乌尼和门等部位。在蒙古包主体结构中，套脑作为蒙古族沟通天地的象征，其上自然也有崇拜信仰纹样的体现。如绘有藏传佛教的金刚杵套脑，由大小不等的同心圆构成，内圈的同心圆上还赋有宝珠，极具代表性。支撑套脑的巴根柱也常带有崇拜信仰意味的图腾雕刻其上，庄重威严。自然崇拜也是蒙古族原始崇拜信仰的一部分，在毡包乌尼的装饰上，就有绘制火焰纹样，表达着原始先民对火的崇拜。藏传佛教传入蒙古草原后，在蒙古包的毡门上绘制有藏传佛教八宝图纹的案例（图 3-45）。

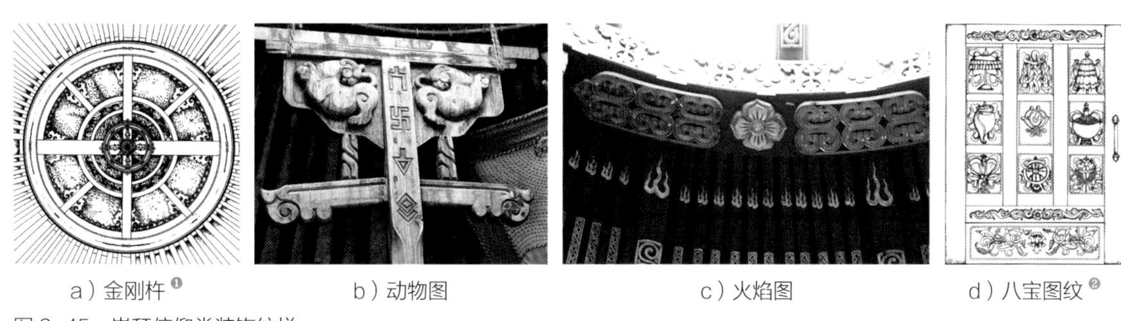

a）金刚杵[1]　b）动物图　c）火焰图　d）八宝图纹[2]

图 3-45　崇拜信仰类装饰纹样

家具上绘制的各类图案纹样也十分丰富，多表现在箱柜桌类家具的中心面板上，中间绘制宗教图案，四周衬托以花草纹样，常出现的纹样有八吉祥、八瑞物、七政宝、法器、瑞兽等。纹样的装点使家具在满足使用要求的基础上，更重视精神功能的表现（图 3-46）。

a）供桌　b）招财箱[3]　c）宗教八宝储物柜[4]

图 3-46　装饰家具

❶ 刘兆和 . 蒙古民族毡庐文化 [M]. 北京：文物出版社，2008：53.
❷ 刘兆和 . 蒙古民族毡庐文化 [M]. 北京：文物出版社，2008：65.
❸ 赵一东 . 北方游牧民族家具文化研究 [M]. 呼和浩特：内蒙古大学出版社，2013：42.
❹ 赵一东 . 北方游牧民族家具文化研究 [M]. 呼和浩特：内蒙古大学出版社，2013：157.

a）烛台

b）萨满教装饰

c）宗教包装饰

图 3-47 宗教陈设器物

蒙古包内的毡毯和陈设作为崇拜信仰类装饰纹样的载体，表现的内容也十分多样，其造型简洁而具有标识性。在蒙古包内有代表牧民信仰的各类围毡，如萨满教以翁衮为主题的围毡，不同的萨满教图案代表了不同的宗属及主人的地位，造型上以人物偶像和自然图腾为主（图 3-47）。

在各类陈设器物上崇拜信仰装饰纹样以金银器和瓷器居多，常摆放于佛龛、供桌等代表崇拜信仰的位置，少量用于日用品当中。当今，崇拜信仰纹样更广泛地应用于蒙古包内的各类装饰载体上，在体现蒙古民族精神信仰的同时，更表达着一种牧民的生活情趣和艺术取向。

总之，蒙古包内装饰元素的崇拜信仰类装饰纹样载体丰富多样，表现出游牧民族善于将崇拜信仰赋予蒙古包内视线可达的各类实物上，体现了蒙古民族热爱生活、崇敬天地、尊重信仰的思想意识。

#### 3.3.1.2 崇拜信仰类装饰纹样的组织方式

崇拜信仰类装饰纹样在不同的载体上有不同的表现方式和组织方式，选择不同的元素，彰显不同的意义。

藏传佛教八宝是八种吉祥的标志，也是在蒙古包中运用较多的一类装饰纹样，出现在家具、器物等载体上。其每一种吉祥物的组织方式较为统一，都有一个核心的主体，四周绕以彩带等作为陪衬。飘舞的彩带既衬托了吉祥物，使之更加辉煌，也为主体吉祥物增加了某种灵动的气息，烘托了宗教氛围。八宝图案或集中布置在家具上，或选择单一图案布置，灵活性很大（图 3-48）。

另一种是藏传佛教装饰纹样五妙欲。五妙欲是最为精妙的组合，可以吸引或迷住色、声、香、味、触五种感官。其传统形式如下：镜子表示“色”；琴、铙钹或锣表示“声”；焚香或盈满香料的海螺表示“香”；水果表示“味”；绫罗表示“触”。其中，“色”代表视觉，是大日如来的象征；“声”代表听觉，是宝生如来的象征；“香”代表味觉，是阿弥陀佛的象征；“味”代表味觉，是不空成就如来的象征；“触”代表触觉，是不动如来的象征[1]。在蒙古包的室内装饰中常将这五样物品

[1] 房魁娇 . 蒙古族家具装饰图案藏传佛教因素研究 [D]. 呼和浩特：内蒙古大学，2013：18-19.

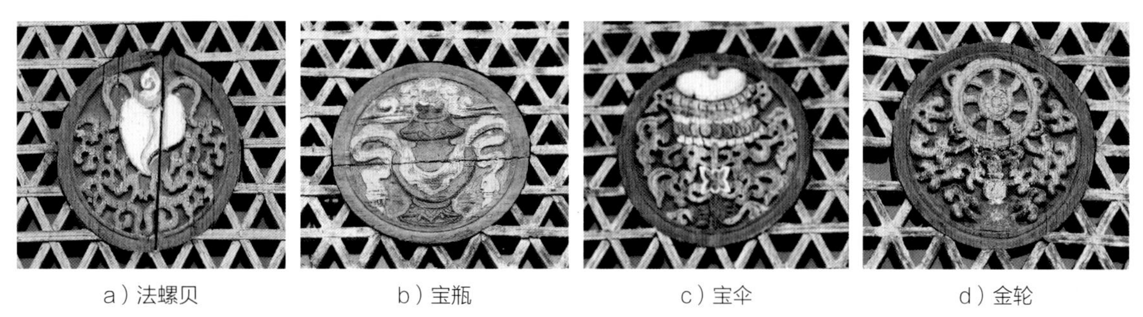

a）法螺贝　b）宝瓶　c）宝伞　d）金轮

图 3-48　佛教八宝图

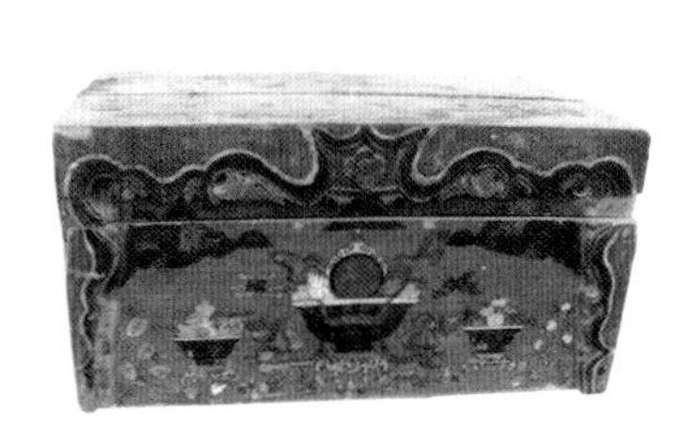

a）家具上的八宝图 [1]　b）五妙欲图案家具（一）[2]　c）五妙欲图案家具（二）[3]　d）和睦四瑞图

图 3-49　宗教类家具纹样（一）

集中放于僧钵中，形成组合纹样，居中绘制在家具上，或在四周绕以祥瑞元素，或在背景围以山峦（图 3-49）。

藏传佛教的和睦四瑞图是蒙古牧民十分尊崇的一个装饰图案。关于此图的来源，最早出自《本生经》，它反映了早期佛教的真实历史，传递了藏族文化中对智者和长者的尊重，它启示我们真正的和谐应该是人与人之间的理解、爱护与律己、利他与团结 [4]。画面中四种动物中的大象驮着猴子位于最下面，猴子背着山兔，山兔又驮着鹧鸪鸟来摘取树上的果子。画面以写实的画风生动地表现了四种动物团结合作的精神面貌。

蒙古包室内的崇拜信仰类装饰纹样以其生动的图面组织方式向我们展示着蒙古牧民虔诚的宗教信仰，塑造了整体的崇拜信仰语境。其各种图案根据不同的需求组织画面，布局灵活自由，在蒙古族装饰纹样中独具特色。

---

[1] 赵一东 . 北方游牧民族家具文化研究 [M]. 呼和浩特：内蒙古大学出版社，2013：42.

[2] 赵一东 . 北方游牧民族家具文化研究 [M]. 呼和浩特：内蒙古大学出版社，2013：147.

[3] 赵一东 . 北方游牧民族家具文化研究 [M]. 呼和浩特：内蒙古大学出版社，2013：147.

[4] 普华才让 . 藏族“和睦四瑞”图的象征意义及伦理价值简析 [J]. 内蒙古师范大学学报（哲学社会科学版），2013，42（5）：130–134.

#### 3.3.1.3 崇拜信仰类装饰的特征表现

崇拜信仰类装饰是蒙古包装饰中最为神圣的组成部分，元素种类多样，有着强化民众的宗教信仰，无字的佛经等突出作用。因此，每个图案都有不同的文化内涵，并且特征突出。主要表现为题材的多样性、元素的中心性和主题的鲜明性等。

题材的多样性。蒙古崇拜信仰教类装饰元素的题材繁多，常见的有八宝图案、佛经典故、人物等。其中八宝图案在蒙古包内的器物与家具上使用的频率比较高。藏传佛教八宝元素都与佛陀或佛法息息相关，每一组图案都有与之对应的文化意义，而佛经典故中的五妙欲、四祥瑞、吐宝鼠等图案，讲述了佛教的一些传说，多以写实的手法运用于蒙古族家具之中。宗教人物有以释迦牟尼和宗喀巴等为首的佛传图，多用在唐卡、壁画以及供桌等特殊的家具上。这些崇拜信仰类装饰元素成为蒙古民族日常生活的重要组成部分，被装饰在蒙古包室内的饰物上（图 3-50）。

元素的中心性。这些装饰意味十分突出的崇拜信仰类元素一般位于家具各面、器物等的核心位置，以强化元素的中心性。这种构图使得元素更加醒目，更具有感染力，其宗教意义更强（图 3-51）。这些元素或是周围不附加装饰，单独使用；或是四周配以卷草纹、回纹、几何纹样等，烘托着中心崇拜信仰的主题。

a）八宝图

b）宗教典故

c）佛传图

d）五妙欲[1]

e）包内唐卡[2]

f）器物柄上的八宝纹样[3]

图 3-50 宗教类家具纹样（二）

[1] 赵一东 . 北方游牧民族家具文化研究 [M]. 呼和浩特：内蒙古大学出版社，2013：147.

[2] 李效锐 . 蒙古族装饰图案的审美特征及文化内涵研究 [D]. 徐州：中国矿业大学，2014.

[3] МОНГОЛ ГЭР АХУЙН УЛАМЖЛАЛТ МОДОН ЭДЛЭЛ，126.

a）经袱[1] b）家具 c）铜镜

图 3-51 宗教类家具纹样（三）

主题的鲜明性。依附于蒙古包室内家具、器物、饰品等载体的崇拜信仰类装饰元素在满足载体使用功能的同时，更强化崇拜信仰这个主题。这些带有信仰属性的物品出现在蒙古民族生活的各个方面，渲染着超出物品本身的文化主题（图 3–52）。

从历史发展的角度来说，崇拜信仰一直都是人类社会发展的一个重要组成部分，蒙古包崇拜信仰类装饰的文化原形及其突出的特征表现已经成为蒙古包室内装饰不可或缺的一部分，流传至今。

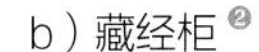

a）供桌 b）藏经柜[2] c）双柄僧帽壶[3]

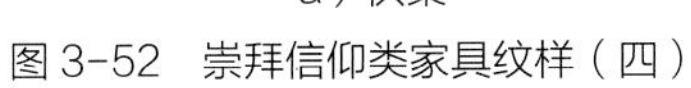

图 3-52 崇拜信仰类家具纹样（四）

[1] 石阳 . 文物载千秋：巴林右旗博物馆文物精品荟萃 [M]. 呼和浩特：内蒙古人民出版社，2011：236.

[2] 赵一东 . 北方游牧民族家具文化研究 [M]. 呼和浩特：内蒙古大学出版社，2013：162.

[3] 内蒙古博物院 . 中国少数民族文物图典（内蒙古博物院卷）[M]. 沈阳：辽宁民族出版社，2014：94.

## 3.3.2 动植物类

动植物是草原游牧民族生产与生活的主要源泉，也是草原游牧文化与艺术的主要描摹对象。在草原游牧民族传统装饰中，动植物装饰元素随处可见。这些元素都是以生活在草原上常见的动植物为原形进行创意组合的。但无论是动物元素还是植物元素都取材于蒙古民族日常生活中最常见的对象，在使用表现上有两种主要方式：一是单一性表达；二是组合性表达。

### 3.3.2.1 单一动物类元素

长期受到游牧生活的影响，蒙古族装饰艺术中的动物元素有种类繁多、载体丰富、形态各异的特征。

从时间上来看，蒙古包装饰中的动物元素最早出现在蒙古草原的一些岩画中。世界各地原始先民都喜欢在一些岩画中表现狩猎来的动物，以示庆贺。随着时间的推移，这种习惯逐渐扩展到早期的青铜器，其后的陶瓷器、家具、挂毯等载体上。

这些动物元素作为早期动物形态语言的无字天书，充满了先民们的智慧与绘画天赋。通过现有资料可知，位于贝加尔湖沿岸的希什金诺旧石器时代岩画是已知世界上最古老的岩画。之后在今中国内蒙古、宁夏、甘肃，以及蒙古国等地陆续出现了原始动物岩画的影子，多表现为狩猎、游牧、迁徙等生活场景。这时的动物图案多以简单、粗糙的线条被雕凿在岩石上。动物的种类有鹿、羊、牛、马等，形态各异，千姿百态。根据一些岩画雕凿的水平来看，这些动物元素是早期人类造型艺术的真实写照，有极高的研究价值（表 3-12）。

早期岩画动物元素 表 3-12

| 发展时间 | 图示地点 | 载体 | 特征 | 实例图示 |
|---|---|---|---|---|
| 公元前 38000 年—公元前 10000 年的旧石器时代 | 蒙古国 | 岩画 | 骆驼形态夸张，驼峰突出，呈昂首站立姿势，造型简洁 | |
| 公元前 2000 年的新石器时代至早期铁器时代 | 乌拉特中旗 | 岩画[1] | 山羊的双角长而弯曲，呈行进奔跑状态，手法简练、形象完整、风格质朴 | |

[1] 纳・达楞古日布．内蒙古岩画艺术 [M]. 呼伦贝尔：内蒙古文化出版社，2000：60.

续表

| 发展时间 | 图示地点 | 载体 | 特征 | 实例图示 |
| --- | --- | --- | --- | --- |
| 公元前 2000 年的新石器时代早期 | 磴口县格尔敖包沟 | 岩画[1] | 大型鹿类的奔跑形态，鹿角突出，身形粗壮 |  |
| 公元前 1400 年的铁器时代 | 苏尼特左旗毕其格图 | 岩画[2] | 奔跑与行走的野马形态，显示了马在草原中的生活场景 |  |

春秋战国时期，青铜器饰品开始走向草原游牧民族动物装饰艺术的历史舞台，造型的手法愈加成熟。在生动地表现了动物自然形态的同时，其形态更具简化与夸张（表 3-13）。

青铜器动物元素　表 3-13

| 发展时间 | 图示地点 | 载体 | 特征 | 实例图示 |
| --- | --- | --- | --- | --- |
| 公元前 1200 年—公元前 500 年 | 内蒙古赤峰市 | 青铜器 | 用曲线造型概括了卧鹿的自然形态，塑造手法贴近写实 |  |
| 公元前 770 年—公元前 476 年 | 内蒙古赤峰市宁城县 | 青铜器 | 用龙头与部分龙身作为器物把手，给予强化 |  |

❶ 纳·达楞古日布．内蒙古岩画艺术 [M]. 呼伦贝尔：内蒙古文化出版社，2000：85.
❷ 纳·达楞古日布．内蒙古岩画艺术 [M]. 呼伦贝尔：内蒙古文化出版社，2000：53.

续表

| 发展时间 | 图示地点 | 载体 | 特征 | 实例图示 |
| --- | --- | --- | --- | --- |
| 公元前475年—公元前221年 | 内蒙古伊克昭盟 | 青铜器 | 羊的双角向前盘曲，呈仰首状，生动，逼真 | 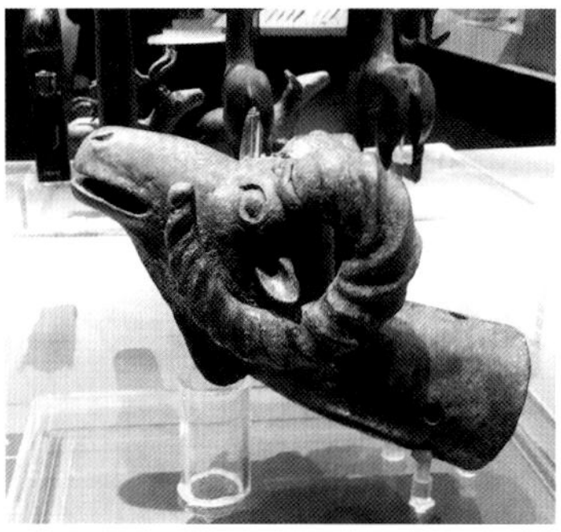  |

1206年以前，在北方游牧民族大发展、大融合时期，动物元素的造型更加丰富，曲线的应用更加流畅自然，造型典雅，制作工艺精湛。此时造型不仅仅局限于勾勒动物外形，就连动物的头部、躯干、四肢都描绘得十分细致。元时期，中原、西域的文化融入了蒙古包装饰的动物元素中，对动物整体造型的刻画更加精细，文化的融合更加广泛。清以后，满族动物的造型手法融入到了蒙古族的动物装饰中，使得原有蒙古包装饰的动物元素在类型、形态、载体等方面表现得更为丰富（表3-14）。

器物上的动物纹样　　表3-14

| 发展时间 | 图示地点 | 载体 | 特征 | 实例图示 |
| --- | --- | --- | --- | --- |
| 960—1279年 | 内蒙古通辽市科尔沁左翼后旗 | 银盒 | 与中原文化进行交融，龙凤等动物形态生动而自然 |   |
| 1206—1368年 | 内蒙古锡林郭勒盟 | 金马鞍[1] | 卧鹿纹样位于马鞍的中心位置，整体造型细致，神态自然 |   |

[1] 安泳鍀．天骄遗宝蒙元精品文物[M]．北京：文物出版社，2011：42.

续表

| 发展时间 | 图示地点 | 载体 | 特征 | 实例图示 |
| --- | --- | --- | --- | --- |
| 1616—1911 年 | 内蒙古<br>赤峰市 | 漆木 | 纹样复杂，龙纹小巧而细致，还有描金、雕刻等手法的运用 |   |
| 1616—1911 年 | 内蒙古<br>赤峰市 | 陶瓷 | 龙纹神态更为自然，在云海中行走的游龙，色彩更加丰富 |   |

通过对不同时期动物元素的研究了解可以发现，蒙古族装饰中的动物元素在不断发展演化中形成了自身的发展规律。其产生时间之早、同种动物原形形态之多样、表现的载体类别之丰富等，都形成了极为独特的原形表征。同时，其文化融合的痕迹也极为强烈，清晰地显示出了多种文化叠层下的蒙古族装饰文化的历史脉络。

#### 3.3.2.2　单一植物类纹样

内蒙古草原是我国第二大草原，深林与草原孕育了丰富的植物资源，生长着 2000 多种植物花草，每一种植物的形态、性质、特点都不尽相同。这些种类繁多的植物元素，为草原先民提供了丰富的生产与生活资料，并逐渐演化成为草原牧民艺术创作的主要源泉。

从调研中的实物案例来看，蒙古族装饰艺术中的植物元素最早可追溯到战国时期匈奴文化的载县。据文献和实物考证，在战国时期贵族乘车的车轮装饰上就有较为抽象的植物装饰元素（表 3-15）。

青铜器上的植物元素　表 3-15

| 年代 | 图示地点 | 特点简介 | 实例图示 |
| --- | --- | --- | --- |
| 战国 | 内蒙古鄂尔多斯市 | 草原游牧部落匈奴古墓葬出土的车轮上的青铜装饰，由三角形拼成。各片装饰图案不同，为简洁的植物纹样 |   |

续表

| 年代 | 图示地点 | 特点简介 | 实例图示 |
| --- | --- | --- | --- |
| 战国 | 内蒙古鄂尔多斯市 | 车轮上的青铜装饰方形饰片，双向对称，植物纹样清晰精美 |  |
| 战国 | 内蒙古鄂尔多斯市 | 车轮上的青铜装饰菱形饰片，图案上下对称，近乎缠绕着的植物纹样，复杂而条理清晰 |  |

随着草原游牧民族文化与中原文化、西域文化的交流融合，充满中国传统文化和异域风情的外来文化逐渐融入人们的视野，各种丰富多彩的植物装饰纹样出现在瓷器、家具以及各器物等载体上（表 3-16）。

各种器物上的植物元素　表 3-16

| 年代 | 图示地点 | 特点简介 | 实例图示 |
| --- | --- | --- | --- |
| 西夏 | 内蒙古鄂尔多斯市 | 褐釉剔花梅瓶主题为牡丹图，开多层花瓣，四周有茎叶装饰，造型写实 |  |
| 近代 | 蒙古国国家博物馆 | 牡丹纹和卷草纹呈环状一层一层地分布在家具上，图案整体呈对称形式分布 | 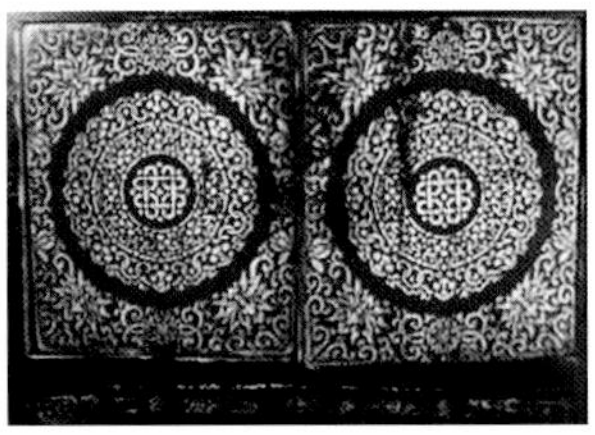 |

续表

| 年代 | 图示地点 | 特点简介 | 实例图示 |
| --- | --- | --- | --- |
| 19 世纪 | 蒙古国某王爷府 | 梅花瓶，采用写实的造型，花瓣呈自由分散的形式，大大小小散落在画面中 |  |
| 当代 | 内蒙古赤峰市 | 卷草纹呈对称形式分布在画面中，草枝相互缠绕，和谐统一 |  |

从上述案例可以看出蒙古草原的植物元素种类繁多，但总体上可分为花纹和叶纹两个大类。花纹又可以分为莲花纹、荷花纹、牡丹纹、桃纹、杏花纹、石榴纹等多种图案。叶纹有卷草纹、缠枝纹等（表 3–17）。

植物纹样　　表 3–17

| 纹样 | | 年代 | 特点简介 | 实例图示 |
| --- | --- | --- | --- | --- |
| 花纹 | 牡丹 | 元代 | 青花瓷瓶，富丽的缠枝牡丹位于腹部，图案居于突出位置，牡丹为多层形式，层次分明[1] |  |
| | 团花 | 当代 | 团花位于柜门的中央，呈中心对称分布，一层一层形成圆的形状[2] |  |

❶ 文浩，于坚．内蒙古历史文物 [M]. 北京：人民美术出版社，1987：119.
❷ 赵一东．北方民族家具文化 [M]. 呼和浩特：内蒙古大学出版社，2016：97.

续表

| 纹样 | | 年代 | 特点简介 | 实例图示 |
| --- | --- | --- | --- | --- |
| 花纹 | 荷花 | 当代 | 荷花瓣层层晕染开来，箱上有四朵荷花自然分布在画面上[1] | |
| 叶纹 | 卷草纹 | 当代 | 卷草纹造型卷曲，按照规律的组合形式在四周自然地分布在每一层抽屉上 | |

蒙古族装饰的植物纹样的产生与发展与其对生存环境和文化语境的感知与理解密不可分。随着文化的交融，种类丰富的植物纹样被蒙古民族汲取、构思而用于不同的物质载体，从而组成了丰富的蒙古民族装饰元素。

#### 3.3.2.3 组合类动植物装饰纹样

大自然是一个完美的生物圈，为各类动植物提供着满足其生存需求的生物链，构成彼此密切的互助关系。而对这种关系进行人文的描摹就成为各门类艺术家创作的主要手法。在蒙古包所展现的各种装饰图案上，处处体现着这种精致的描摹。正如庄子所说："天地与我并生，而万物与我为一。"[2] 纷繁复杂的蒙古族动植物组合图案被赋之于多样的物质载体，组成了丰富的蒙古民族的装饰文化原形。

对于载体而言，动植物组合图案多表现在蒙古包本体、家具、器物等类别上。如蒙古包的巴根柱和门，以及一些建筑配件上，多采用木雕等手法，题材丰富，形态生动（表 3–18）。

在家具上绘制各种动植物组合图案是蒙古包室内装饰的另一个主要表现方式。从明清到当代具有这类纹样的家具实例较多，多采用写实或夸张的手法描绘一些自然场景。整个画面动静相宜，情景相生，其文化内涵十分丰富（表 3–19）。

蒙古包室内器物对这类动植物组合图案的表现也十分突出，并在辽金和元时期得到极大发展，表现内容几乎覆盖了生活的方方面面。动植物组合纹样多是以动物纹样为中心，植物装饰在四周，

---

[1] 赵一东．北方游牧民族家具文化研究 [M]. 呼和浩特：内蒙古大学出版社，2013：101.

[2] 福永光司．庄子内篇读本 [M]. 王梦蕾，译．北京：北京联合出版社，2019：27.

不同部位的装饰 表 3-18

| 名称 | 时间 | 特征 | 实例图示 |
| --- | --- | --- | --- |
| 巴根柱 | 近现代 | 虎与卷草纹样结合，卷草纹在上，虎纹在下，是对蒙古族自然环境的抽象、概括 |  |
| 蒙古包门 | 近现代 | 位于中心的马图案与位于两侧的卷草图案共同构成了蒙古包门的整体装饰图案 |  |
| 建筑门楣 | 清代 | 梅花图案繁密地分布在构图的四周，烘托着主体的喜鹊图案 |  |
| 建筑门扇 | 清代 | 蝙蝠图案位于中心，卷草图案位于四周，主次分明 |  |

家具上的装饰图案 表 3-19

| 名称 | 时间 | 特征 | 实例图示 |
| --- | --- | --- | --- |
| 杂物柜 | 近现代 | 彩绘内容为喜鹊、梅花，喜鹊站立于梅花之上，场景写实[1] |  |

[1] 内蒙古博物院 . 中国少数民族文物图典（内蒙古博物院卷）[M]. 沈阳：辽宁民族出版社，2014：135.

续表

| 名称 | 时间 | 特征 | 实例图示 |
| --- | --- | --- | --- |
| 梳头匣 | 近现代 | 麒麟与凤在自然场景之中，四周有少量草纹，匣顶是桃花纹，布满整个画面[1] | 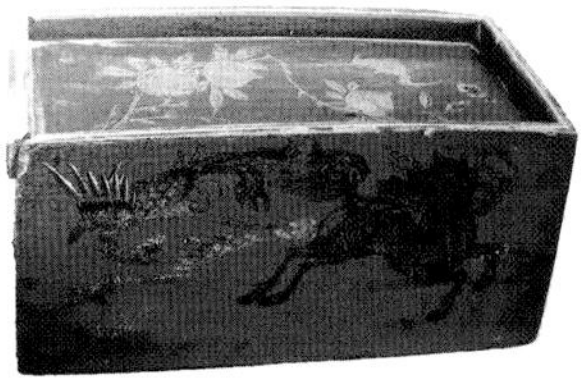 |
| 小匣 | 近现代 | 祥瑞四兽位于画面中央，四周有果树和草相饰，描绘了整个和谐的画面 |  |
| 组合式多用储物柜 | 近现代 | 狮子在开着花的草地上嬉戏，位于构图的中央，花纹位于四周[2] |  |

动物为主，植物为辅，主次结合，相得益彰。因室内器物的多样性，带来了动植物图案复杂多变，种类繁多（表 3–20）。

丝织品也是动植物纹样的一大载体。根据现有资料显示，丝织品上动植物纹样多出土于辽代，手法上采用写实的方式来描绘场景和姿态各异的动植物，多表达一些美好祝福和愿景。运用均衡、节奏、韵律等构图法则，使图案主从有致，层次清晰（表 3–21）。

上述研究表明，蒙古包室内装饰中的动植物组合图案有载体丰富、动植物形态生动、象征性强等特点，充分体现了蒙古民族装饰文化的多样化和蒙古民族的审美意识，也充分展示了蒙古民族丰富的想象力和对美好生活的向往，表现了蒙古族动植物装饰元素的原形形态在真实的蒙古族生活场景中的表达方式，以及深刻的哲理思想。

❶ 赵一东 . 北方游牧民族家具文化研究 [M]. 呼和浩特：内蒙古大学出版社，2013：254.
❷ 赵一东 . 北方游牧民族家具文化研究 [M]. 呼和浩特：内蒙古大学出版社，2013：255.

器物上的装饰图案　表 3-20

| 名称 | 时间 | 特征 | 实例图示 |
| --- | --- | --- | --- |
| 凤纹宝盝盒 | 清代 | 牡丹花位于构图中心，凤鸟呈尾上、头下的姿势在两侧飞舞 |  |
| 陶罐 | 清代 | 荷花、牡丹与飞禽自由组合在画面中，不拘泥于传统的构图手法 |  |
| 铜镜 | 金代 | 浮雕双鱼纹、水波纹，描绘了鱼在水中游动的自然场景 |  |
| 瓷瓶 | 元代 | 肩部和近底部为青花莲叶纹，中部为四爪行云龙纹[1] |  |
| 鹿纹饮酒壶 | 清代 | 平底、火焰珠钮，腹部刻鹿纹和梅花纹[2] |  |

❶ 刘井军，黄宁宁 . 龙腾敖汉：内蒙古龙源博物馆文物精粹 [M]. 呼伦贝尔：内蒙古文化出版社，2014：204-297.
❷ 通辽市博物馆 . 蒙古族文物精华 [M]. 呼和浩特：内蒙古人民出版社，2008：68.

续表

| 名称 | 时间 | 特征 | 实例图示 |
| --- | --- | --- | --- |
| 龙纹金箱 | 清代 | 龙纹位于中央，卷草纹位于四周装饰，采用典型的主次分明式构图[1] | |

丝织品上的植物纹样　　表 3-21

| 名称 | 时间 | 特征 | 实例图示 |
| --- | --- | --- | --- |
| 兰罗绣梅花蜂蝶卷草纹巾 | 辽代 | 主体图案为梅、竹、蜂、蝶、祥云等[2] | |
| 红罗绣竹梅莲石蜂蝶联珠纹巾 | 辽代 | 主体图案为梅、竹、荷花、祥云、蜂蝶和湖石等[3] | |

### 3.3.3 生活场景类

生活场景类装饰是指描绘情节、记录故事的蒙古民族装饰图案，通常是积久而成的社会风尚、习俗的表现。美国著名民俗学者阿兰·邓迪斯认为："某项民俗的语境就是该项民俗被实际使用时所处的社会环境。"[4] 生活场景类装饰恰到好处地反映了蒙古民族在不同时期的社会环境的表征，是蒙古族装饰语境中的重要一环。在蒙古族传统装饰中，通常可以见到场景类、故事类、自然风景类等生活场景装饰，具有浓郁的生活气息和乡土气息，主要载体为室内器物、家具、建筑构件和丝织品，采用刻、印、绘、画、贴、刺绣等诸多手法，是蒙古族装饰文化的重要一环。

[1] 石阳．文物载千秋：巴林右旗博物馆文物精品荟萃 [M]. 呼和浩特：内蒙古人民出版社，2011：159.
[2] 石阳．文物载千秋：巴林右旗博物馆文物精品荟萃 [M]. 呼和浩特：内蒙古人民出版社，2011：240.
[3] 石阳．文物载千秋：巴林右旗博物馆文物精品荟萃 [M]. 呼和浩特：内蒙古人民出版社，2011：242.
[4] 阿兰·邓迪斯．世界民俗学 [M]. 陈建宪，彭海斌，译．上海：上海文艺出版社，1990：345.

#### 3.3.3.1 生活场景类装饰纹样的多种题材

蒙古族生活场景类题材丰富，情节简洁明了，描绘着当时蒙古民族的生活环境以及娱乐状态，其文化类别十分丰富。除蒙古民族文化外，汉文化中的生活场景也十分突出，具体包括戏曲故事 、民间传说、生活情趣等。

戏曲故事这类元素或阐释故事，或表达吉祥，题材多是对汉文化的汲取，用于家具、器物中。

民间传说主要包括玉兔捣药、和合二仙、仙人故事等题材。这类元素的装饰内涵已远远超过装饰本身，通常有迎福纳祥的寓意在其中。这类装饰古已有之，元代更胜，多为汉文化中的传说，广泛存在于各种传统艺术形式中，在器物中应用更甚。

生活情趣以放牧、赛马、狩猎、迁徙、嬉戏、劳作、宴饮等题材为主。这类场景更多地描绘了蒙古民族的生活、生产、习俗等，贴近蒙古族的日常生活情趣。早期的蒙古族岩画上就具有了游牧生活的场景，这种生活情趣类装饰随着历史的长河继承和流传下来，在建筑、家具、工艺品上被普遍应用（表 3-22）。

生活情趣类装饰 表 3-22

| | | | |
|---|---|---|---|
| 戏曲故事 | 杨门女将[1] | 西游记[2] | 八仙[3] |
| |  |  |  |
| 民间传说 | 玉兔桂树图 | 和合二仙[4] | 仙人故事 |
| |  |  |  |

❶ 赵一东 . 北方游牧民族家具文化研究 [M]. 呼和浩特：内蒙古大学出版社，2013：120.
❷ 赵一东 . 北方游牧民族家具文化研究 [M]. 呼和浩特：内蒙古大学出版社，2013：120.
❸ 通辽市博物馆 . 蒙古族文物精华 [M]. 呼和浩特：内蒙古人民出版社，2008：154.
❹ 石阳 . 文物载千秋：巴林右旗博物馆文物精品荟萃 [M]. 呼和浩特：内蒙古人民出版社，2011：274.

续表

| | | | |
|---|---|---|---|
| 生活情趣 | 放牧[1] | 赛马 | 狩猎[2] |
| | 迁徙 | 嬉戏 | 劳作 |
| | 宴饮[3] | 出行 | 蒙古包生活 |

### 3.3.3.2　生活场景类装饰纹样的组织方式

生活场景类装饰元素作为一个时代生活的缩影，表现的是那个时代人物与环境之间的密切关系，承载着深厚的文化积淀与内涵。因此，如何安排人物在画面的主体位置，并配置与之相适应的环境是生活场景类装饰元素组织方式的重要表现。根据其画面表现内容的不同，其组织方式也不尽相同（表 3–23）。

❶ 刘兆和 . 蒙古民族毡庐文化 [M]. 北京：文物出版社，2008：141.
❷ 陈育宁 . 图说成吉思汗与蒙古族 [M]. 呼和浩特：内蒙古人民出版社，2005：142.
❸ 吴元丰 . 清太祖武皇帝实录 [M]. 北京：民族出版社，2016：228.

不同载体上的生活场景　　表 3-23

| 场景 | 战争 | 会友 | 日常生活 |
|---|---|---|---|
| 载体 | | | |
| 组织特征 | 鼻烟壶描绘了吴三桂引清兵入关的场景，骑在马上的人物占据画面的主要空间，周边配以自然环境 | 人物在户外饮茶闲谈，用云纹固定住空间，主人居中、客为两侧的对称式布局[1] | 以毡帐为中心，人群呈分散式布局，展示各种日常生活场景[2] |

生活场景类的画面组织通常采用自由灵活的布局形式，即根据画面的内容巧妙地布局。尊重画面的故事情节来安排各个装饰元素的空间位置和构图关系，使复杂的平面布局有合适的比例，让画面主次分明，层次清晰（表 3–24）。

不同生活场景的组织　　表 3-24

| 载体 |  | | |
|---|---|---|---|
| 组织特征 | 主人公在栏杆内阅读，随从在院内扫地，四周有云纹和草纹相饰，整体画面和谐自然[3] | 图为波斯细密画宫廷宴饮图，窝阔台位于画面中心，夫妻对坐，奴仆在四周服侍[4] | 描绘了五个不同等级人的审讯图，形成了一幅自然的生活图[5] |

生活场景类装饰通过精心的组织将人物与环境密切结合，强化了画面的故事情节，充分地展示了故事的生动性与趣味性，诠释了生活场景的文化内涵，是蒙古民族装饰文化与文学的巧妙结合，具有极高的艺术性和欣赏性。

❶ 通辽市博物馆．蒙古族文物精华 [M]. 呼和浩特：内蒙古人民出版社，2008：151.
❷ 刘兆和．蒙古民族毡庐文化 [M]. 北京：文物出版社，2008：232.
❸ 陈育宁．图说成吉思汗与蒙古族 [M]. 呼和浩特：内蒙古人民出版社，2005：194.
❹ МОНГОЛ ГЭР АХУЙН УЛАМЖЛАЛТ МОДОН ЭДЛЭЛ，23.
❺ 赵一东．北方民族家具文化 [M]. 呼和浩特：内蒙古大学出版社，2016：148.

### 3.3.3.3 生活场景类装饰纹样的形态表征

生活场景类装饰元素是表现在岩画、器物等载体上的一种现实生活的再现。古代社会由于科学技术的局限，人们要想把生活中的各种场景记录下来只能靠绘画、雕刻等方式来完成。例如世界各地的早期岩画是世界各民族记录历史画卷的重要见证，散落在世界各地，为人们研究古代各民族的文化特征提供了重要案例。在蒙古草原上所留存下来的许多岩画中，对人物、动物等主题的刻画十分生动，画风简约，形态逼真，场景表达清晰完整（表 3-25）。

生活场景类装饰在一些器物上往往用比较程式化的方式来表现画面，尤其是在元代青花瓷上表现得尤为突出。元代青花瓷器是上流社会室内装饰的重要物件，在生活场景的描绘上具有典型的程式化特征。在表现模式上，一般都将器物分为上中下三段，其中上下两段用来陪衬，多是一些花草树木，或者几何花纹。中段留有较大的空间来表现一些历史故事，人物栩栩如生，场景十分生动。如著名的青花瓷八大罐中的三顾茅庐、西厢记、昭君出塞等（表 3-26）。

岩画上的生活场景类装饰元素　　表 3-25

| 载体 | 时间 | 场景 | 表征——简约概括 | 实例图示 |
| --- | --- | --- | --- | --- |
| 岩画 | 铁器时代 | 战争 | 形态为线条勾勒，简约、逼真。对生活场景概括性强，通过古人的一招一式来表现战争场景，表现得十分清晰[1] | |
| | 唐代 | 迁徙 | 早期岩画相对复杂，运用写实的手法，以横向排列的方式，通过人牵骆驼来表现生活场景[2] | |
| | 早期铁器时代 | 狩猎 | 写实的手法显示出鹿与其他动物飞奔的场景。羊、鹿群中有骑者堵截，也有人持弓瞄准，再现了草原狩猎场景[3] | |

❶ 纳・达楞古日布 . 内蒙古岩画艺术 [M]. 呼伦贝尔：内蒙古文化出版社，2000：186.
❷ 纳・达楞古日布 . 内蒙古岩画艺术 [M]. 呼伦贝尔：内蒙古文化出版社，2000：193.
❸ 纳・达楞古日布 . 内蒙古岩画艺术 [M]. 呼伦贝尔：内蒙古文化出版社，2000：103.

瓷器上的生活场景类装饰元素　表 3-26

| 载体 | 时间 | 场景 | 形态表征——程式化 | 实例图片 |
|---|---|---|---|---|
| 青花瓷 | 元代 | 三顾茅庐 | 主体画面集中在罐的中段，画面绕罐一周布局，将刘关张和诸葛亮的形态逼真地表现出来。罐的上下部配以程式化的图案与配景 |  |
| | 元代 | 西厢记之花园焚香 | 同样为三段式构图，人物居中层，上层为花，下层为图案，模式固定。图中花园场景突出，莺莺小姐正欲对着香炉跪拜 |  |
| | 元代 | 昭君出塞 | 主体画面上，王昭君等三名女子骑在马上，王昭君怀抱琵琶居中，周边为垂柳。在构图上主体突出，配景丰满，形式感强 |  |

自由灵活的布局形式是生活场景类装饰元素的又一形式特征，灵活多变的布局使生活场景类元素不拘泥于一种固定的布局模式，给人以多变的新鲜感。画面组织方式具有整体性，注重情节与人物关系的合理组织和装饰元素与故事情节的相得益彰（表 3-27）。

上述案例研究表明，在蒙古包中生活场景类装饰形态特征十分突出。所有的场景人物都位于画面的主体位置，人物形态自然写实。对场景的描摹从古代的线条刻画，到后世的场景绘制，越来越

自由灵活的布局　表 3-27

| 载体 | 时间 | 场景 | 形态特征——自由灵活 | 实例图片 |
|---|---|---|---|---|
| 绘画 | 现代 | 大会 | 成吉思汗忽里台大会，成吉思汗居中，其他人物在两侧，后面的蒙古包作为场景的标识元素，作用突出。画面为非对称之均衡 |  |

续表

| 载体 | 时间 | 场景 | 形态特征——自由灵活 | 实例图片 |
| --- | --- | --- | --- | --- |
| 绘画 | 清代 | 伏虎 | 画面为蒙人伏虎图，老虎在人物前呈跪拜状，一条锁链锁着虎头。画面主体居中，周边的骆驼和黄羊表情安详，远处的山林模糊，透视感强。整体构图灵活完整 | |
| 抱月瓶 | 清代 | 狩猎 | 清代贵族狩猎场景，画面最前端有一小厮逋鹿，中后部有骑马的贵族，有服侍的人，渲染了一片热闹喧腾的场景[1] | |

清晰地表达出生活场景的真实性，完整地展示出蒙古包这类生活场景装饰在文化原形上的发展脉络和形态特征。

本章通过描述性史学的方法深入分析了蒙古包装饰元素在三大叠层文化的影响下，蒙古包本体、室内器物、图案类别等装饰元素的文化原形、发展演变与基本特征等表层结构，并归纳总结出相关的表达模式。

从蒙古包主体方面，蒙古包的三大主体构成因子为套脑、乌尼、哈那，其原形在原始岩画中就给予了充分的描绘。因此，从时间发展维度来看，乌尼出现的时间最早，随后是套脑、哈那。从形式与类型维度来看，蒙古包的三大主体构成因子都经过了不同的原形演化，其构架本身就具有装饰性。从装饰维度来看，主体结构本身装饰和附加装饰都体现着独特的装饰性格，装饰手法丰富，题材、色彩和图案有明确的等级制度。

蒙古包室内陈设装饰中的家具，早期造型淳朴、实用，中期浑厚、庄重，后期复杂、奢华。装饰纹样以动植物元素为主，也出现了福、寿、富贵、多子多孙等象征美好生活的装饰图案。受藏传佛教文化的影响，还出现了八宝、火焰宝、莲花、十字金刚杵等佛教装饰纹样。贵族的室内家具普遍使用金属、珠宝镶嵌和螺钿等装饰手法，并构建了一套稳定的色彩选择，如以红色为主色调，黄色、绿色、蓝色为配用色，金、白、黑、银为分隔色；在器物上，早期以简单实用为主，少有装饰，轮廓造型简单，中期器物上开始出现动植物、几何等装饰纹样，线条上有了相对复杂的变化，装饰华丽。晚期还引入了绘画艺术，甚至有宝石镶嵌，做工精致，造型美观；在毡毯的使用上，动

[1] 刘井军，黄宁宁．龙腾敖汉：内蒙古龙源博物馆文物精粹 [M]. 呼伦贝尔：内蒙古文化出版社，2014：267.

物的主题更加突出，给人以强烈的视觉感受。在毡毯装饰构图中通过大与小、多与少、方与圆、曲与直、疏与密、虚与实、粗与细等对比手法来突出毡毯中花与叶、动物与植物之间的主次关系，使毡毯装饰构图既统一又充满变化。

图案装饰类别中崇拜信仰类图案特征突出，主要表现出题材的多样性、元素的中心性和主题的鲜明性等特征。其次是取材于蒙古民族日常生活中最常见的植物图案，在使用表现上有两种主要的方式，一是单一性表达，二是组合性表达。在家具、器物、丝织品上均采用写实或夸张的表现手法，使图案主从有致，层次清晰。生活场景类装饰图案题材也十分丰富，通过精心的组织将人物与环境密切结合，强化了画面的故事情节，充分地展示了故事的生动性与趣味性，在一些器物上往往用比较程式化的方式来表现画面，在布局上具有自由灵活的特征。

CHAPTER 4

# 第4章 蒙古包装饰文化意象

意象是主观的意与客观的象的结合，是精神与物质的合一。人们在创造一件艺术品时，常常带有美好的寓意，进而通过一定的形象设计将这个寓意表达出来，其作品的文化意象也就完成了。因此，文艺作品的文化意象注重的是神形兼备。长期的游牧生活方式使蒙古族装饰形成了其特有的草原文化意象。反映在蒙古包装饰元素上，其特有的意象所指是十分鲜明的，并与其宗教信仰、民族文化、民俗风情密不可分。深入挖掘其蕴藏的文化意象，为蒙古族装饰的传承和再生奠定深厚的理论基础。本章将着重从结构主义哲学的深层结构的视角研究宗教信仰类、生活场景类和动植物类装饰元素的文化意象，旨在阐释蒙古包装饰元素的深层文化内涵。

## 4.1 崇拜信仰类装饰的文化意象

崇拜信仰包含很多类别，有原始的拜物教（自然崇拜）、原始图腾（原始部族信仰），有后世的佛教，也有各民族的独特信仰（萨满教等）。蒙古民族对蒙古草原的一切都抱有敬畏之心，认为他们生产与生活中的一切都是上天意志下的产物。所以通过举办巫术活动，达到沟通上天的目的，从而获得自然万物的庇护。

蒙古包装饰中的许多元素最初都产生于对自然界中的事物进行直接描摹而出现的图像或符号。随着社会的发展和时间的推移，这些图像或符号逐渐融入人的主观因素，经过历史的沉淀和累积，形成了具有鲜明崇拜信仰特色的蒙古族装饰文化意象。

### 4.1.1 原始崇拜

原始社会的生产力水平极其低下，人们对许多自然现象不理解，因而产生了对自然现象的依赖感、恐惧感和神秘感。为协调人和各种神灵的关系，古人用自己的生活样式和需要来想象神灵世界的生活方式，将自己的本质和心理状态转嫁给神灵，认为神灵与人一样有着相同的需求和喜怒哀乐，并企图用各种巫术仪式和对神灵崇拜的仪式在较为固定的地点来实现人与神之间的联系，借此取悦神灵，祈福禳灾[1]。最早记录这些活动和崇拜对象的是原始岩画。中国北方地区的原始岩画无论内容与形式，都是古代北方民族物质与精神生活的真实写照和艺术剪影。它形象地记录了北方游牧民族的先民们征战、劳作、庆典、祭祀、图腾、娱乐等丰富多彩的生活场景，展示了原始艺术的

[1] 廖杨．图腾崇拜与原始艺术的起源 [J]. 民族艺术，1999（1）：3-5.

无限生命力[1]。原始时期人类敬畏自然，无法抗拒一些自然现象，如风雨雷电等灾害和草原上凶猛的野兽。故早期的岩画大多是对自然界事物的意象性表现，直观地展示出原始人类的生存需求与愿望。

#### 4.1.1.1　图腾崇拜

图腾是原始人类精神崇拜和精神寄托的载体。“图腾”一词，为北美印第安其中一个部落的方言，其原意为“亲属”“亲族”等[2]。“在原始人类的观念中，认为自己民族的祖先源于某种特定的物种或者是其演化而来的。图腾的实体是某种动物、植物、非生物或自然现象，含义为血缘亲属、祖先和保护神。”[3] 图腾崇拜后来发展成为图腾文化或图腾装饰元素。“有时也会将尊崇的某种形象镌刻在岩石上用以供奉和祈祷，作为族人的精神寄托。”[4]

对于草原游牧民族来说，原始图腾的动物类别繁多，本书只选择部分具有代表性的进行研究。从文献记载、岩画考据发现新石器时代到铁器时代，蒙古草原岩画以动物为形居多，其中鹿、狼、龙、蛇、虎、鹰等均被刻画在岩画上。而这些动物的形象又都具有原始图腾的意义（表 4-1）。

岩画中的图腾图案　表 4-1

| 名称 | 鹿[5] | 狼[6] | 龙[7] | 蛇[8] | 虎[9] | 鹰[10] |
|---|---|---|---|---|---|---|
| 岩画 | | | | | | |
| 地点 | 乌拉特中旗几公海勒斯太 | 阴山 | 阿拉善右旗曼德拉山 | 阴山西段默勒赫图沟 | 乌拉特后旗乌盖苏木巴日沟 | 达尔罕茂明安联合旗百灵庙 |

蒙古民族的主要图腾是作为祖先崇拜的苍狼和白鹿。《蒙古秘史》中记载的孛儿帖·赤那（758—?）就是带领蒙兀室韦熔铁出山而西迁的主要首领，是成吉思汗的第 22 代世祖，他与妻子豁埃·马阑勒二人名字的汉译为苍狼和白鹿，是黄金家族最早的祖先。因此，我们不难得出狼鹿

[1] 徐英．中国北方游牧民族造型艺术研究 [D]. 北京：中央民族大学，2006：37.
[2] 何星亮．图腾与中国文化 [M]. 南京：江苏人民出版社，2008.
[3] 沈敏华，程栋．图腾：奇异的原始文化 [M]. 上海：上海辞书出版社，2003：9.
[4] 刘瑛．内蒙古区域岩画的图像造型及文化寓意 [D]. 上海：复旦大学，2012.
[5] 纳·达楞古日布．内蒙古岩画艺术 [M]. 呼伦贝尔：内蒙古文化出版社，2000：90.
[6] 阿木尔巴图．蒙古族图案 [M]. 呼和浩特：内蒙古大学出版社，2005：55.
[7] 纳·达楞古日布．内蒙古岩画艺术 [M]. 呼伦贝尔：内蒙古文化出版社，2000：41.
[8] 阿木尔巴图．蒙古族图案 [M]. 呼和浩特：内蒙古大学出版社，2005：253.
[9] 盖山林．阴山岩画 [M]. 北京：文物出版社，1986：174.
[10] 盖山林，盖志浩．内蒙古岩画的文化解读 [M]. 北京：北京图书馆出版社，2002：44.

图腾对蒙古民族的重要意义。“龙是中国古代民族永恒的图腾，是一个巨大的意义的集合体，它反映了各民族人民的心理欲求，是观念世界中的神秘形象。”[1]蛇在蒙古草原远古文化中占据着重要位置，“从 8000 年前的兴隆洼文化开始，到红山文化、夏家店下层文化再到东胡和匈奴青铜文化等，都有很多蛇纹图案”[2]。这说明在北方古代各游牧民族中对蛇的崇拜十分流行。“蛇崇拜是原始氏族图腾崇拜的产物，它对以后民间文化的发展影响十分深远。”[3]“战国以前的山戎属东胡系统，在距今 2800 年的山戎墓穴中的死者身体上发现一个金虎。金虎是权力的象征，也是信仰尊崇的图腾。”[4]“布里亚特蒙古人认为鹰是上天善神派到人间的，与一女性结合，生下的孩子是萨满。由于萨满是由神鹰孕化而来的，所以鹰便成了萨满始祖灵的象征物。”[5]

从表 4–1 中可以看出，原始图腾多表现在原始岩画中，且考古资料证实岩画时间均距今 10000~2000 年，发现于今内蒙古地区。当人类的生产力水平逐步提高之后，图腾开始从岩画中解放出来，进入各种装饰领域，并演化成不同的装饰元素，体现到生活中各种用品、器物上，展现着深刻的文化意象，彰显其在蒙古包装饰中的核心地位（表 4–2）。

图腾图案演变过程中的载体、时间及意象 表 4–2

| 名称 | 鹿 | 狼 | 龙 | 蛇 | 虎 | 鹰 |
|---|---|---|---|---|---|---|
| 载体 | | | | | | |
| | 红山陶尊[6] | 匈奴墓出土的地毯[7] | 黑彩麟格纹[8] | 蛇纹陶罐[9] | 匈奴墓出土的金冠饰[10] | 匈奴墓出土的金冠饰[11] |
| 时间 | 距今约 7000 年前 | 距今 200~100 年 | 距今 6500~5000 年 | 距今 4200~3400 年 | 475~221 年 | 475~221 年 |
| 意象 | 风调雨顺万物生长 | 凶猛 | 崇拜 | 崇拜 | 强悍，勇于战斗 | 强悍，保佑部族 |

1. 阿木尔巴图 . 蒙古族图案 [M]. 呼和浩特：内蒙古大学出版社，2005：10.
2. 阿木尔巴图 . 蒙古族图案 [M]. 呼和浩特：内蒙古大学出版社，2005：14.
3. 阿木尔巴图 . 蒙古族图案 [M]. 呼和浩特：内蒙古大学出版社，2005：14.
4. 阿木尔巴图 . 蒙古族图案 [M]. 呼和浩特：内蒙古大学出版社，2005：18.
5. 阿木尔巴图 . 蒙古族图案 [M]. 呼和浩特：内蒙古大学出版社，2005：23.
6. 阿木尔巴图 . 蒙古族图案 [M]. 呼和浩特：内蒙古大学出版社，2005：15.
7. 阿木尔巴图 . 蒙古族图案 [M]. 呼和浩特：内蒙古大学出版社，2005：9.
8. 阿木尔巴图 . 蒙古族图案 [M]. 呼和浩特：内蒙古大学出版社，2005：3.
9. 阿木尔巴图 . 蒙古族图案 [M]. 呼和浩特：内蒙古大学出版社，2005：12.
10. 阿木尔巴图 . 蒙古族图案 [M]. 呼和浩特：内蒙古大学出版社，2005：418.
11. 阿木尔巴图 . 蒙古族图案 [M]. 呼和浩特：内蒙古大学出版社，2005：419.

续表

| 名称 | 鹿 | 狼 | 龙 | 蛇 | 虎 | 鹰 |
|---|---|---|---|---|---|---|
| 载体 | | | | | | |
| | 蒙元金马鞍饰件[1] | 鄂尔多斯铜饰牌 | C 字形玉龙饰 | 东胡饰牌[2] | “虎”军牌[3] | 蒙古包中座椅靠背 |
| 时间 | 1271—1368 年 | 战国 | 距今 6500~5000 年 | 距今约 2800 年 | 1271—1368 年 | 13 世纪 |
| 意象 | 吉祥 | 机智、凶猛、善战 | 威严、神力 | 神秘 | 身份、权力 | 威严、权力 |
| 名称 | 鹿 | 狼 | 龙 | 蛇 | 虎 | 鹰 |
| 载体 | | | | | | |
| | 鹿纹家具[4] | 蒙古国座椅 | 五塔寺的浮雕图案[5] | 蒙古族民间盘蛇图案[6] | 苏尼特左旗禁军军旗[7] | 蒙古包中的巴根柱 |
| 时间 | 年代不详 | 复原 13 世纪蒙古国的座椅 | 1403—1424 年 | 年代不详 | 年代不详 | 复原 13 世纪蒙古国的蒙古包 |
| 意象 | 吉祥长寿 | 崇拜 | 威严、肃穆 | 生命永生 | 凶猛、战神 | 神圣、肃穆 |

由表 4-2 可见，原始图腾转化为蒙古包装饰文化的重要元素，其演化路径、文化意象是十分清晰的。在图腾形态中，动物图腾占主导，鲜有植物等其他类图腾案例。这些动物的原始图腾形态较为具象生动，随着向装饰元素转化也逐渐抽象化。图腾作为装饰元素，其出现的载体是非常丰富的，其意象也是十分明确的。

#### 4.1.1.2　自然崇拜

早期草原游牧民族的生产与生活主要依赖于他们生存的环境。然而，大自然是复杂的，人们对自然变化的认知和应对能力是十分有限的，大自然有着无穷的力量，所谓风雨雷电、日月星辰等，

❶ 阿木尔巴图 . 蒙古族图案 [M]. 呼和浩特：内蒙古大学出版社，2005：99.
❷ 阿木尔巴图 . 蒙古族图案 [M]. 呼和浩特：内蒙古大学出版社，2005：3.
❸ 钱白 . 苏尼特摔跤服图像学分析比较 [D]. 呼和浩特：内蒙古师范大学，2017：50.
❹ 丛亚娟 . 蒙古族传统家具图案的影响因素研究 [D]. 呼和浩特：内蒙古农业大学，2013：32，35.
❺ 阿木尔巴图 . 蒙古族图案 [M]. 呼和浩特：内蒙古大学出版社，2005：10.
❻ 阿木尔巴图 . 蒙古族图案 [M]. 呼和浩特：内蒙古大学出版社，2005：13.
❼ 钱白 . 苏尼特摔跤服图像学分析比较 [D]. 呼和浩特：内蒙古师范大学，2017：563.

都被蒙古民族视为神灵。因此，他们开始赋予自己不能抗拒的各类自然现象以灵性，将它们“拟人化”“神化”，使之具有无穷的能力，并祈求得到他们的保护和庇佑[1]。这就是草原游牧民族早期的自然崇拜。《多桑蒙古史》中记载：“鞑靼民族的信仰与迷信，与亚洲北部的其他游牧民族大体相似，都承认有一个共同的主宰，即腾格里，都崇拜日月山河，对日跪拜习俗。”[2]“古代蒙古人认为月亮是善神，能够给人带来幸福平安，所以看见月亮一定要跪拜。在出征打仗时也是必须选着吉日进攻，看着月亮圆缺来决定是否进退。”[3]蒙古先人也很崇拜云，如阴山岩画中的云团，以及符号化的云团涡旋纹等都是证明。在灼热久旱的茫茫草原，只有云，才能遮住火热的太阳，也只有云才能下雨，使久旱的草原欣逢生机。火也是先民们生活中极其重要的生存要素，是如同神灵一样的存在（表 4–3）。

岩画中的自然图案 表 4–3

| 名称 | 太阳[4] | 月亮[5] | 云朵[6] | 山体[7] |
| --- | --- | --- | --- | --- |
| 岩画 | | | | |
| 地点 | 毕其格图岩画 | 毕其格图岩画 | 阴山岩画 | 阴山岩画 |

由表 4–3 的岩画中我们可以看到，草原先民们对自然现象的描绘，反映了游牧民族的天道观念和对天体的无限崇拜。随着社会的发展，这些对自然现象的崇拜图案逐步进入人们日常生活的装饰领域。其中日月纹、云纹、山纹、火纹等的运用是最为广泛的，体现在蒙古民族生活的方方面面。所代表的文化意象大多是吉祥昌盛、幸福美好、长寿安康等（表 4–4）。

从对表 4–4 的研究中，我们认识到作为草原游牧民族典型代表的蒙古民族祖辈生活在草原上，他们善于将发现的自然事物敬为崇拜的对象，又将之美化为精神世界的符号，装饰到蒙古包室内陈设之中，成为影响蒙古包装饰文化的重要因素。

#### 4.1.1.3 生殖崇拜

生殖崇拜作为一种最古老的文化现象，一直延伸到今日的文明中，深潜在各种文化艺术、民俗与仪式里。在原始社会，人类的生存维系于两种生产，即生活资料的生产和人自身的生产。那时生

[1] 倪文敏 . 中国的原始宗教及其演变 [J]. 山西社会主义学院学报，2007（4）：50–51.
[2] 多桑 . 多桑蒙古史 [M]. 冯承均，译 . 北京：商务印书馆，1939：32.
[3] 许全胜 . 黑鞑事略校注 [M]. 兰州：兰州大学出版社，2014：3.
[4] 盖山林，盖志浩 . 内蒙古岩画的文化解读 [M]. 北京：北京图书馆出版社，2002：133.
[5] 盖山林，盖志浩 . 内蒙古岩画的文化解读 [M]. 北京：北京图书馆出版社，2002：132.
[6] 班澜，冯军胜 . 阴山岩画文化艺术论 [M]. 呼和浩特：远方出版社，2000：64.
[7] 盖山林，盖志浩 . 内蒙古岩画的文化解读 [M]. 北京：北京图书馆出版社，2002：65.

自然图案演变过程中的载体及意象　表 4-4

| 名称 | 太阳[1] | 月亮[2] | 云朵[3] | 山纹[4] | 火纹[5] |
|---|---|---|---|---|---|
| 载体 | | | | | |
| 意象 | 光明　温暖 | 祈愿 | 希望　祈求 | 崇敬　兴盛 | 平安　兴旺 |
| 载体 | | | | | |
| | 木箱家具[6] | 皮革剪花[7] | 云纹彩陶[8] | 民间图案 | 兽皮剪花[9] |
| 意象 | 崇拜　兴盛 | 崇敬　月神 | 崇敬　自然 | 崇敬 | 崇敬　火神 |

产力的低微，群体需要人口兴旺来围猎等集体生产。对繁衍的强烈愿望和对生殖现象的神秘而敬畏，就催生了原始的生殖崇拜[10]。

阴山岩画作为北方游牧民族文化的古老遗存，生殖崇拜的岩画有许多。这些岩画非常直观地表现了生殖器官等形态，表达着人们渴望生殖繁衍的心理诉求和对生命的呼唤与崇拜。在阴山岩画中可以找到许多祈愿多多生殖繁殖，代表着部族兴旺发达的象征物，如“在蒙古民族的萨满祭词中，星星就是阿塔天神的一万只眼睛；蹄印就代表着具有神奇的生育力量，且在草原上到处布满各种蹄印”。[11]

从表 4-5 中的各类岩画可以看出，先民的生殖崇拜观念有着生动形象的物化表达。图 4-1 为北方流行的原始形态的抓髻娃娃形象。抓髻娃娃具有司掌生育、繁衍的巫术作用，抓髻娃娃在民俗中主要具有繁衍和生育的职能，在民间称为“喜娃娃”，喻子孙延续，多子多孙之义，通称“喜花”[12]。

图 4-1　萨满剪纸抓髻娃娃[13]

[1] 阿木尔巴图 . 蒙古族图案 [M]. 呼和浩特：内蒙古大学出版社，2005：8.
[2] 阿木尔巴图 . 蒙古族图案 [M]. 呼和浩特：内蒙古大学出版社，2005：8.
[3] 王利利 . 苏尼特马烙印图案的文化意蕴 [J]. 内蒙古大学艺术学院学报，2011（1）：3.
[4] 王利利 . 苏尼特马烙印图案的文化意蕴 [J]. 内蒙古大学艺术学院学报，2011（1）：4.
[5] 王利利 . 苏尼特马烙印图案的文化意蕴 [J]. 内蒙古大学艺术学院学报，2011（1）：3.
[6] 丛亚娟 . 蒙古族传统家具图案的影响因素研究 [D]. 呼和浩特：内蒙古农业大学，2013：32.
[7] 侯霞 . 北方游牧民族造型艺术中的萨满文化因素 [D]. 呼和浩特：内蒙古大学，2013：30.
[8] 赵永鑫 . 红山彩陶纹样在蒙古族家具装饰设计中的应用研究 [D]. 长沙：中南林业科技大学，2013：16.
[9] 侯霞 . 北方游牧民族造型艺术中的萨满文化因素 [D]. 呼和浩特：内蒙古大学，2013：37.
[10] 班澜，冯军胜 . 阴山岩画文化艺术论 [M]. 呼和浩特：远方出版社，2000：91.
[11] 徐义强 . 萨满教的宗教特征及与巫术的关系 [J]. 宗教学研究，2009（3）：174-177.
[12] 侯霞 . 北方游牧民族造型艺术中的萨满文化因素 [D]. 呼和浩特：内蒙古大学，2013：35.
[13] 侯霞 . 北方游牧民族造型艺术中的萨满文化因素 [D]. 呼和浩特：内蒙古大学，2013：135.

岩画中的生殖图案 表 4-5

| 名称 | 裸女[1] | 男女生殖器官[2] | 马蹄印[3] | 公马与母马[4] |
| --- | --- | --- | --- | --- |
| 岩画 | | | | |
| 地点 | 阴山岩画 | 阴山岩画 | 乌兰察布岩画 | 阴山岩画 |

由此可见，在蒙古民族装饰文化与传统中，表现生存与繁衍的装饰元素始终是一个主要的题材。

## 4.1.2 神的崇拜

世界上各民族都有一些世代相传的神话故事，并塑造出各种类别的“神灵”作为各民族人民崇拜的对象。因此，神的崇拜就成为原始先民的一种生活习俗。而各种祭拜活动，供奉典仪逐渐演化成为各民族装饰文化的主要元素而流传下来[5]。

蒙古草原游牧民族的生产与生活方式主要是狩猎和游牧。尤其是狩猎的未确定性导致他们确信所获是“神灵”的恩赐而对之产生崇拜的心理。在蒙古草原的游牧民族心目中，神灵世界是非常丰富的，自然而然地形成了各种形式的神灵崇拜。

### 4.1.2.1 祥兽

祥兽也称瑞兽，是指一些具有吉祥寓意的动物。在这些动物中，有的是现实中的，有的是虚构的。因为与神灵相关，所以不同的祥兽又代表着不同的寓意。

辟邪：北魏时期，随着佛教的传入，也带来对狮子的尊崇。在释迦佛的造像中，狮子常常与佛相伴，或成为佛的坐骑。佛经中把狮子尊奉为护法辟邪的神兽。由于佛经对狮子的推崇，在人们的心目中，狮子便成了高贵的“灵兽”[6]。因此，世俗之中将狮子视为重要的辟邪祥兽而用在各个装饰类别中。在蒙古民族传统生活中，狮子则是守护神和降福的化身。它经常被绘制于蒙古族传统的箱柜类家具上，有时也与其他装饰纹样组合在一起形成新的图案。

祈福：象为大型哺乳动物，气力强大，性情温顺，被认为是象征太平盛世的一种瑞兽[7]。蒙古

❶ 盖山林，盖志浩 . 内蒙古岩画的文化解读 [M]. 北京：北京图书馆出版社，2002：94.
❷ 盖山林，盖志浩 . 内蒙古岩画的文化解读 [M]. 北京：北京图书馆出版社，2002：92.
❸ 盖山林，盖志浩 . 内蒙古岩画的文化解读 [M]. 北京：北京图书馆出版社，2002：134.
❹ 盖山林，盖志浩 . 内蒙古岩画的文化解读 [M]. 北京：北京图书馆出版社，2002：89.
❺ 侯霞 . 北方游牧民族造型艺术中的萨满文化因素 [D]. 呼和浩特：内蒙古大学，2013.
❻ 阿木尔巴图 . 蒙古族图案 [M]. 呼和浩特：内蒙古大学出版社，2005：19.
❼ 阿木尔巴图 . 蒙古族图案 [M]. 呼和浩特：内蒙古大学出版社，2005：26.

民族在条件较为恶劣的自然环境中生存，自然希望吉祥平安。借用大象元素来表达这一夙愿，文化意象清晰，并用在蒙古包室内家具上和民间工艺中。

蝙蝠由于其特殊的生活习性，常倒挂在山洞的岩石上。汉民族取其倒挂形态和字面谐音“福到来”的寓意，形成各种带有蝙蝠的装饰图案。元代时，汉民族的典型雕饰“五福捧寿”图被改编为“三福捧寿”引入蒙古民族的装饰图案中，并被广泛应用在家具和马鞍具等用品中，表达吉祥幸福之意。

和谐：龙与凤的图案历史悠久，都是早期图腾。经过数千年的发展演化，龙与凤图案不仅是图腾崇拜的神秘形象，而且具有祥瑞的意义。进入封建社会后，龙常常是统治者的化身。在蒙古语中凤被称为“嘎日迪”，有美好、才智之意。《蒙古源流》中记载：铁木真即合罕位时，在前三日之前，屋前一块方石上，每天早上都会有一只似雀之五色鸟[1]。这里的五色鸟被赋予吉兆的象征，会给游牧民族带来祥瑞，也有期盼圣主诞生之意。龙凤图案，在蒙古族中应用得十分广泛，从大大小小的召庙中也能看到龙凤图案。蒙古族人民认为龙是美好事物的代表，是天上的神物[2]。凤与龙并称为“龙凤呈祥”。这一寓意也被民间所用，男女之缘也常被称为龙凤之和，和和美美，并将之图案化用于家具等饰物中。

长寿：鹿图案在岩画中早已出现，最初承载着先民的崇拜之情。经过漫长的演变，鹿以其善良、平和的品性，常被用作装饰纹样。在一些带有鹿的装饰图案中，鹿的嘴里常常衔着一棵仙草，再加之鹿常常为仙人的坐骑，所以鹿的寓意常为长寿，出现在家具、挂毯等室内饰物之中。

蒙古民族通过生活场景用祥兽来装点家具、器物等，将牧民对美好生活的企盼融入其中，成为装饰艺术的重要主题（表 4-6）。

祥兽图案载体及意象　表 4-6

| 名称 | 狮 | 象 | 龙 | 凤 | 鹿 | 蝙蝠 |
|---|---|---|---|---|---|---|
| 载体 | | | | | | |
| | 白铜双狮夺宝龙头执壶[3] | 紫铜鎏金大象 | 龙戏珠纹铜镜[4] | 双凤戏珠银饰 | 青铜饰 | 团寿图[5] |
| 意象 | 权力 | 吉祥尊贵 | 祥瑞 | 吉祥如意 | 崇拜 | 吉祥平安 |

❶ 阿木尔巴图 . 蒙古族图案 [M]. 呼和浩特：内蒙古大学出版社，2005：3.
❷ 阿木尔巴图 . 蒙古族民间美术 [M]. 呼和浩特：内蒙古人民出版社，1986：25.
❸ 通辽市博物馆 . 蒙古族文物精华 [M]. 呼和浩特：内蒙古人民出版社，2008：47.
❹ 刘冰 . 赤峰博物馆文物典藏 [M]. 呼和浩特：远方出版社，2006：45.
❺ 白凤 . 蒙古族传统图案分类和样素分析 [D]. 呼和浩特：内蒙古农业大学，2010：15.

续表

| 名称 | 狮 | 象 | 龙 | 凤 | 鹿 | 蝙蝠 |
|---|---|---|---|---|---|---|
| 载体 | 木箱家具[1] | 木箱家具 | 木箱家具[2] | 木箱家具[3] | 木箱家具 | 木箱家具[4] |
| 意象 | 威武、喜庆 | 吉祥、平安 | 威猛、祥瑞 | 吉祥 | 吉祥、平安 | 富贵、平安 |

#### 4.1.2.2 巫术

巫术是世界各民族最古老的信仰形式，指的是“人们企图借助某种神秘的超自然力量，通过一定的仪式对客体实施影响与作用的活动”[5]。这说明了巫术是一种原始的带有神秘仪式的信仰。

巫术本身就是一种原始文化现象。无论是原始岩画，还是后世的一些装饰，其意象都是十分鲜明的。巫术可以按功能划分，如生产巫术、生育巫术、饮食巫术和战争巫术等[6]。以蒙古民族为代表的北方游牧民族的原始巫术也是非常活跃的，尤其是一些岩画被许多国内外学者认为是发端于巫术，如巫师岩画、神格面具岩画等，都具有巫术的特性（表 4–7）。在后续的发展中，一些巫术元素也转换成为装饰元素被用在蒙古包的装饰上。

蒙古草原不同民族的巫术较多，有不同的表现，反映到这些从事巫术人员所居住的蒙古包中也各不相同（图 4–2）。

岩画中的巫术图案　　表 4–7

| 名称 | 巫师[7] | 鹿神面具[8] | 公山羊 |
|---|---|---|---|
| 岩画 |  |  |  |

1. 赵一东 . 北方民族家具文化 [M]. 呼和浩特：内蒙古大学出版社，2016：100.
2. 赵一东 . 北方民族家具文化 [M]. 呼和浩特：内蒙古大学出版社，2016：101.
3. 赵一东 . 北方民族家具文化 [M]. 呼和浩特：内蒙古大学出版社，2016：111.
4. 张欣宏 . 蒙古族传统家具装饰的研究 [D]. 北京：北京林业大学，2006：75.
5. 侯霞 . 北方游牧民族造型艺术中的萨满文化因素 [D]. 呼和浩特：内蒙古大学，2013.
6. 董晓萍 . 民间信仰与巫术论纲 [J]. 民俗研究，1995（2）：79–85.
7. 盖山林，盖志浩 . 内蒙古岩画的文化解读 [M]. 北京：北京图书馆出版社，2002：9.
8. 盖山林，盖志浩 . 内蒙古岩画的文化解读 [M]. 北京：北京图书馆出版社，2002：96.

a）布里亚特包

b）巴亚特包

c）都日舞德包

图 4-2　各个民族从事巫术人员所居住的蒙古包

从图 4-2 中可以看出各个民族从事巫术人员蒙古包的装饰是非常丰富而又各具特色的。蒙古包内装饰元素中挂毯与围毯最多，其上布满了具有各种神秘符号的装饰图案，显示着蒙古包主人不同的信仰与巫术内涵。例如在巴亚特宗教包内，挂毯上绘着各种神灵，栩栩如生。挂毯的色彩十分艳丽。包内的各种器物摆设也十分丰富，尤其是在正北方的神位上，供奉着各自的圣器（图 4-3）。

a）都日舞德包供坛

b）巴亚特包供坛

c）明嘎德包供坛

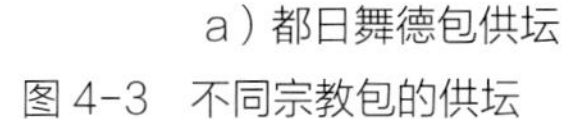
图 4-3　不同宗教包的供坛

在蒙古包的围毯等部位都悬挂着很多人形偶像，均以毛毡、兽皮、木头或者铜制成，包内的偶像形态各异，为蒙古包营造了浓郁的神秘气氛。

这些蒙古包的各类装饰元素都有着很强的象征意义。仅以偶像为例，在包内出现极多。其中有记载的“以木或毡制成偶像，其名曰‘翁衮’，悬于帐壁，对之礼拜，食时先以食献，以肉或乳摸其口”[1]。从造型艺术的内涵来看，人们开始以他们所崇拜的图腾动物作为崇拜对象，早期的“翁衮”造型并不是人为的造型形象，而是用羔羊皮制作成的偶像，再加上黑色谷粒当作眼睛。后来经过逐步发展，才出现了以毛毡、铁皮或青铜制成的人形（图 4-4）。

[1] 黄强，色音 . 图说萨满教 [M]. 北京：民族出版社，2002.

a）围毯上的偶像　b）木制的偶像　c）挂毯上的偶像

图 4-4 不同部位的形态各异的人形偶像

据调查，各地萨满的偶像不仅形状不一，而且也有大小之别。不同的偶像有特定的不同位置[1]。在毛毡上缝绣的偶像一般是缝制在哈那壁围起来的挂毯上。而木质偶像一般会供奉在正北方位的木桌上，在形制、色彩、纹饰等方面保持着原始艺术的魅力。同时，古代蒙古人"对神的信仰并不妨碍他们拥有仿照人像以毛毡做成的偶像，他们把这些偶像放在帐幕门户的两边。在这些偶像下面，他们放一个以毛毡做成的牛、羊等乳房的模型，他们相信这些偶像是家畜的保护人"[2]。在都日舞德、舞力德包内的神偶像有着男女之分，男性偶像在包内西北方向的男位，而女性偶像在包内东北方向的女位，这种布局显然与蒙古包内部布局平面有着一定的渊源。"翁衮"，则具有艺术感和符号形态相结合的双重特性，是象征着蒙古族原始精神的物化载体。

另一个使用较多的毡包装饰元素是动物图案。如鹿的形象，鹿在大自然中是具有神秘色彩的动物。在人类与丛林鸟兽为邻，以感性经验认识解释自然的时代，与四时递变循环神秘呼应的鹿角，大概是最先引起人类关注的灵物之一。以鹿作为人格神通往光明界与幽冥界的灵使[3]。在布里亚特、图哇包中的地毯及挂毯上还出现了四头狼的装饰图案，因为狼是蒙古民族的图腾形象，被萨满所欣赏，用在室内的毡毯上（图 4-5）。

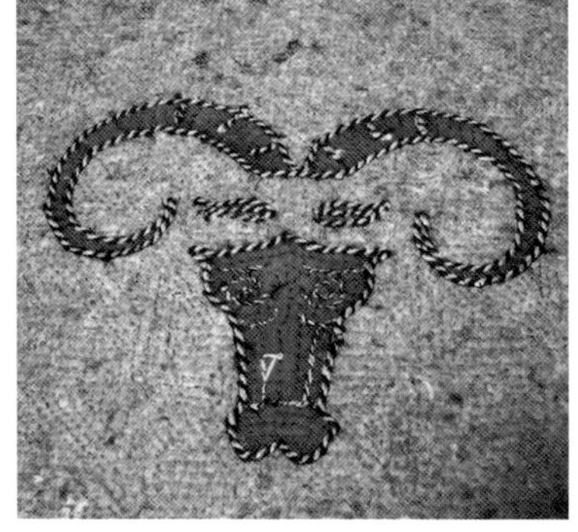

a）鹿图案　b）四头狼图案　c）牛图案

图 4-5 动物图案的毡包装饰元素

[1] 黄强，色音 . 图说萨满教 [M]. 北京：民族出版社，2002.

[2] 黄强，色音 . 图说萨满教 [M]. 北京：民族出版社，2002.

[3] 阿木尔巴图 . 蒙古族图案 [M]. 呼和浩特：内蒙古大学出版社，2005：15.

动物图案经过夸张、变形、扭曲等方式形成新的装饰元素出现在蒙古包内，颇具神秘之感。在明嘎德包可以看到人握弓箭与人骑在马上的图案，从形态来看，不难发现这与岩画中的许多狩猎图有异曲同工之妙，希望通过巫术来达到狩猎成功的目的。

通过以上案例分析可以认为，由于巫术而产生的装饰文化是蒙古民族思想观念的物化，具有特定的象征寓意，彰显出蒙古先民的审美意识，传递出特殊的装饰语义，具有较高的研究价值。

### 4.1.3　宗法崇拜

蒙古民族自古就有宗教信仰，反映到日常生活中就是将包内的正北方视为神位，以供奉神灵。藏传佛教传入蒙古草原后，先是在上层统治者中传播，后逐渐深入到下层普通民众之中。主要原因是藏传佛教对萨满教进行了吸收融合，促使大众更好地接受，经过改造的藏传佛教在很多观念方面又与萨满教相近，蒙古族自身文化传统的特性也是接受异域、异族文化的一个先决条件[1]。因此藏传佛教成为影响深远的宗教，并大力修建佛教寺院（图 4-6）。

a）哈拉和林寺庙建筑群

b）庙内家具

c）佛像基座

图 4-6　宗教崇拜在日常生活中的反映

藏传佛教文化体现出强大的震撼力，使草原上蒙古族的崇拜情结更加浓郁。因此，藏传佛教的传入对蒙古民族装饰文化也产生了极大的影响而被广泛应用，成为蒙古民族别具特色的装饰语言，并赋予深厚的文化意象。

#### 4.1.3.1　八宝

八宝是藏传佛教中八件宝物所形成的图案，也称“八瑞相”。象征好运的八瑞相图案装饰在各种各样的佛教圣物和世俗物品上，如木雕家具、凿花金属制品、瓷器、墙镶板、地毯和丝绸织物，也用拨洒粉或彩色粉末的方式画在地上以敬迎宗教人士光临佛门圣地[2]。藏传佛教的传入不仅将其精

❶ 郃银枝 . 浅论蒙古族接受藏传佛教的内在因由 [J]. 青海社会科学，2002（6）：97-99.
❷ 房魁娇 . 蒙古族家具装饰图案藏传佛教因素研究 [D]. 呼和浩特：内蒙古大学，2013：18-19.

神带到了草原，而且将其文化形式融入草原文化当中[1]。此外，八宝寓意适应了蒙古民族渴望子孙平安、氏族兴旺的精神需求，因此，以这八件宝物为题材的装饰吉祥纹样在草原上得到广泛流传。八宝的每种图案都有其代表的含义（表 4-8）。

八宝图案及寓意 表 4-8

| 名称 | 吉祥结[2] | 双鱼[3] | 宝伞[4] | 金轮[5] |
|---|---|---|---|---|
| 图案 | | | | |
| 寓意 | 象征佛法强大的生命力，长久盛传，无尽无休 | 象征佛法可使人脱离苦难，自由超越，富裕祥和 | 象征佛法可遮蔽魔障，代表至上权威，保佑平安 | 象征佛法像轮子旋转，永不停息地度化众生 |
| 名称 | 妙莲[6] | 右旋白螺[7] | 宝瓶[8] | 胜利幢[9] |
| 图案 | | | | |
| 寓意 | 象征佛法像莲花一样圣洁，净化人的心灵 | 象征佛法像海螺的声音一样响彻世间，家喻户晓 | 象征佛法深厚坚强，聚福智圆满充足，吉祥如意 | 象征佛法降伏，烦恼得到解脱，代表事业成功 |

上述八宝作为宗教象征符号，每一种纹样都有其特殊含义，不仅在佛教中成为重要的象征符号，也逐渐为建筑所用，为蒙古包所用，为牧民室内装饰所用，体现了八宝在蒙古族装饰文化中的广泛影响（图 4-7）。

从上述案例可以看出，八宝从佛教符号转换到了蒙古族建筑及家具的装饰上，从而更加突显蒙古民族融合不同文化的稳定性表达。通过对八宝图案的研究，可以发现许多图案都有缠绕在主体图案上的细的飘带，这些细部元素具有吉祥如意、幸福平安等寓意。八宝图案有时八个图案集中在一起使用，有时几个单独使用，其组合手法十分灵活（图 4-8）。

[1] 白凤 . 蒙古族传统图案分类和样素分析 [D]. 呼和浩特：内蒙古农业大学，2010：15.
[2] 宝力道 . 蒙古民间图案 [M]. 呼和浩特：远方出版社，2008：116.
[3] 宝力道 . 蒙古民间图案 [M]. 呼和浩特：远方出版社，2008：116.
[4] 宝力道 . 蒙古民间图案 [M]. 呼和浩特：远方出版社，2008：116.
[5] 宝力道 . 蒙古民间图案 [M]. 呼和浩特：远方出版社，2008：116.
[6] 宝力道 . 蒙古民间图案 [M]. 呼和浩特：远方出版社，2008：116.
[7] 宝力道 . 蒙古民间图案 [M]. 呼和浩特：远方出版社，2008：116.
[8] 宝力道 . 蒙古民间图案 [M]. 呼和浩特：远方出版社，2008：116.
[9] 宝力道 . 蒙古民间图案 [M]. 呼和浩特：远方出版社，2008：116.

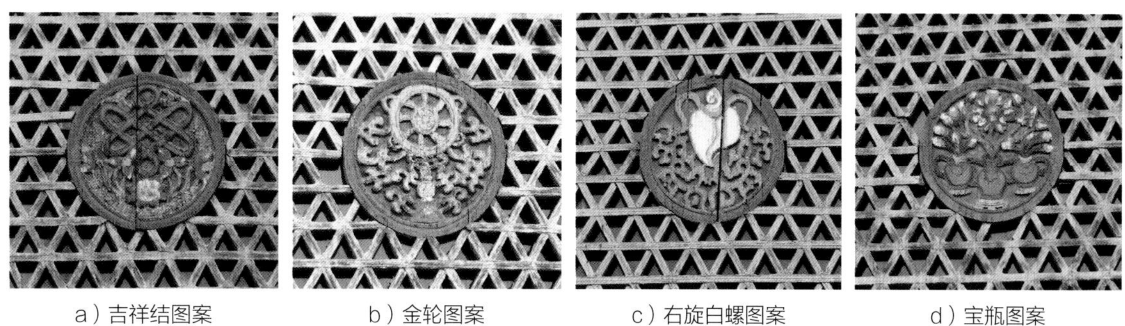

a）吉祥结图案　b）金轮图案　c）右旋白螺图案　d）宝瓶图案

图 4-7　建筑外窗上的八宝图案

a）八宝图案家具（一）　b）八宝图案家具（二）　c）八宝图案家具（三）　d）宝伞双鱼图案家具

图 4-8　蒙古族家具上的八宝图案

此外，为了更加鲜明地表现八宝图案，在一些蒙古族家具中常以彩绘的装饰手法展示八宝，常使用红、黄、绿、蓝等色彩，具有典型的色彩符号象征性（图 4-9）。

除家具外，“八宝”图案还被广泛使用在各种各样的器物上。如扬奶器、用来撒牛奶的勺子等。在蒙古族传统习俗中，人去远距离的地方时，母亲会用木勺将牛奶洒向天空，寓意着祝福吉祥如意[1]（图 4-10）。

在其他蒙古族家具上，如藏经盒、瓷瓶等室内器物上也常饰有八宝图案（图 4-11）。

图 4-9　八宝图案的蒙古建筑

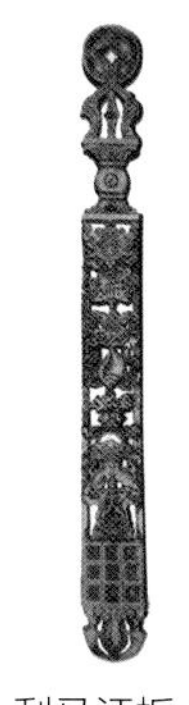
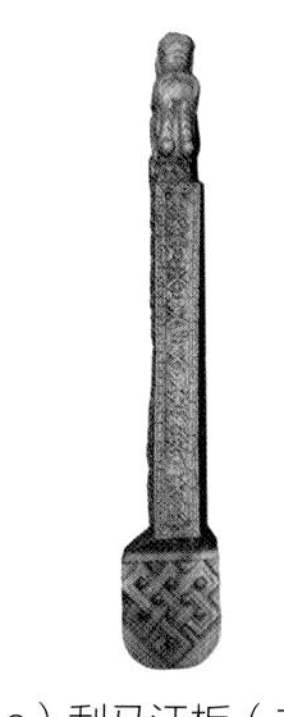
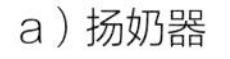

a）扬奶器　b）刮马汗板（一）　c）刮马汗板（二）

图 4-10　八宝图案器物（一）[2]

[1] МОНГОЛ НУУДЭЛЧДИЙН ЭДИЙН СОЁЛ，68.

[2] INTANGIBLE CULTURAL HERITAGE OF THE MONGOLS：110-130.

a）刺绣经书[1]

b）藏经盒图[2]

c）豆青六棱瓷掸瓶[3]

图 4-11　八宝图案器物（二）

通过分析以上藏传佛教八宝图案在蒙古族建筑、家具、器物上的装饰，可见其应用非常广泛，反映出蒙古牧民将其信仰的文化与日常生活密切关联，成为装饰图案中的一类重要元素，展示出蒙古民族装饰文化的无限魅力。

#### 4.1.3.2　佛语真言

佛语真言用藏文可写为 om，ma，ni，pad，me，hum。翻译成汉语则为六个音节：嗡、嘛、呢、呗、咪、吽，意为“皈依莲花上之摩尼珠”。随着藏传佛教的传入，六字真言在蒙古族中广为流传。内蒙古地区藏传佛教的六字真言多用藏文、梵文和八思巴文书写（表 4-9），描刻在建筑物及大小宗教器具上。

六字真言藏汉文对应及寓意表　　表 4-9

| 发音 | ong | ma | ni | bei | mei | hong |
|---|---|---|---|---|---|---|
| 藏文 | ཨོཾ | མ | ཎི | པད | མེ | ཧཱུྃ |
| 汉文 | 嗡 | 嘛 | 呢 | 呗 | 咪 | 吽 |
| 寓意 | 表达诸佛菩萨的智慧身、语、意 | 获得精神需求和各种物质财富 | | 去除烦恼，获得清净 | | 勤勉修行，普度众生 |

[1] INTANGIBLE CULTURAL HERITAGE OF THE MONGOLS：130.
[2] INTANGIBLE CULTURAL HERITAGE OF THE MONGOLS：130.
[3] 邵国田 . 敖汉文物精华 [M]. 呼伦贝尔：内蒙古文化出版社，2004：212.

六字真言不仅在藏传佛教中象征着诸菩萨的慈悲与加持，更成为一种重要的象征符号，使用在藏传佛教庙宇建筑上，是藏传佛教建筑常用的装饰题材。清代时期，满族统治者对蒙古族实施怀柔政策，并在蒙古族地区大力兴建召庙，使藏传佛教深入蒙古民族普通民众之中。在牧民的室内装饰中也有所运用（图 4-12、图 4-13）。

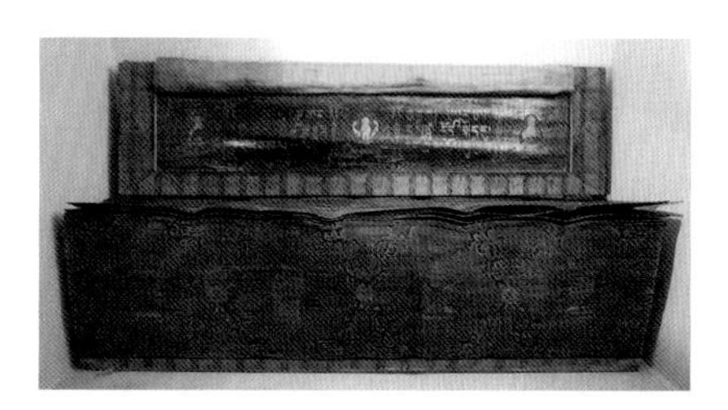

图 4-12　家具上经书的六字真言

图 4-13　建筑上的六字真言

从六字真言在建筑及家具装饰中的运用可以看出六字真言纹饰序列较为规范，一般采用黄色，底色采用黑色或红色，相互之间清晰明了。

在内蒙古博物院藏的清代六字真言紫铜转经筒上刻有藏传佛教的六字真言，工艺较为精美，上面除了刻的经文还有花卉及波纹的图案，更增添了艺术价值（图 4-14）。

六字真言在寓教于艺术形象之中来传播佛教文化，使之成为蒙古民族领悟藏传佛教象征性的符号。

图 4-14　紫铜转经筒的六字真言

#### 4.1.3.3　佛经典故

佛经典故体现在经变画上，是将佛经典故的内容转变为绘画的一种美术形式，常用在壁画或唐卡上。佛经典故的出现开始是为了起到教导世人的作用，但在其发展过程中其装饰功能远远大于其原本的含义。佛经典故总体蕴含着吉祥兴旺、四方圆满、长寿永恒、和平安宁、幸福美满等寓意[1]。

---

[1] 张可扬，梁瑞 . 蒙元壁画艺术 [M]. 呼和浩特：内蒙古大学出版社，2012：160.

随着藏传佛教的传入，寺院中的装饰壁画就成为宣传文化的重要媒介而兴起。在众多的藏传佛教寺庙中，美轮美奂的壁画令人叹为观止，如呼和浩特的美岱召、大昭寺等壁画数不胜数，它们吸收了西藏壁画的精髓，并结合了中原地区壁画的形式美，创造了独一无二的蒙古族壁画艺术。其中的佛经典故以其极为丰富的想象力描绘了极乐世界的种种情景，用天空、祥云、树木、山水及动物等元素巧妙地描绘整个画面（图 4–15）。

a）美岱召壁画，乘象入胎 [2]

b）乌素图召长寿寺壁画，说法 [3]

c）大昭寺，帝释请佛 [4]

图 4–15　佛教寺院壁画

随着宗教文化在广大民众中的普及，唐卡艺术也逐渐从寺庙走向民间，逐步形成了具有蒙古民族特点的唐卡画风。内蒙古彩绘唐卡在继承藏传佛教传统绘画用色的基础上，还善于运用本民族崇尚的青色，青色被认为是蒙古族的代表颜色。唐卡造像中，财宝天王（财神护法毗沙门）的坐骑通常是一头狮子，而蒙古族地区的财宝天王亦称为“那姆斯莱佛”，其坐骑也可以是一匹马 [4]。这些作品带有明显的蒙古民族艺术的装饰特征（图 4–16）。

唐卡用笔细腻精巧，色彩鲜明，除在召庙中悬挂唐卡外，牧民家中也挂小型唐卡，既是一种虔诚的供奉，也是一种装饰。

佛经典故一般位于彩绘家具的中心，四周配有适合纹样，如宝相花纹、缠枝莲花纹、菊花纹、卷草纹、忍冬纹等，以此增加其装饰审美作用。又如佛教吉祥四瑞图描绘了四个动物和睦相处的场景。据说佛祖释迦牟尼向他的弟子讲述这个故事的目的是要帮助他们认识到互相尊重的重要性和佛教美德的实际意义 [5]（图 4–17~ 图 4–19）。

通过以上佛经典故在各种载体上的呈现，可以发现尽管载体、时间及地点都不尽相同，但是在内容、构图、比例以及用色等方面无一例外都以传统的藏传佛教为根基，这无疑是宗教修习的功业要求所致。

---

❶ 张可扬，梁瑞 . 蒙元壁画艺术 [M]. 呼和浩特：内蒙古大学出版社，2012：160.
❷ 张可扬，梁瑞 . 蒙元壁画艺术 [M]. 呼和浩特：内蒙古大学出版社，2012：183.
❸ 张可扬，梁瑞 . 蒙元壁画艺术 [M]. 呼和浩特：内蒙古大学出版社，2012：215.
❹ 鲍丽丽，郭晓虎 . 草原佛光：当代内蒙古地区唐卡艺术管窥 [J]. 民艺，2018（4）：130–133.
❺ 赵一东 . 北方游牧民族家具文化研究 [M]. 呼和浩特：内蒙古大学出版社，2013：131.

a）刺绣唐卡

b）蒙古唐卡绘画（一）

c）蒙古唐卡绘画（二）❶

图 4-16　蒙古刺绣与唐卡绘画

图 4-17　佛经典故小箱❷

图 4-18　佛教吉祥四瑞图

图 4-19　佛教经变图纹大衣柜❸

❶ 阿木尔巴图 . 蒙古族工艺美术 [M]. 呼和浩特：内蒙古大学出版社，2002：298.
❷ 赵一东 . 北方游牧民族家具文化研究 [M]. 呼和浩特：内蒙古大学出版社，2013：144.
❸ 赵一东 . 北方游牧民族家具文化研究 [M]. 呼和浩特：内蒙古大学出版社，2013：144.

蒙古族日常生活中有很多的装饰与佛教中的元素相关联，藏传佛教的价值观念、审美情趣等都直接影响了蒙古族传统文化。同时，藏传佛教在蒙古地区的发展过程中对蒙古民族的审美意识及日常生活产生了深远影响。

## 4.2 生活场景类装饰的文化意象

在蒙古包室内家具、器物上，描绘各种生活场景的装饰图案非常丰富。这种取材于蒙古民族日常生产与生活活动的装饰图案深刻地体现了蒙古民族所特有的民族风情，是一方水土的人文创造，是蒙古民族社会环境、人物活动、生活水平等的集中体现，是蒙古民族思想情感等的真实写照，与蒙古民族生活的自然环境、生活方式、民族渊源、宗教信仰息息相关。

应该说蒙古民族的游牧生活虽是不固定的，但在与他们生活十分密切的蒙古包装饰文化方面却十分善于用各种方式去美化自己的生活，呈现出的是更加注重使用各种装饰来表达自己对美好生活的意愿。这使得蒙古包装饰文化拥有悠久的历史传承，表达出丰富的文化意象。

### 4.2.1 习俗类

在蒙古民族的传统生活中，他们喜欢按照自身的民族性格来创造各类装饰，表达特定的思想、情感以及对美好生活的向往。常见的蒙古族装饰图案中的各种元素有很多是源于各种生活习俗的，并被赋予一些特别的装饰意义。这些寓意深厚的装饰元素通过抽象和隐喻的方法，应用在蒙古包内各种装饰载体上，以彰显蒙古民族热爱生活、憧憬未来的生活情趣。

#### 4.2.1.1 标识符号

蒙古族传统装饰图案中有很多看似很难理解的符号，而恰恰是这些符号的存在，为蒙古民族的装饰图案带来一丝神秘的意味；而这些符号也是源于生活的，是牧民们将自然中的物象经过选择和寓意，并加以适当的夸张和变形、分解和整合，将其逐渐符号化。例如打马印符号就是在蒙古包室内的挂毯与围毯上较为常见的一个装饰符号。

作为生产生活中不可缺少的重要家畜，马至今与蒙古民族相伴。蒙古人是从 12 世纪开始运用印记，各部落之间为了区分如此多的牲畜群，便会给牲畜烙上鲜明的标志。成吉思汗曾在战争中以马的颜色代表各部，而在进行大规模的战争中要准确地识别出所属各部是很困难的，而且激烈的战争消耗也无法使马的颜色保持长久。在当时的条件下，只有打上马烙印才可以更为方便和易于

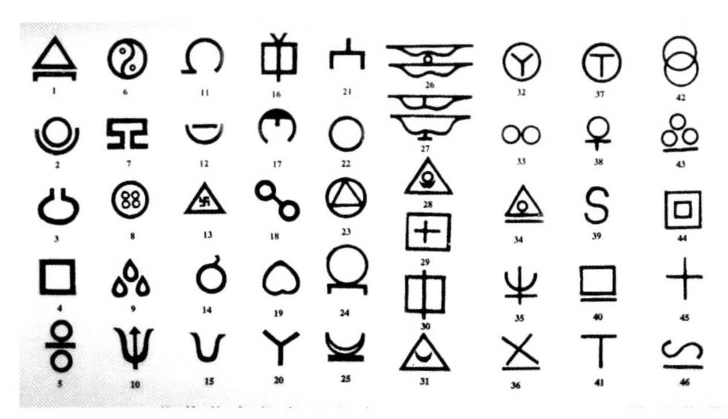

图 4-20　马的各种印记

图 4-21　牧民在为马做打马印

a）蒙古国蒙古包中的挂毯

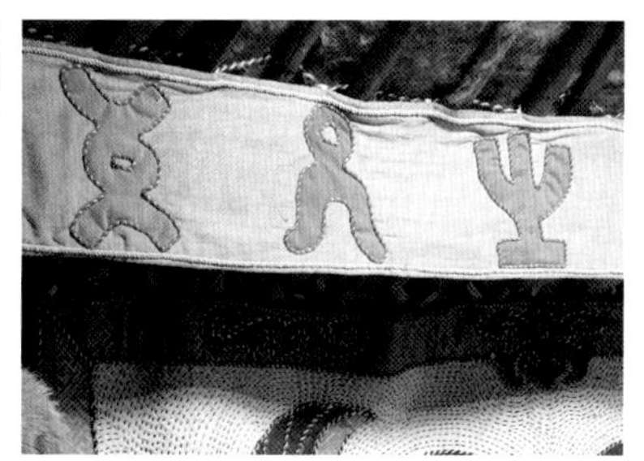

b）蒙古国蒙古包中的围帘

图 4-22　装饰挂毯上的打马印符号

识别[1]。但其内涵却是信仰的表达。从太阳、月亮、三角形、吉祥图案、阴阳图等符号中，可以看出蒙古民族借助马这个载体所做的哲学思考（图 4-20、图 4-21）。

在蒙古国一些蒙古包中的装饰挂毯上，可以看到有很多将打马印作为一种蒙古包装饰元素进入牧民的生活中，由生活的需求转而发展成为一种心理诉求，寓意着马群的平安与繁衍不息。

这些打马印图案意义特殊，表达了草原牧民的心理期盼。这种从自然客观对象中发现美并升华为“有意味的形式”的过程，不仅体现了蒙古族人民的创造才能，更显示了装饰图案从内容到形式的不断转化，以及民族审美意识的提升过程（图 4-22）。

索永布（Soyombo），蒙古民族一个古老的图案，居上面的火表示过去、现在、将来都要兴旺，月亮、太阳表示永远繁荣昌盛，三角形表示像刺刀一样尖锐[2]。在公元前1世纪出土的金饰品中就有这样的案例，一般由日、月与火组成。索永布图案在成吉思汗对外征战时常被刺绣在战旗上，成了一种标识（图 4-23）。

❶ 阿纳 . 蒙古族马烙印的符号学分析研究 [D]. 呼和浩特：内蒙古师范大学，2016：8-11.

❷ 宝力道 . 蒙古民间图案 [M]. 呼和浩特：远方出版社，2008：116.

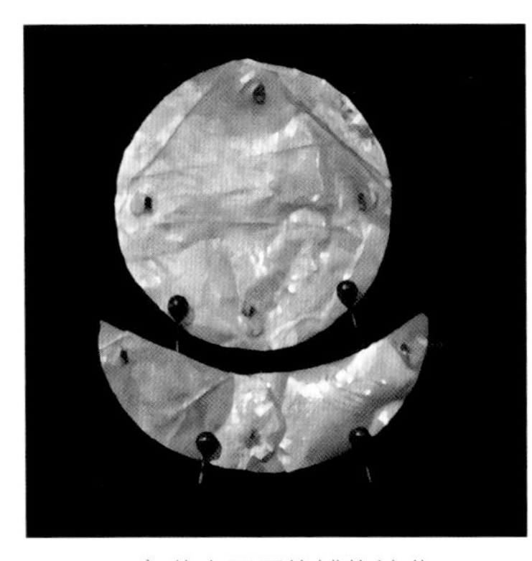

a）蒙古国民族博物馆藏

b）蒙古族椅子上的图案

c）鼻烟壶[1]

d）家具[2]

e）刮马汗板[3]

图 4-23 索永布

索永布图案寓意深刻，不仅具有神圣的宗教含义，而且随着时代的发展，成了一种具有装饰意义的象征符号，出现在蒙古族人的日常生活中。

成吉思汗在蒙古牧民心中被视为一代神灵，现如今的草原上蒙古包内的北方神位多供奉着成吉思汗画像。他所使用的兵器被看作是一种威严象征，尤其是三叉中间那如利箭一般的矛刺，具有很强的威慑作用，被称为苏勒德，放置在蒙古包的两侧，或包中神位一侧的位置（图 4-24）。

在苏勒德的长柄上拴系一条带子，上面悬挂红、黄、蓝、白、绿五色旗帜，称为禄马旗。

禄马旗，蒙古语称“黑莫勒”，有“命运之马”的意思。蒙古民族认为它象征着平安与好运，体现了蒙古族的信仰与崇拜。禄马旗图像内容非常丰富，其中所有的图像都可以是独立的。其图像的变化形式基本上以环绕式为主，中间都为神马图像，四角为龙、凤、狮、虎，中间又有日月星辰、八宝、阴阳八卦和佛经咒语。五色禄马旗有蓝、黄、绿、红、白五色，小旗上印有九匹昂首向上的奔腾的马，蓝象征蓝天和繁荣强盛，黄代表大地，绿代表草原，红象征鲜花般的幸福美满，白象征财富之源的羊群[4]（图 4-25）。

---

[1] МОНГОЛ НУУДЭЛЧДИЙН ЭДИЙН СОЁЛ，68.

[2] МОНГОЛГЭРАХУЙНУЛАМЖЛАЛТМОДОНЭДЛЭЛ7：108.

[3] МОНГОЛГЭРАХУЙНУЛАМЖЛАЛТМОДОНЭДЛЭЛ7：134.

[4] 阿木尔巴图．蒙古族工艺美术 [M]. 呼和浩特：内蒙古大学出版社，2002：346.

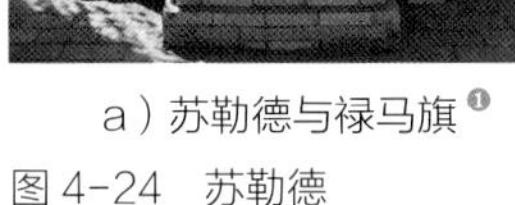
a）苏勒德与禄马旗[1]

b）成吉思汗陵前苏勒德

c）蒙古国蒙古包中的苏勒德

图 4-24　苏勒德

a）彩色禄马旗[2]

b）白色禄马旗

c）黄色禄马旗[3]

图 4-25　禄马旗

禄马旗的历史传承性十分强盛，一张画稿往往经过许多代、许多人的翻印，因为它是超自然力量的象征，能够辟邪祈祥，象征着平安与好运。同时，禄马旗充分体现了蒙古族的信仰和崇拜，似乎只有将现实物象与幻想中的物象相互融合才能代表禄马旗的神秘寓意。

通过分析以上蒙古族常见的标识符号图案在蒙古族建筑、家具、器物上的装饰，可见其应用非常广泛。标识符号不仅代表着某种实物属性，更成为蒙古族装饰生活的一类重要元素，从而强化了它的文化意象。

#### 4.2.1.2　几何图案

在蒙古包室内的各种装饰载体上，代表着蒙古族装饰特色的各类几何纹样十分丰富，并含有深刻的文化意象。梳理这些几何纹样可分为圆形、方形和三角形。蒙古族工匠通过将这三种基本型的旋转、叠套、错位、挪移或加入新的元素等，创造出种类繁多、更为复杂的新图形[4]。实践中

[1] 阿木尔巴图 . 蒙古族图案 [M]. 呼和浩特：内蒙古大学出版社，2005：35.
[2] 阿木尔巴图 . 蒙古族工艺美术 [M]. 呼和浩特：内蒙古大学出版社，2002：346.
[3] 阿木尔巴图 . 蒙古族工艺美术 [M]. 呼和浩特：内蒙古大学出版社，2002：247.
[4] 李效锐 . 蒙古族装饰图案的审美特征及文化内涵研究 [D]. 徐州：中国矿业大学，2014.

哈那纹（渔网纹）、普斯贺纹（圆形图案）、卍字纹（图门贺）、回纹等纹样应用较多，表达着如意吉祥、连绵不绝等寓意（表 4-10、表 4-11）。

几何图案的意象、载体（一） 表 4-10

| 名称 | 卍字纹[1] | 盘肠纹[2] | 哈木尔纹[3] | 回纹[4] |
| --- | --- | --- | --- | --- |
| 图案 | | | | |
| 意象 | 吉祥如意<br>永恒长寿 | 长寿长久<br>诸事顺遂 | 生命不息<br>幸福绵长 | 深远绵长<br>不屈不挠 |
| 载体 | | | | |
| | 蒙古国宗教包地毯 | 蒙古国马鞍具[5] | 蒙古国牧羊包 | 元代黑陶玉壶春瓶 |
| | | | | |
| | 元代铁火盆烤架 | 蒙古国家具 | 元代夜巡牌 | 家具[6] |
| | | | | |
| | 家具 | 图嘎拉与锅[7] | 羊皮袋[8] | 背壶[9] |

❶ 阿木尔巴图 . 蒙古族图案 [M]. 呼和浩特：内蒙古大学出版社，2005：35.
❷ 阿木尔巴图 . 蒙古族图案 [M]. 呼和浩特：内蒙古大学出版社，2005：30.
❸ 阿木尔巴图 . 蒙古族图案 [M]. 呼和浩特：内蒙古大学出版社，2005：204.
❹ 阿木尔巴图 . 蒙古族图案 [M]. 呼和浩特：内蒙古大学出版社，2005：33.
❺ 阿木尔巴图 . 蒙古族工艺美术 [M]. 呼和浩特：内蒙古大学出版社，2002.
❻ 赵一东 . 北方民族家具文化 [M]. 呼和浩特：内蒙古大学出版社，2016：51.
❼ 阿木尔巴图 . 蒙古族工艺美术 [M]. 呼和浩特：内蒙古大学出版社，2002：246.
❽ 阿木尔巴图 . 蒙古族工艺美术 [M]. 呼和浩特：内蒙古大学出版社，2002：48.
❾ INTANGIBLE CULTURAL HERITAGE OF THE MONGOLS：110–130.

几何图案的意象、载体（二）　表 4-11

| 名称 | 普斯贺纹[1] | 哈那纹[2] | 哈敦绥格纹[3] | 汗宝古纹[4] |
| --- | --- | --- | --- | --- |
| 图案 | | | | |
| 意象 | 吉祥长寿<br>生命永生 | 太阳崇拜<br>生生不息 | 同心同德<br>吉祥如意 | 同心同德<br>吉祥如意 |
| 载体 | | | | |
| | 蒙古国宗教<br>包地毯 | 网格纹陶钚 | 清代团寿纹<br>龙柄壶 | 家具 |

卍字纹，蒙古语称图门贺，是上古时代许多部落的一种符咒[5]。在距今5000年的马家窑文化中出土的陶器上就有卍字纹，可见其历史的久远。随后，卍字纹逐渐发展成为一种吉祥符号来使用。以单独纹样和连续纹样的形式出现。由于卍字纹方正，且棱角分明，并具有旋转的特性，在欣赏它时，会令人产生一种流动感，令装饰载体的艺术效果动态轻盈。

盘肠纹，也被称为吉祥结，是由一条连绵不绝的线环环相扣而成的，盘肠为“回环贯彻，一切通明”，本身含有事事顺、路路通的意思[6]，寓意长久稳固、绵绵不断[7]。盘肠纹在蒙古族装饰图案中多位于图案的中心，或单独使用，或二方连续。在与其他图案组合时，常配以卷草纹、回纹等组成整体，多用于家具、器物等装饰载体上。

哈木尔，在蒙古语中是鼻子的意思。哈木尔纹似于牛鼻，也称“牛鼻纹”。哈木尔纹最早见于4000年前内蒙古赤峰市夏家店下层文化的彩陶纹样中，以后在匈奴、鲜卑、契丹的文物中也都出现过，多用在蒙古包毡布、包内家具以及生活用具上，象征着吉祥、幸福、美好，代表着生命不息，幸福绵长。

❶ 阿木尔巴图．蒙古族工艺美术 [M]. 呼和浩特：内蒙古大学出版社，2002：32.
❷ 阿木尔巴图．蒙古族工艺美术 [M]. 呼和浩特：内蒙古大学出版社，2002：38.
❸ 阿木尔巴图．蒙古族工艺美术 [M]. 呼和浩特：内蒙古大学出版社，2002：32.
❹ 阿木尔巴图．蒙古族工艺美术 [M]. 呼和浩特：内蒙古大学出版社，2002：32.
❺ 阿木尔巴图．蒙古族图案 [M]. 呼和浩特：内蒙古大学出版社，2005：19.
❻ 阿木尔巴图．蒙古族图案 [M]. 呼和浩特：内蒙古大学出版社，2005：30.
❼ 孙睿．中国几何形吉祥图案研究 [D]. 南京：南京艺术学院，2015：60.

回纹在蒙古语中被称为“阿鲁哈”纹，具有穿插交错的意思，其寓意为渴求平衡、协调以及长久[1]。它是一种以“回”字形为母题，连续排列而成的一种装饰纹样。其寓意为深远绵长、坚强、不屈不挠等。最常见的回纹有两类：S 形和 T 形，广泛应用于各类毡毯、家具等的边饰中。

普斯贺纹为圆形图案，源于游牧民族对太阳的崇拜，象征着生命的长存，多应用于蒙古包室内的陶瓷等器物之上。

哈那纹也叫作“渔网纹”，也是一种较为常见的图案纹样。有学者认为这是一个由原始社会一直流传至今的人类共通的具有生生不息内涵的生命符号。很多民俗学家认为，渔网纹符号纹样的灵感其实来源于太阳[2]，也从一定程度上说明原始社会时期人们对太阳及宇宙的崇拜。

蒙古民族通过这些几何图案来装点家具、器物等室内用品，将牧民对美好生活的期盼物化于其中，成为蒙古族装饰艺术的常青树。通过对以上几何图案图形寓意及其载体上应用的分析，可以发现几何图案运用方法十分灵活多变，各种蒙古族器物上均会运用。可见几何纹样兼具有装饰性和功能性双重意义，以及人们对日常生活的热爱。

### 4.2.2 生活类

蒙古族装饰文化中许多题材来源于生活，其装饰纹样在漫长的发展过程中，日常生活类题材日渐丰富。在锡林郭勒草原深处的大山中，草原先民绘制了大量的生活类场景的岩画，描绘了他们生活的方方面面，记录了早期社会的生产、生活内容和当时人们对自然的理解，是早期人类社会重要的文化见证和宝贵遗产。其图像史料为我们进行蒙古包装饰元素的研究提供了不可或缺的证据（图 4-26）。

除此之外，在蒙古族的壁画、墓葬和室内家具等载体上，也有大量的关于蒙古民族日常生活的描摹。我们可以通过这些图像去发现蒙古民族真实的世俗生活以及对幸福美好生活的向往。

a）狩猎

b）五畜、吉祥结

c）迁徙

图 4-26 锡林郭勒岩画

[1] 金启综，张佳生 . 满族历史与文化简编 [M]. 沈阳：辽宁民族出版社，1992：8.

[2] 阿木尔巴图 . 蒙古族图案 [M]. 呼和浩特：内蒙古大学出版社，2005：38.

#### 4.2.2.1　宴饮类

宴饮类生活场景是元朝帝王、蒙古贵族和普通牧民真实生活的反映，或大宴群臣，或接待贵戚，或嫁女娶妻，或节日团聚等。其中，大型的皇家场景可在各类绘画中得以展示，小型的普通人家场景可在家具上得以显现。其寓意大多是显示皇威浩荡、富贵有余、幸福美满等意愿。

元代皇帝宴饮群臣的诈马宴有多个版本的绘画来反映这一壮观的场景，场景中描绘出巨大的蒙古包，包前的群臣在饽饽桌席地而畅饮的恢宏场面，象征着君臣同心，共卫社稷的宏愿（图 4–27）。

在蒙古国乌兰巴托美术馆藏画宴饮图部分可以感受到隆重欢快的宴饮场面。《礼记 · 大传》中记载："君有合族之道……以饮食之礼亲宗族兄弟"，不难看出，元朝帝王或贵族为了团结族人，经常定期举行宴会，以此来寓意团结强盛之意。由此宴饮成为当时政治活动中不可缺少的手段（图 4–28）。

图 4–27　诈马宴

图 4–28　蒙古国美术馆藏画

宫廷与贵族的待客宴饮则在蒙古包内或宫内进行，图中多表现主人奢侈的饮食和华丽的衣着打扮，场面温和，礼仪考究。象征着贵族生活的豪华和尊贵，其文化寓意十分深厚。如图 4–29 和图 4–30 所示为元代墓壁画所描绘的场景。墓主夫妇并坐于画面中央位置，身侧立有侍者，在上方有幔帐装饰，并且从图中可以发现并坐图中间一般不放置桌子，而是在两侧的桌子上摆放着饮食、器具或花卉等。元朝时期蒙古贵族男子服装款式为：头戴笠帽，身着"质孙"袍，腰束革带，足蹬皮靴；女子服装款式为：头戴顾姑冠，身着长袍，腰系窄带，足踏皮靴，均方便鞍马骑乘。

而普通的宴饮图规模较小，是家人之间的生活场景。在绘画与家具上均有表现，多象征家庭和睦、幸福美满（图 4–31、图 4–32）。画面中数十人围坐在地毯上，两侧均有形体较大的苏鲁锭，这是蒙古族的象征，代表着至高无上的战神。身后有一座蒙古包，但在画面的后方是都城，表现的场面应是蒙古族在中原文化影响下的半定居式的居住实况。

蒙古族家具上的宴饮场景由于图面较小而更为简单，主要反映的是家庭小型用餐的场景，寓意着蒙古民族热爱生活，希望幸福美满。

图 4-29 元代墓壁画侍客图

图 4-30 元代蒙古贵族待宴图

图 4-31 壁画上的宴饮图

图 4-32 家具上的宴饮图

#### 4.2.2.2 出行类

蒙古民族的游牧生活是动态的，他们会根据草原与水源的实际情况进行搬迁，更换生活环境。在各种载体上出现的出行类生活场景就是表现蒙古民族迁徙过程的场景，真实地反映了游牧民族“以车马为家”的生活写照，以及对未来生活的憧憬，蕴含有很强的文化意象。

出行图在原始岩画中就已经有所表现，尤其是在内蒙古锡林郭勒草原上，岩画遗存多且题材广泛、造型生动。其中拉车出行的画面中（图 4–33），车的形态和车轮的刻画较为真实，甚至在车的前方还有奔跑中的动物形象，这深刻地表明古代先民对迁徙后美好生活的向往，体现着纯朴的原始风情。

随着其制作工艺的进步，出行场景的载体更为丰富（图 4–34）。青铜饰牌是以浮雕加透雕的形式制成的一类装饰品，该案例为车马纹青铜牌，是战国时期东胡族饰牌，用作衣服上、腰带上或是马具上的装饰。常见的青铜饰牌以动物纹样为主，而这种以出行场景为表现对象的图案十分罕见。图中一人在前，后面有一人骑在马上拉着车，整个画面刻画协调且形象，生动地反映了游牧人在草原上驾车出行的生活场景。

在蒙古族牧民所使用的家具上也绘有出行场景的装饰图案（图 4–35）。家具的柜门上画满草原出行的场景，有单独骑马出行的场景，也有驾着马车出行的场景。画面中还有牧民在户外活动的

图 4-33　岩画上的出行图

图 4-34　青铜饰牌上的出行图[1]

图 4-35　蒙古族家具[2]

场景，有蒙古包、牛、马、羊及骆驼的形象，青绿色的草场表现得高低起伏，营造出一种安逸自由的生活场景，表达着一种强烈的对美好生活的憧憬。

#### 4.2.2.3　劳作类

对美好生活的向往是世界各地域劳动人民世世代代的美好愿望，他们会通过各种艺术形式来表达这一意愿。其中，各种表现人们生产和生活活动的劳作类场景就成为这种意愿的物化被表现在各种载体上。

长期以来，牧民除了狩猎之外，还以农作物作为他们的补充食物。根据考古学的发现和历史文献的记载，蒙古草原的农业可以追溯到石器和青铜时代[3]。蒙古族继承和发展了这一传统，耕作土地的方法和技术是独特的，并且是适合游牧生活方式的，所以，农耕类的场景也十分普遍（图 4-36）。图中有蒙古包与住房混合布局的场景，也有骑马放牧、扶犁耕作等多种劳动的场景。场景的多画面、多情景的画法，都生动地表现出当时所处时代人们日常生产与生活的基本状态，反映出人们勤于农事，盼望丰收、热爱生活的愿望。

蒙古民族会在春夏之交的时候，为羊群剪去羊毛，手工加工成各种日常生活用品。图 4-37 为蒙古牧民正在有序地为洁白的羊群剪着羊毛。这些羊的体格健壮、肥硕，象征着牧民的生活蒸蒸日上。画面的左侧，还有几只带角的公羊，其中一只正在和一只母羊交配。这一表现寓意着牧民对羊群繁衍兴旺的美好愿景。

蒙古民族被誉为“马背上的民族”，马是各阶层人士都极为喜爱的一类家畜。元代画家赵孟頫所绘的饮饲图就生动地表现蒙古民族的这一喜好（图 4-38）。画面中描绘的是元代朝廷里负责养马的机构日常劳作情况。尤其是对马的描绘，健壮而富有生气，仿佛有疆场驰骋的浓郁气息，表现了马在游牧民族心中的重要地位和丰厚的文化意象。

---

[1]《蒙古学百科全书》编辑委员会 . 蒙古学百科全书 [M]. 呼和浩特：内蒙古人民出版社，2009：66.

[2] МОНГОЛГЭРАХУЙНУЛАМЖЛАЛТМОДОНЭДЛЭЛ7：77.

[3] INTANGIBLE CULTURAL HERITAGE OF THE MONGOLS：110–130.

图 4-36 农事图[1]（上左）
图 4-37 劳作图[2]（上右）
图 4-38 饮饲图（下左）
图 4-39 家具（下右）

在蒙古族家具上，劳作类场景多体现在牧民的日常生活之中（图 4-39）。画面表现的是几位牧民骑马和骆驼外出的场景。蒙古包前有目送亲人外出的妇女和老人。后面的孩子们也有跃跃欲试的表现。整个画面生动活泼，反映出牧民对日常生活的热爱，对未来的憧憬，寓意深刻，意象鲜明。

通过以上生活场景案例的分析与研究，我们发现蒙古族的放牧生活通过岩画、壁画、绘画及家具上的装饰图案展现得非常完美，不但生动地再现了不同阶层的蒙古民族对生活的热爱和水草丰美、牛羊肥壮、人们安居乐业的生活场景，还深刻地描绘了蒙古民族丰富的精神世界，是我们研究蒙古包装饰元素文化意象的重要图像资料。

### 4.2.3 生产类

生产与生活场景是自古以来世界各民族的艺术家们创作艺术品的永恒主题，早在先民们的各种岩画中就有很多这类场景的描绘。多用来表达人们日常生活和劳动的欢快场面，阐释着劳动者对生活的热爱和对劳动的赞美。

---

[1] INTANGIBLE CULTURAL HERITAGE OF THE MONGOLS：110.
[2] INTANGIBLE CULTURAL HERITAGE OF THE MONGOLS：220.

狩猎和畜牧是蒙古民族日常生产最基本的活动，这些活动慢慢转化为一种场景类装饰图案，不仅表现在岩画上，在蒙古族器物、家具及蒙古包等载体上也有大量的关于蒙古族生产活动的描绘。正是这些装饰图案见证了游牧民族日常生活的苦与乐。

#### 4.2.3.1　狩猎场景

蒙古民族源自草原与高山地区，有骑猎好战的习性。《蒙鞑备录》中记载，蒙古族“其俗射猎”“生长鞍马间”[1]，被誉为“马背上的民族”。

在内蒙古锡林浩特的岩画中，有许多人类狩猎时的场景，表达着人类早期对狩猎活动的赞美，显示出当时狩猎已成为人们生活的重要手段。狩猎之余，人们将狩猎的场景刻画在岩石上，彰显着对狩猎成功的喜悦之情，蕴含着祈求丰收、生活美满的文化意象（图 4–40）。

随着社会技术手段的进步，原始先民学会用动物遗骨刻制工艺品。大一些的动物遗骨被用来雕刻成有狩猎场景的骨器，其张弓搭箭的画面清晰可见，表现了游牧民族对狩猎生活的热爱，希望狩猎成功的寓意十分明确（图 4–41）。

蒙古包是蒙古族人的日常居所，其重要性不言而喻。狩猎图案在蒙古包内外均有体现。在蒙古包包体的顶毡上缝制着狩猎图案（图 4–42），简单的线条勾勒出生动的狩猎场景。通过观察图案能够看到一人手握张开着的弓箭正对准一只动物的腹部，隐约透露着一丝巫术的意味，蕴含着对狩猎成功的期盼。包内悬挂着的布袋上也有狩猎图案（图 4–43），是一个人骑在马背上的场景，反映了人生产生活的状态。骑射场景在蒙古国一些餐厅包的门上也有体现（图 4–44），图案采用了浮雕的形式，细致生动地表现了正在驰骋射击的瞬间情形，体现了蒙古族豪迈的民族气息。

在蒙古族家具上，骑射狩猎的场景也有描摹（图 4–45）。画面表现的是牧民骑马射箭的狩猎场景，人物及骏马刻画得十分细致，天空上飞翔着两只大雁，人们做出射击的动作，整个画面动态表现得非常灵动，反映出牧民日常喜好骑射狩猎的习性，表现了牧民生活的惬意自在之情。

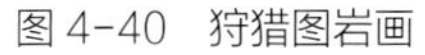
图 4–40　狩猎图岩画

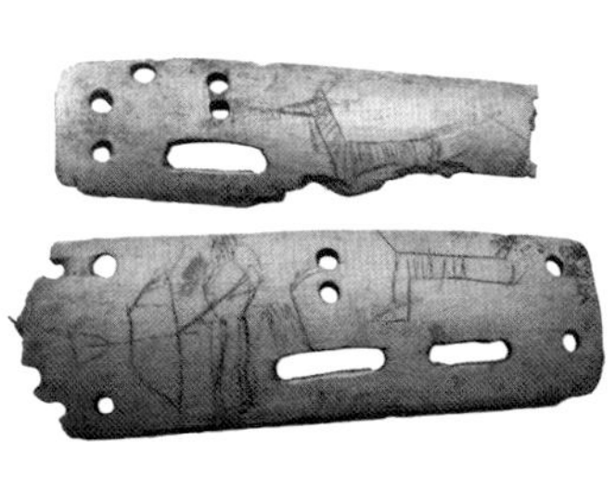
图 4–41　狩猎纹骨器

图 4–42　蒙古包包体上的装饰

[1] 孟珙 . 蒙鞑备录 [M]. 北京：中华书局，1985.

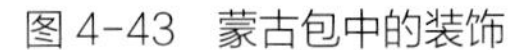

图 4-43　蒙古包中的装饰

图 4-44　蒙古国餐饮包门装饰

图 4-45　家具

#### 4.2.3.2　畜牧场景

畜牧业的发展与狩猎活动密切相关，原始人类将狩猎来的活体动物进行驯服饲养，以备后需，便是畜牧业的开始。狩猎是畜牧业的辅助，是远古牧人放牧之余的生产活动[1]。因此，在岩画中便出现了放牧、牵马、驯鹿等活动场景，见证了当时先民们已经掌握了饲养动物的技术来从事新的生产和生活活动。

图 4-46　锡林浩特放牧图岩画

锡林浩特中的放牧岩画以其质朴的画面反映了蒙古草原远古时期草木繁盛的生态环境和草原氏族先民们以狩猎为主并向畜牧业过渡的生活形态（图 4-46）。

随着社会各方面的发展，畜牧场景的载体也更为丰富（图 4-47）。在甘肃省嘉峪关市出土的北朝时期的画像砖上，有吐谷浑牧民扬鞭赶着六匹骏马的场景。吐谷浑人为辽东鲜卑慕容部的一支，他们使用拍印和模印方法制成的图像砖真实形象地记录并且反映了当时北方地区的畜牧生活状态。这不仅是艺术作品，也是非常珍贵的历史见证。

图 4-47　牧马图画像砖[2]

畜牧场景在蒙古族家具装饰图案中也有较多的运用（图 4-48）。在一些家具的图案上常彩绘着牧民放牧的场景。场景中牧民骑在马上手挥长鞭，牛、羊等在牧场自由地吃着草。家具大面积颜色为红色，蒙古族历来喜欢红色，蒙古族人从红色中感到温暖和喜悦[3]。画面中有休息着的骆驼及奔跑着的羊马群、

[1] 学军 . 内蒙古锡林郭勒北部地区岩画艺术研究 [D]. 呼和浩特：内蒙古大学，2013.

[2]《蒙古学百科全书》编委会 . 蒙古学百科全书 [M]. 呼和浩特：内蒙古人民出版社，2009：266.

[3] 西林 . 蒙古族的传统色彩观念 [J]. 新疆大学学报（哲学社会科学版），1996（1）：52–54.

a）[1]

b）

图 4-48　家具

天空中的朵朵白云、卷曲粗壮的草纹、高低起伏的山丘等，所有元素都形象地描绘出蒙古族牧民游牧生活在美好自然环境之中的舒适与惬意。

基于草原独特的地域环境，这些分外生动的草原生活场景，从最初的岩画发展到以壁画、绘画为主的描摹方式，再到作为一种装饰图案出现在家具等器物上，体现了蒙古民族热爱生活、热爱大自然的真实感受和模拟。这些鲜活的生活场景元素，成为蒙古民族装饰文化和情感表达的鲜活见证。

## 4.3　动植物类装饰的文化意象

蒙古包装饰中的动植物类元素历史久远，形态突出，寓意深刻，这是因为蒙古草原有着丰富的自然资源，曾经生活着无数的动物与飞禽，以及它们的食物来源，即各类植物。4200 年前，以夏家沟文化为代表的畜牧文化从原始的农业文化中分离出来后，以北方原始游牧民族为代表的草原先民便以这些丰富的动植物自然资源为生产与生活的依靠，形成了独具特色的草原游牧文化。动植物元素开始出现在游牧文化的各类装饰中，其丰富的元素形态表达着游牧民族对生活的无限憧憬和深刻的文化意象。

[1] 阿木尔巴图 . 蒙古族工艺美术 [M]. 呼和浩特：内蒙古大学出版社，2002：361.

### 4.3.1 动物的隐喻

蒙古草原游牧民族的生产与生活活动和动物有着特别密切的联系。动物对他们来说既是赖以生存的对象，也是重要的生产工具。在蒙古族装饰中的动物元素，既有供日常食用的牛羊，也有供骑乘、战争、交通用的马和骆驼，还有狩猎的飞禽走兽等。它们的种类繁多，包含各种家畜和野生动物。同时，它们也寓意深刻，表现着不同的文化意象。

#### 4.3.1.1 生产类动物

蒙古民族将牛、马、山羊、绵羊、骆驼称为“五畜”。其中将马和骆驼称为生产类动物。蒙古民族又被称为“马背上的民族”，马是蒙古民族最忠诚的动物和日常生活的主要工具。马甚至被当作最崇拜偶像之一的“神骏”，一个神圣的动物。而骆驼早在5000年前就开始被牧民驯养了。《山海经·北山经》对骆驼有如下记载：“其兽多橐驼，有肉鞍，知水泉所在，善行流沙中，日行三百里，力负千斤。”[1]《史记·匈奴列传》记载：“唐虞以上”时期，蒙古民族的祖先就将野生“橐驼”作为“奇畜”驯养起来。可见马和骆驼在蒙古民族日常生产中占有重要的地位，其文化寓意多么的深刻。

反映马和骆驼造型的载体在原始先民的岩画中多有体现，文化意象也是多方面的。体现了当时人类复杂的意识、心理和情感，寄托了原始先民不同的祈求。在内蒙古阴山岩画、阿拉善岩画、锡林浩特草原岩画中就已经有了不同造型的马和骆驼，从多角度、多层面刻画了马和骆驼在游牧社会生产、生活和信仰上的重要性（表4–12、表4–13）。

岩画中的马图案　　表4–12

| 图案样式 | 地点 | 特点简介 | 意象 | 实例图片 |
| --- | --- | --- | --- | --- |
| 奔马[2] | 克什克腾旗毡子山岩画 | 两匹马作奔跑状，马蹄飞跃，身材矫健 | 神骏 | |
| 驯马[3] | 阿拉善右旗曼德拉山 | 画面表现的是驯马的场景，人在马背上，有的手里持鞭，有的手持弓箭 | 收获 | |

❶ 宝力道.蒙古民间图案[M].呼和浩特：远方出版社，2008：116.
❷ 纳·达楞古日布.内蒙古岩画艺术[M].呼伦贝尔：内蒙古文化出版社，2000：6.
❸ 纳·达楞古日布.内蒙古岩画艺术[M].呼伦贝尔：内蒙古文化出版社，2000：6.

续表

| 图案样式 | 地点 | 特点简介 | 意象 | 实例图片 |
| --- | --- | --- | --- | --- |
| 马群[1] | 锡林浩特岩画 | 画面中有成年马和幼马 | 种群繁盛 | |

岩画中的骆驼图案　表 4-13

| 图案样式 | 地点 | 特点简介 | 意象 | 实例图片 |
| --- | --- | --- | --- | --- |
| 驯双峰驼[2] | 阿拉善右旗曼德拉山 | 线条洒脱自然，描绘出一只行进中的双峰驼，颈部较长，背部有两个驼峰，隐约可以看出有人的形象 | 奇畜 | |
| 双峰驼 | 蒙古国科布多省曼可汗北曾克尔洞 | 精练的线条勾勒出一只骆驼，颈长而且向上弯曲，双峰短尾，腹部微微鼓起 | 奇畜 | |
| 骆驼群[3] | 阿拉善左旗希勒图山岩画 | 骆驼群中有一人骑着骆驼，在赶着骆驼行进中 | 繁盛 | |

在蒙古民族文化中，马和骆驼已经成为表现蒙古民族装饰元素文化意象的重要载体，并承载着蒙古民族的族群情感。因为马的形象和用途展现出了马蹄飞奔、精神抖擞、朝气蓬勃的气势。因此在蒙古民族装饰艺术中常用马寓意神骏、繁盛等意象。骆驼的体力充沛、性格温顺，善于在沙漠中行走，被视为奇兽。马和骆驼共同组成了蒙古族文化的一种文化意象表现。牧民对马和骆驼的敬

❶ 纳・达楞古日布．内蒙古岩画艺术 [M]. 呼伦贝尔：内蒙古文化出版社，2000：54.
❷ 纳・达楞古日布．内蒙古岩画艺术 [M]. 呼伦贝尔：内蒙古文化出版社，2000：25.
❸ 盖山林，盖志浩．内蒙古岩画的文化解读 [M]. 北京：北京图书馆出版社，2002：75.

意，是对人力不可控的力量的崇拜。正因为马和骆驼在蒙古族生活中的重要地位，它们才成为蒙古包装饰图案最常用到的动物之一，逐渐进入各种装饰领域，并出现在生活中各种用品、器物等载体上，展现着它们深刻的文化意象（表 4–14、表 4–15）。

马图案的不同载体、时间及意象　　表 4–14

| 图案载体 | 时间 | 特点简介 | 意象 | 实例图片 |
|---|---|---|---|---|
| 马纹灰陶罐 | 时间不详 | 在陶罐的鼓腹部，环绕刻有数匹作奔跑状的马。马的形态生动，四肢表现细致 | 崇拜 | |
| 马驮马形铜饰件 | 战国时期 | 双马交配 | 生殖繁盛 | |
| 蒙古族传统家具[1] | 时间不详 | 红底木质家具，柜面绘有花卉与马图案。马的形态有站立、吃草和侧卧 | 平和 | |
| 蒙古包中的挂毯 | 13 世纪（现代复原） | 挂毯上的马形象十分抽象，呈对称状，并带有翅膀，称为“飞马” | 崇敬神圣 | |
| 蒙古国王爷府横梁镂空雕花绀宝马 | 时间不详 | 藏传佛教七政宝图案之一。代表了转轮法王的活动能力和速度，同时代表了他的承载物，表示佛法传播广远 | 佛法一帆风顺 | |

[1] 赵一东 . 北方民族家具文化 [M]. 呼和浩特：内蒙古大学出版社，2016：101.

骆驼图案的不同载体、时间及意象　表 4-15

| 图案载体 | 时间 | 特点简介 | 意象 | 实例图片 |
| --- | --- | --- | --- | --- |
| 战国人骑驼形铜牌 | 公元前 770 年—公元前 221 年 | 三只骆驼前后行进，中间的骆驼上坐一骑者，牵制着骆驼 | 喜爱 | |
| 蒙古族传统家具 | 时间不详 | 有两只体型较大的骆驼与幼小的骆驼，呈奔跑状 | 兴旺 | |
| 蒙古包中的挂毯 | 13 世纪现代复原 | 两匹骆驼相对呈坐卧状 | 崇敬神圣 | |

从最初的岩画描绘，到融入牧民日常使用的各类装饰中，充分表现了马和骆驼在游牧民族装饰元素中占有的重要地位，是蒙古族生活、生产上不可分割的伙伴，是蒙古族文化的一种物化，更是蒙古民族的一种精神寄托。从这些以马和骆驼为题材的装饰中能够体会到蒙古民族对于马和骆驼的崇拜、依赖与喜爱之情。

#### 4.3.1.2　生活类动物

蒙古草原各民族自古以来从事游牧畜牧业，他们的财富主要是以牛和羊的种群数量来估算的。不同于农耕民族，牛是用来耕地的工具，三五头牛足矣。游牧民族的牛是食用类牛，数量以多为富有标志。羊亦是如此。

牛和羊的另外一个用途是祭拜天地与祖先的贡品。《后汉书·乌桓鲜卑列传》中记载了乌桓和鲜卑“敬鬼神，祠天地日月星辰山川及先人有健名者。祠用牛羊，毕皆烧之”[1]。由此可见，牛、羊在游牧民族中占有极其重要的地位。在北方民族的岩画中，牛和羊的形象一再出现，这也说明众多的北方民族与这些生活生长在北方的动物有着多么密切的关系（表 4-16、表 4-17）。

[1] 丁柏峰 . 简论吐谷浑西迁之后与慕容鲜卑的历史分野 [J]. 西北民族大学学报（哲学社会科学版），2013（1）：89-95.

岩画中的牛图案　　表 4-16

| 图案样式 | 地点 | 特点简介 | 意象 | 实例图片 |
|---|---|---|---|---|
| 牛群 | 蒙古国乌夫斯省莫乔 | 画面中大约有十头雄性大角牛，一个人用弓箭猎牛，另一个人牵着牛走。可以追溯到中石器时代，表明那时的先民已开始使用弓箭并驯养牲畜 | 兴旺富有 | |
| 巨牛[1] | 内蒙古狼山炭窑沟岩画 | 简单的线条画出巨牛与人，夸张尺度的巨牛表现出牛的力量以及先民对这种力量的崇拜与征服欲 | 驯服 | |
| 牛斗图[2] | 内蒙古阴山岩画 | 右边的牛弓背俯首，两只锐利的角向前冲，左边的牛昂首跃起。这幅画面表现了牛之间的争斗场景，动物中的这种争斗多为配偶竞争 | 繁殖兴旺 | |

岩画中的羊图案　　表 4-17

| 图案样式 | 地点 | 特点简介 | 意象 | 实例图片 |
|---|---|---|---|---|
| 狩猎盘羊[3] | 阿拉善右旗曼德拉山 | 右下角一人形，为一执弓猎人。左边是盘羊，其前有一张带箭的弓，正好瞄准这群羊 | 收获 | |
| 盘羊 | 锡林浩特岩画 | 一大一小两只盘羊在自由地活动，头大颈粗，尾短小，以及夸大的羊角表现出盘羊的形态特征 | 繁盛 | |
| 卧姿北山羊[4] | 乌拉特中旗诺门温格尔和海日呼图格岩画 | 肥硕身躯姿态的北山羊 | 富有 | |

❶ 班澜，冯军胜．阴山岩画文化艺术论 [M]. 呼和浩特：远方出版社，2000：53.
❷ 班澜，冯军胜．阴山岩画文化艺术论 [M]. 呼和浩特：远方出版社，2000：130.
❸ 纳・达楞古日布．内蒙古岩画艺术 [M]. 呼伦贝尔：内蒙古文化出版社，2000：106.
❹ 盖山林，盖志浩．内蒙古岩画的文化解读 [M]. 北京：北京图书馆出版社，2002：17.

牛和羊是蒙古民族根据其自然属性以及文化特点衍生出的一种象征寓意很强的动物元素。因此，牛和羊无论是在实用功能上，还是在象征意义上，都是一种表现力极强的文化元素。故而在蒙古民族日常生活装饰领域中对其表达得十分频繁，体现在蒙古族生活的器具、家具等各类用品中（表 4–18、表 4–19）。

蒙古民族喜爱羊、牛的犄角，认为犄角的造型是美丽的，盘旋而上的螺旋形有着一种永无休止的力量在延伸的感觉。较常见的是弯曲的犄纹，来源于与牧民生活密切相关的生活类动物牛和羊的犄角，加上蒙古族人丰富的创造和想象，为蒙古包装饰元素的艺术创作提供资源（表 4–20）。

对与蒙古族生活息息相关的动物形象的艺术化处理，体现了蒙古民族对草原生活的热爱，充分展示了其崇尚自然的精神。从岩画中质朴的线条，到生活中的器物用品的写实塑造，再到抽象的纹样，

不同载体的牛元素意象　　表 4–18

| 图案载体 | 时间 | 特点简介 | 意象 | 实例图片 |
|---|---|---|---|---|
| 双牛纹腰带饰 | 公元前 770 年—公元前 221 年 | 双牛争斗 | 威猛 | |
| 蒙古包中的地毯 | 13 世纪现代复原 | 以简洁、抽象的线条表现出牛的雄壮，勾勒出弯曲有力的牛角 | 崇拜 | |
| 蒙古包中的挂毯 | 13 世纪现代复原 | 挂毯上缝制着一头强壮的牛，运用线条加强了牛的外轮廓和关键部位，牛的肌肉表现得无比发达，着重表现牛的威武 | 强壮<br>威猛 | |
| 蒙古族家具 | 时间不详 | 家具上浮刻着牛头的图案，表现出昂扬的斗志、顽强的毅力 | 崇敬 | |
| 蒙古国王爷府横梁镂空雕花 | 清代 | 图案呈镂空状，采用浮雕的手法刻画而成。画面中一大一小两头牛被有意放大，成为画面的重心，与背景的花卉纹、拱桥共同形成一幅和谐的场景 | 吉祥<br>平安 | |

不同载体的羊元素意象 表 4-19

| 图案载体 | 时间 | 特点简介 | 意象 | 实例图片 |
|---|---|---|---|---|
| 战国时期羊首铜剑 | 公元前 770 年—公元前 221 年 | 铜剑剑柄用羊头作装饰，羊角突出 | 威猛 | |
| 蒙古包中的挂毯 | 13 世纪现代复原 | 两只对称的卧羊，头部向上仰望着，夸张放大的盘羊角十分美丽，规整的螺旋纹给人一种无线延伸的力量感 | 崇拜 | |
| 藏式小箱[1] | 近现代 | 两只肥硕的山羊，背景配合着云纹、树纹等自然图案 | 富有 | |
| 刮马汗板[2] | 近现代 | 羊首“刮马汗板”具有蒙古族鲜明的特色，制作精美，作为柄首，羊的形象突出 | 平安吉祥 | |

不同载体的犄纹图案的意象 表 4-20

| 图案样式 | 特点简介 | 意象 | 实例图片 |
|---|---|---|---|
| 犄纹 | 简单的线条描绘出一只生动的牛形 | 兴旺丰收 | |
| 犄纹[3] | 二个连续的犄纹图案构成的边缘纹样 | 幸福美好 | |

❶ 赵一东 . 北方民族家具文化 [M]. 呼和浩特：内蒙古大学出版社，2016：185.
❷ 阿木尔巴图 . 蒙古族图案 [M]. 呼和浩特：内蒙古大学出版社，2005：118.
❸ 阿木尔巴图 . 蒙古族图案 [M]. 呼和浩特：内蒙古大学出版社，2005：29.

这是一个演化的过程。但生活类动物牛羊所承载的文化意象是十分明确的，作为装饰元素的意义是十分显著的。动物纹作为装饰元素是蒙古族人聪敏智慧的结晶，成了蒙古包装饰文化的重要组成部分。

#### 4.3.1.3　狩猎类动物

蒙古草原先民的"游牧迁徙，射猎为业"[1]的生产方式，是草原游牧文化产生的根源。因此，狩猎文化逐渐成为蒙古民族装饰文化的重要组成部分，狩猎类动物也就成为蒙古包室内各种装饰的主要表现对象。

在远古蒙古草原深山老林与草原中，飞禽走兽类别十分丰富，为蒙古草原的早期先民从事狩猎生产提供了丰富的自然资源，为狩猎文化的产生与表现奠定了重要基础。

狩猎文化最早出现在蒙古草原的各种岩画中。随着游牧文化进一步发展，狩猎也逐渐发展成为一种文化娱乐类别保留在蒙古民族的文化体系中（表 4–21）。

在春秋战国及两汉时期，青铜器在草原文化中成为装饰文化的主要载体。各类狩猎文化以及狩猎类动物大量出现在如今的鄂尔多斯、苏尼特、准格尔等地区出土的青铜器上。其中的动物形态十分生动，文化意象也十分鲜明（表 4–22）。

岩画中的狩猎图　　表 4–21

| 图案样式 | 地点 | 特点简介 | 意象 | 实例图片 |
|---|---|---|---|---|
| 猎山羊 | 内蒙古乌拉特中旗海日呼图格岩画 | 左边一个执弓猎人，其旁一只山羊。右边两个执弓搭箭的猎人，对准了前面两只山羊，在两个猎人之后，还有一人双手叉腰，作舞蹈状，似在欢庆狩猎的成功 | 团结合作 | |
| 猎鹿 | 蒙古国岩画 | 一个猎人手持弓箭瞄准一头鹿，鹿身体向上微微跃起。左上方还有一个悬空的弓箭对着鹿头，似有巫术的意味 | 收获 | |
| 狩猎 | 内蒙古锡林浩特岩画 | 画面中的猎人正对准一头野鹿。画面中似有数只鹿和马，还有猎犬 | 收获 | |

[1] 张维训. 论鲜卑拓跋族由游牧社会走向农业社会的历史转变 [J]. 中国社会经济史研究，1985（3）：7–18.

续表

| 图案样式 | 地点 | 特点简介 | 意象 | 实例图片 |
| --- | --- | --- | --- | --- |
| 野猪[1] | 内蒙古克什克腾旗西拉木伦河谷白岔河畔岩画 | 画面最上方有一只手，其下是前后而行的三只野猪。在野猪下面有数人作跳舞状。舞场右边，有野猪和奔鹿。整个画面好似通过娱神舞蹈，以得到野猪和鹿等更多猎物 | 胜利 | |
| 猎虎[2] | 内蒙古阿拉善敖尤图山岩画 | 一只张口露牙的巨虎，其前有一执弓猎人，对准了巨虎 | 协同合作 | |

青铜器上的狩猎类动物 表 4-22

| 图案载体 | 时间 | 特点简介 | 意象 | 实例图片 |
| --- | --- | --- | --- | --- |
| 双羊纹金饰牌 | 385—663 年 | 两只盘角羊相对而立，中间三只竖向轮子，两羊立于轮上 | 祥瑞 | |
| 战国圆雕伫立羚羊形铜杆头饰 | 公元前 770 年—公元前 221 年 | 造型生动，制作精美，动物脚下都设有圆管，用于纳杆。羊双腿直立，羊角弯曲至颈上部。其造型别致，工艺精湛 | 崇拜 | |
| 牛头纹饰牌 | 匈奴青铜器 | 以牛头为主体，两侧饰为叶纹 | 威猛 | |

[1] 盖山林，盖志浩 . 内蒙古岩画的文化解读 [M]. 北京：北京图书馆出版社，2002：264.
[2] 盖山林，盖志浩 . 内蒙古岩画的文化解读 [M]. 北京：北京图书馆出版社，2002：66.

随着元朝的建立，蒙古贵族将狩猎作为一种休闲娱乐的生活方式保留下来，而狩猎文化与狩猎类动物也逐渐出现在蒙古族室内家具器物等载体上（表 4–23）。

家具挂毯器物等载体上的狩猎类动物　表 4–23

| 图案载体 | 时间 | 特点简介 | 意象 | 实例图片 |
|---|---|---|---|---|
| 蒙古国蒙古包鹿形挂毯 | 13 世纪现代复原 | 卧姿鹿形象，鹿首微昂，鹿角贴近身体躯干，姿态优雅，富有气势 | 灵动机敏 | |
| 蒙古族家具[1] | 1912—1949 年 | 描绘了野鹿群的生活状态。前面有一头主要刻画的鹿，后面有向前奔跑的鹿群，背景配以云纹、树纹装饰进行场景的渲染 | 祥和 | |
| 青花鹿纹执壶[2] | 1616—1912 年 | 喇叭口，束颈，垂腹，圈足。腹部两大面各绘一青花鹿纹，配以如意云纹 | 祥瑞 | |

上述研究表明，蒙古民族狩猎类动物装饰元素是蒙古族装饰文化的重要组成部分。从纵向的时间维度和横向的空间维度两个角度看，其类别的丰富性和载体的多样性都为这一文化的意象阐释打下了深刻的烙印。这说明，狩猎类动物从作为蒙古先民生产生活的必需品，到其成为各种崇拜的对象，再到装饰文化中的表现主体，充分说明了狩猎类动物在蒙古民族文化中的重要地位。我们不仅能够通过表面的形象、图案去分析其栩栩如生的形态，更能从其表现出来的文化意象的角度来发掘更多草原游牧民族文化的深层结构。

[1] 赵一东 . 北方民族家具文化 [M]. 呼和浩特：内蒙古大学出版社，2016：100.
[2] 刘井军，黄宁宁 . 龙腾敖汉：内蒙古龙源博物馆文物精粹 [M]. 呼伦贝尔：内蒙古文化出版社，2014：260.

## 4.3.2　植物的象征

蒙古游牧民族生活在草原上，世世代代面对自然植物而生息，已经将自身融入所生存的环境之中，并通过艺术创作将喜怒哀乐与广阔无垠的大草原相结合来表达自身的情感和祈盼。广阔的草原上生长着两千多种植物花草，这些花草为工匠们的艺术创作提供了极为丰富的资料，创造出种类繁多的植物图案，建构出自己独特的风格，精心地打造在各种载体上。尤其是在与汉文化的融合之中，汲取了汉民族对植物花卉的种种象征性内涵，加入到蒙古民族对美好生活的追求，更充分展示到他们的蒙古包装饰艺术之中。

### 4.3.2.1　花卉的象征

美丽的蒙古草原花草繁盛，每当繁花盛开的季节，无数美丽的鲜花点缀在郁郁葱葱的草原上，令人陶醉。这些繁盛的花草对草原游牧民族来说也有特殊的意义。因为这郁郁葱葱的大草原是他们丰收的保证，美好生活的象征。所以在蒙古族文化中，花卉的绽放代表了美好、富裕、祥和，被赋予了深刻的文化意象（图 4–49）。

图 4–49　阿拉善左旗大井山岩画[1]

岩画内容为一朵花形。中心是个大圈，表示花心，其周围是一个个小圆圈，表示花瓣，整个图像显得春意盎然。

元代的建立，汉文化对花卉文化意象的主张与创作手法被蒙古贵族传承下来，并结合到蒙古民族的装饰文化之中。如莲花、牡丹花、宝相花、梅花等蕴含着吉祥、富贵等深刻寓意的花卉装饰元素被广泛使用到蒙古族装饰的一切领域，从器具到家具、服饰等都可见到花卉纹样的使用（表 4–24～表 4–26）。

花卉图案在器具上的运用及意象　　表 4–24

| 图案载体 | 时间 | 特点简介 | 意象 | 实例图片 |
|---|---|---|---|---|
| 花草纹铜镜 | 元代 | 铜镜显得精致敦厚、雍容华贵、清新优雅。镜背饰有花草纹，构图自由活泼 | 华贵 | |

❶ 盖山林，盖志浩 . 内蒙古岩画的文化解读 [M]. 北京：北京图书馆出版社，2002：31，62.

续表

| 图案载体 | 时间 | 特点简介 | 意象 | 实例图片 |
|---|---|---|---|---|
| 白釉刻缠枝牡丹纹罐 | 元代 | 此罐牡丹花图案在黑底的衬托下，画面的层次感突出 | 富贵 | |
| 白铜仰覆莲纹执壶[1] | 清代 | 白铜，圆腹，子母口。溜肩，鹅颈流，弧柄。浮雕仰覆莲，造型为多个首尾相连的莲瓣 | 圣洁端庄 | |
| 紫檀牡丹纹黄铜箍奶桶[2] | 清代 | 奶桶、紫檀，桶身四道牡丹花纹黄铜箍，双耳带拎环 | 富贵 | |
| 缠枝牡丹纹帽盒[3] | 近代 | 专门保存搁置的收纳盒，既可置帽，又具有装饰性。中心的蝴蝶图案也是美好的化身 | 富贵 | |

在花卉的装饰载体中，家具是另一个重要表现对象，其花草通过绘画技艺和油漆技术而生动地表现出来，使得蒙古族家具的装饰摆脱了早期单色无画境地，而变得色彩丰富，画面优美，寓意深刻。

蒙古民族服饰同样具有独特且浓厚的草原风格，大方庄重，花形写实，寓意美满与祥和。

❶ 通辽市博物馆．蒙古族文物精华 [M]. 呼和浩特：内蒙古人民出版社，2008.
❷ 通辽市博物馆．蒙古族文物精华 [M]. 呼和浩特：内蒙古人民出版社，2008.
❸ 赵一东．北方游牧民族家具文化研究 [M]. 呼和浩特：内蒙古大学出版社，2013：91.

花卉图案在家具上的运用及意象　　表 4-25

| 图案载体 | 时间 | 特点简介 | 意象 | 实例图片 |
|---|---|---|---|---|
| 莲花小供桌❶ | 时间不详 | 上面是藏传佛教中财宝以及藏宝之所的化身吐鼠宝，象征着众生财食受用不匮乏。下面两扇柜门上绘有绽放的莲花图案，也是佛教的标志，象征纯净。周边绘有卷草纹作为点缀 | 佛教吉祥 | |
| 金黄底彩绘几案❷ | 清代 | 沿头高耸，弯腿马蹄足。彩绘牡丹花配缠枝连纹，寓意“富贵连连”，使人感到喜庆、富丽 | 富贵 | |
| 宝相花纹诵经桌❸ | 近代 | 以牡丹、莲花等为主体，中间镶嵌有别的花叶 | 华贵 | |

花卉图案在服饰上的运用及意象　　表 4-26

| 图案载体 | 时间 | 特点简介 | 意象 | 实例图片 |
|---|---|---|---|---|
| 金饰牛皮带 | 元代 | 牛皮制，制作精美。在带首、带尾处饰有较大的四叶花形，每个孔位处饰有小四叶花形 | 平安顺利 | |
| 蒙古族绣花女靴❹ | 近代 | 靴鞠面手工刺绣荷花、牡丹花灯图案。红花绿叶，五彩缤纷 | 圆满 | |

❶ 赵一东 . 北方游牧民族家具文化研究 [M]. 呼和浩特：内蒙古大学出版社，2013：82.
❷ 赵一东 . 北方民族家具文化 [M]. 呼和浩特：内蒙古大学出版社，2016：139.
❸ 赵一东 . 北方民族家具文化 [M]. 呼和浩特：内蒙古大学出版社，2016：92.
❹ 通辽市博物馆 . 蒙古族文物精华 [M]. 呼和浩特：内蒙古人民出版社，2008.

通过上述研究能够充分说明花卉装饰元素在蒙古族装饰文化中占有重要地位，它根植于蒙古族草原文化，创造于蒙古民族生产与生活中。花卉组成的纹样种类丰富多彩，造型变化万千，更重要的是花卉装饰的结构灵活多变，装饰载体不受局限，故而在蒙古民族装饰图案中的应用甚为广泛（图 4-50）。不论是从视觉感受上还是从审美心理上，蒙古族花卉装饰纹样都能给人以吉祥、美满、富贵、祥和之深刻意象。

图 4-50　蒙古包中花卉围毯

#### 4.3.2.2　果实的象征

元朝建立后，蒙古民族的游牧文化与中原地区汉民族的农耕文化联系日趋频繁，并逐渐相互融合，从而使得汉民族传统装饰元素也逐渐融入蒙古民族的装饰艺术中，成为其重要组成。

植物果实是早期人类的主要食物来源，对于农耕文化来说也是其生产的主要产品和生活的必需品。由此而产生的人类对果实的各种寓意也被艺术化表现在各类载体上，以寄予各种象征性内涵。因此，在各种装饰元素中，果实类装饰图案就愈发鲜明，如佛手象征福、桃象征长寿、石榴与葡萄象征多子多孙等。它们以独特的造型、美好的寓意也同样为蒙古民族所喜爱与接受，成了蒙古族传统装饰图案的重要组成，寄托与表达着蒙古民族对未来生活的憧憬和美好的愿望。

佛手图形源自印度，在人们的观念中与佛联系起来，寓意诸事顺利，吉祥如意[1]。桃是福寿的象征，桃形纹样常绣在烟荷包上，有时也用于女性服饰上，是美满婚姻的象征[2]。石榴是新疆传入的，石榴图案传入后与蒙古族传统图案结合作为吉祥物，是多子多孙的象征[3]。在汉民族传统装饰中将佛手、桃、石榴三种果实称为“福寿三多纹”，象征着多福多寿多子的美好愿景。葫芦与葡萄藤蔓绵延，果实累累，籽粒繁多，寓意人丁兴旺。

果实类装饰元素，在装饰图案中大多讲究圆润、富丽，在造型上追求饱满、繁密，表达着蒙古族装饰语言鲜明的审美特征，由此可以反映出蒙古族崇尚丰满之美的审美观念。在实践中工匠们善于将象征本土的符号与吸收外来文化的精华相融合，在器具、家具以及配饰上都能够看到果实类装饰元素的应用，追求一种对美好事物的向往与憧憬（表 4-27）。

在蒙古族家具上，果实类装饰元素也被普遍使用，以求生活的美满。这些装饰图案常作为中心图案，边缘区域饰以卷草纹或几何图案与之进行组合（表 4-28）。

果实类装饰元素另外一个常见的载体为配饰。随着社会的不断发展，蒙古族配饰的类型和种类不断增多，形成了不同的特色（表 4-29）。

❶ 阿木尔巴图 . 蒙古族图案 [M]. 呼和浩特：内蒙古大学出版社，2005：33.
❷ 阿木尔巴图 . 蒙古族图案 [M]. 呼和浩特：内蒙古大学出版社，2005：34.
❸ 赵娟 . 蒙古族传统图案构成形式研究 [D]. 太原：太原理工大学，2013：22.

果实图案在器具上的运用及意象　　表 4-27

| 图案载体 | 时间 | 特点简介 | 意象 | 实例图片 |
|---|---|---|---|---|
| 摩羯纹金花银盘[1] | 唐代 | 盘为捶揲而成，盘心有摩羯包竹纹。宽沿口，上有牡丹、葡萄图案 | 吉祥 |  |
| 海兽葡萄纹铜镜 | 元代 | 以葡萄纹为主，海兽、鸟雀、蜂蝶、花草等图案位于其中 | 繁盛祥瑞 |  |
| 粉彩九桃盘[2] | 清代 | 盘内绘有粉彩过枝桃花纹，间饰有一对蝙蝠。盘内外围共有九桃 | 福寿美满 |  |

果实图案在家具上的运用及意象　　表 4-28

| 图案载体 | 时间 | 特点简介 | 意象 | 实例图片 |
|---|---|---|---|---|
| 葫芦花纹柜[3] | 近现代 | 由葫芦形纹组成圆形图案，每个葫芦之间有飘带连接，给人以圆满之感 | 兴旺 |  |
| 石榴、佛手纹储物小箱[4] | 近现代 | 石榴是多子多福的象征。佛手为一种果实，与福谐音 | 兴旺祈福 |  |

❶ 刘冰．赤峰博物馆文物典藏 [M]. 呼和浩特：远方出版社，2006：86.
❷ 刘冰．赤峰博物馆文物典藏 [M]. 呼和浩特：远方出版社，2006：263.
❸ МОНГОЛГЭРАХУЙНУЛАМЖЛАЛТМОДОНЭДЛЭЛ7：38.
❹ 赵一东．北方民族家具文化 [M]. 呼和浩特：内蒙古大学出版社，2016：92.

续表

| 图案载体 | 时间 | 特点简介 | 意象 | 实例图片 |
| --- | --- | --- | --- | --- |
| 葡萄纹小箱[1] | 近现代 | 中心图案为成串的大颗葡萄并配以葡萄叶，给人以丰收的感觉 | 圆满兴旺 | |
| 石榴纹小箱[2] | 近现代 | 以在绿叶中生长的两颗成熟的石榴为中心图案，充实饱满 | 繁荣 | |

果实图案在配饰上的运用及意象　表 4-29

| 图案载体 | 时间 | 特点简介 | 意象 | 实例图片 |
| --- | --- | --- | --- | --- |
| 铜鎏金花鸟纹带[3] | 辽代 | 鎏金，铊尾长方形一端为圆弧，池内浮雕鹦鹉和葡萄纹 | 平安吉祥 | |
| 青黄玉葫芦形坠饰[4] | 清代 | 压腰葫芦，采用圆雕，顶上缠绕着枝蔓 | 福寿绵绵 | |
| 蝙蝠桃纹荷包[5] | 清代 | 丝织品。近乎圆形的荷包，松紧口，口旁下垂流苏，上有挎带。荷包两面绣金黄色蝙蝠和桃纹 | 福寿双全 | |

[1] 赵一东 . 北方游牧民族家具文化研究 [M]. 呼和浩特：内蒙古大学出版社，2013：95.
[2] 赵一东 . 北方游牧民族家具文化研究 [M]. 呼和浩特：内蒙古大学出版社，2013：200.
[3] 刘井军，黄宁宁 . 龙腾敖汉：内蒙古龙源博物馆文物精粹 [M]. 呼伦贝尔：内蒙古文化出版社，2014：204.
[4] 刘井军，黄宁宁 . 龙腾敖汉：内蒙古龙源博物馆文物精粹 [M]. 呼伦贝尔：内蒙古文化出版社，2014：243.
[5] 刘井军，黄宁宁 . 龙腾敖汉：内蒙古龙源博物馆文物精粹 [M]. 呼伦贝尔：内蒙古文化出版社，2014：293.

文化是一脉相承的，蒙古民族的装饰文化在器物、家具、配饰等载体上，都在一定程度上受到了其他民族文化的影响，是文化融合的见证。上述案例研究表明了蒙古民族善于将自身的装饰文化与外来的装饰文化融合成为整体，并有所发展和创新。蒙古牧民这种汲取外部文化为己而用的思想反映了蒙古民族精神追求和审美意识的巨大进步，也是世界各民族得以向前发展的主要生存规律。

#### 4.3.2.3 草木的象征

卷草纹是古代许多地区都比较流行的一个装饰纹样，在古埃及、古希腊、古罗马，以及日本等国家和地区，都有相当多的卷草纹装饰图案，只是在名称上各地略有差异。因此，可以毫不夸张地说，卷草纹是一种世界性的装饰纹样。

蒙古族所使用的卷草纹是草原游牧民族将花草进行提炼而成的一种装饰纹样，在蒙古族装饰元素中使用频率非常高。这种图案的画面线条柔美生动，具有连绵不绝、起伏流转的韵律感，常与蒙古族传统图案中的其他图案如盘肠、方胜、哈木尔等图案结合运用，并寓有生生不息、千古不绝、万代绵长之意[1]。

卷草纹的运用涉及日常生活的各个方面，其载体也几乎囊括了生活用品的全部领域，如蒙古包、家具、毡毯、器物等。蒙古包包体上的卷草纹应用得十分广泛，其曲线花纹常以粗壮线条描绘为主，并始终保持一种恒定状态。这种纹样装饰在白色的蒙古包上十分醒目，其连续的 S 形曲线表现了蒙古民族顽强的生命力和粗犷的民族风格，象征意义十分鲜明（图 4-51）。

在蒙古包本体的套脑、乌尼上也饰有大量卷草纹装饰元素，与毡包外部不同的是套脑与乌尼的卷草纹被饰以各种绚丽的色彩，热烈喧嚣的气氛给人以奢华富丽的感觉，象征牧民的生活蒸蒸日上，富裕美好（图 4-52）。

在蒙古包室内家具上卷草纹也扑面而来，布满了家具的各个角落，成为不可或缺的一部分。卷草纹的基本形态是草原上草与花的完美结合，只要经过延展的重复就会变化无穷，形成连续的、韵

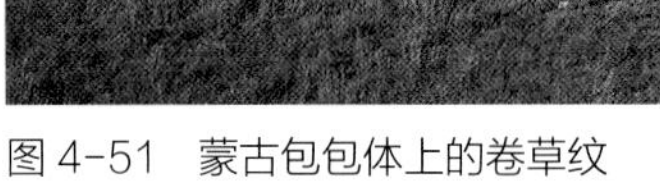

图 4-51 蒙古包包体上的卷草纹

[1] 袁园，高俊虹，刘兵 . 蒙古族“卷草纹”纹样研究 [J]. 美育学刊，2014，5（1）：105-110.

图 4-52　蒙古包包体结构上的卷草纹

律感极强的画面。在使用上，有时可作为主体画面，强调生生不息的顽强；有时又可以用作边角装饰纹样，辅助主体，突出中心。

在蒙古包室内的装饰器物上，卷草纹通常被用在画面的主体部分，来突出器物装饰的完整性（表 4-30、表 4-31）。

卷草纹在家具上的运用及意象　　表 4-30

| 图案载体 | 时间 | 特点简介 | 意象 | 实例图片 |
|---|---|---|---|---|
| 蒙古族供桌[1] | 近现代 | 红色的底色，金色凸起的浮雕卷草纹样，卷曲优美 | 丰收繁茂 | |
| 蒙古族小箱[2] | 近现代 | 中心图案为对龙形纹样，并配以云纹，四角运用卷草纹进行装饰 | 昌盛 | |

❶ МОНГОЛГЭРАХУЙНУЛАМЖЛАЛТМОДОНЭДЛЭЛ7：15.
❷ МОНГОЛГЭРАХУЙНУЛАМЖЛАЛТМОДОНЭДЛЭЛ7：37.

续表

| 图案载体 | 时间 | 特点简介 | 意象 | 实例图片 |
|---|---|---|---|---|
| 蒙古族矮柜[1] | 近现代 | 柜面以卷草纹变体，微浮雕的形式展现，镶嵌有红、绿、蓝色装饰物，看起来十分精美 | 富贵丰美 | |

卷草纹在器具上的运用及意象　　表 4-31

| 图案载体 | 时间 | 特点简介 | 意象 | 实例图片 |
|---|---|---|---|---|
| 黄釉套盒[2] | 辽代 | 由五件形制相同的盒套合而成，表面通体施黄釉。盒呈椭圆形，子母口。外壁中间对称浮雕花草纹，上下缘饰蔓草纹 | 吉祥 | |
| 卷草纹錾耳金杯[3] | 元代 | 元代蒙古族典型的饮酒器具，敞口，弧腹，平底，口沿外附月牙形耳，耳下连一指环。口沿外平錾缠枝卷草纹，美观精致 | 生生不息 | |
| 白地黑花卷草纹罐 | 元代 | 罐体白地泛黄、黑花，瓷器外壁纹样形态圆润，缠枝卷草纹向内蔓延，粗犷流畅的纹样颇具民族特色 | 生机劲美 | |

卷草纹是草原游牧民族采撷蒙古草原的花草为主体而创作出来的装饰纹样，以流动缠绕着的曲线为主导，其完美的艺术造型营造出草原游牧民族浓郁的生活气息。蒙古民族以草原为家，丰美的草原是幸福生活的源泉，代表了旺盛的生命力。因此，卷草纹充分地体现了蒙古民族朴素的民族情感和对生生不息、繁荣景象的美好憧憬。这种完美的结合展示出游牧民族装饰文化意象的深刻内涵。

❶ МОНГОЛ ГЭР АХУЙН УЛАМЖЛАЛТ МОДОН ЭДЛЭЛ7：19.
❷ 刘冰 . 赤峰博物馆文物典藏 [M]. 呼和浩特：远方出版社，2006：156.
❸ 安泳锝 . 天骄遗宝蒙元精品文物 [M]. 北京：文物出版社，2011：51.

### 4.3.3　动植物重构

蒙古族动植物装饰元素源于蒙古族赖以生存的广袤草原与高山，而动物与植物之间也存在一个完美的生物链，相互依存。这种和谐的自然关系也被游牧民族在长期的艺术创作中给予充分的体现出来。同时，历史上元朝作为一个少数民族入主中原而建立的统一国家，也促进了多民族文化交流的产生。这种交流也带来了多民族在装饰艺术上关于动物与植物二者之间的多种组织模式。因此，蒙古包装饰元素中动植物图案产生的构成方式是十分丰富的，如重叠、并列、烘托等。本节的动植物装饰的元素重构就是将动植物装饰元素根据一定的构成原则进行合理的组织，使得图案构成主次分明，错落有致，并且通过这种重构能够强化动植物装饰的文化意象。

#### 4.3.3.1　重叠

蒙古包装饰元素中的动植物元素重叠构成指的是在图案的设计中将动物与植物二者进行“同类装饰元素”整合，以提炼具备相同或相近寓意特点的装饰图案，来强化装饰图案的文化意象。当然，这种动植物装饰元素的重叠并不意味着是二元并列，而是二者共同突出一个主题。在接受美学上这种手法也被称为“强化接受”，旨在突出图案在受众大脑中的记忆程度（表 4–32）。

器物上动植物重叠构成　表 4–32

| 图案载体 | 时间 | 特点简介 | 意象 | 实例图片 |
|---|---|---|---|---|
| 青花云龙纹牡丹铺首罐 | 元代 | 罐中行龙与牡丹分别占据上下两层，面积均等。二者共同强化富贵之文化寓意 | 富贵 | |
| 透雕玉饰件[1] | 元代 | 白玉透雕。椭圆形底座上透雕三只羊及松树，二者均蕴含着吉祥的寓意 | 三阳开泰 | |
| 铜胎掐丝珐琅壶[2] | 清代 | 黑底，施五彩，子母口。腹部及盖面彩绘竹、菊、牡丹、珐琅蝴蝶等纹饰，共同寓意着吉祥繁盛 | 吉祥繁盛 | |

❶ 刘冰 . 赤峰博物馆文物典藏 [M]. 呼和浩特：远方出版社，2006：214.
❷ 通辽市博物馆 . 蒙古族文物精华 [M]. 呼和浩特：内蒙古人民出版社，2008：31.

蒙古族家具大多浓墨重彩，或浮雕与透雕相结合，或油漆重彩，再加上装饰纹样内容的不同，花样多变。在家具上构成原则体现得十分明确，蒙古族人常常将许多具有美好意义的图案重叠在一起，集吉祥寓意于一体（表 4–33）。

通过上述案例的分析可以看出，重叠构成模式中的相似"同类装饰元素"不仅包含造型的同类性，还包括内在寓意的相似性。通过这种方式来表达蒙古牧民对美好未来的向往和憧憬（表 4–34）。

家具上动植物重叠构成　　表 4–33

| 图案载体 | 时间 | 特点简介 | 意象 | 实例图片 |
|---|---|---|---|---|
| 凤戏牡丹双喜纹挂牙橱[1] | 清代 | 以盛开的牡丹花丛为中心图案，用卷草纹围合起来形成完整的图案。四角分别浮雕着一只色彩鲜艳的凤凰，两侧分别绘有"喜"字。抽屉饰以花卉纹 | 富贵华丽 | |
| 红底彩绘龙纹蝴蝶木箱[2] | 近代 | 中间图案为龙纹，其背景还配以云纹。四角分别绘有一种动物，有骏马、凤凰等。边缘为蝴蝶、花卉枝叶纹 | 祥和 | |
| 彩绘双狮蝴蝶纹木箱[3] | 近现代 | 红色为底，中心图案为双狮戏珠，四角用花卉纹装饰。木箱边缘彩绘蝴蝶、石榴纹样 | 吉祥幸福 | |

蒙古包上动植物重叠构成　　表 4–34

| 图案载体 | 时间 | 特点简介 | 意象 | 实例图片 |
|---|---|---|---|---|
| 蒙古包内部结构的装饰 | 现代 | 蒙古包内部结构上的装饰十分精美，有卷草纹、十二生肖、骏马、八宝图、回纹等，集各种具有美好寓意的元素叠加在一起 | 祥瑞美满 | |

❶ 刘兆和．蒙古民族毡庐文化 [M]. 北京：文物出版社，2008：170.
❷ 刘兆和．蒙古民族毡庐文化 [M]. 北京：文物出版社，2008：152.
❸ 刘兆和．蒙古民族毡庐文化 [M]. 北京：文物出版社，2008：144.

#### 4.3.3.2　并列

蒙古族装饰图案中的动植物元素有很多，而每种元素间的构成关系直接影响了图案的整体布局。通常为了使图案的大小布局合理，既做到视觉上的平衡，又确保蒙古牧民对图案寓意的正常表达，并列构成关系也是常用的布局手法。这种并列构成指每种动植物装饰元素的关系是平等的，不分主次。例如在一些蒙古族器物上，采用并列构图的装饰图案十分常见，呈现动植物装饰元素相互对置，以满足蒙古族人希望圆满、好事成双的精神追求（表 4-35）。

器物上动植物并列构成　　表 4-35

| 图案载体 | 时间 | 特点简介 | 意象 | 实例图片 |
| --- | --- | --- | --- | --- |
| 元青花釉里红鹿纹狮钮执壶 | 元代 | 瓶整体花纹下部为鹿，上部为牡丹，二者并列布局，共同表达吉祥富贵之意 | 吉祥富贵 |  |
| 白釉飞凤纹剔花瓶 | 元代 | 瓶中部主要装饰区凤纹与牡丹纹交替出现，构图的并列关系十分清晰，共同表达着富贵吉祥的文化语意 | 富贵吉祥 |  |
| 流云百蝠天球瓶 | 清代 | 全瓶图案为云纹及蝙蝠。云纹表示绵延不断，蝙蝠寓意为“福”，流云百蝠，表达福不断之意 | 百福呈祥 |  |

上述案例中动植物元素并列构成的图案按照垂直、交替或者平行的方式被安排在器物的同一部位，呈现出较为强烈的文化寓意。在蒙古族家具上这种并列构成的图案也十分丰富。但由于家具的特殊性，门、橱、抽屉等的独立性，各种动物与植物元素的并列方式也不尽相同（表 4-36）。

此外，在蒙古包毡包本体的套脑上，通过装饰图案结合套脑本身的形态特点，来完成这种动植物装饰元素的并列式布局（表 4-37）。

家具上动植物并列构成 表 4-36

| 图案载体 | 时间 | 特点简介 | 意象 | 实例图片 |
| --- | --- | --- | --- | --- |
| 储物柜 [1] | 近现代 | 重漆彩绘，上方部分中间两扇柜门绘有卷草纹，下方部分中间两扇柜门绘有石榴和花卉纹样。其余均绘有马匹图案。各部分的装饰相对独立，整体表达着美好生活的寓意 | 富裕<br>兴旺<br>祥和 | |
| 大柜橱 [2] | 近现代 | 对开门扇面绘有神态高昂的雄狮，上方抽屉门为华美的宝相花纹。柜边缘饰以卷草纹进行点缀。各部分共同组合成完整的装饰图案，表现祥瑞的核心寓意 | 祥瑞 | |

蒙古包上动植物并列构成 表 4-37

| 图案载体 | 时间 | 特点简介 | 意象 | 实例图片 |
| --- | --- | --- | --- | --- |
| 蒙古包套脑 | 现代 | 动植物以间隔式排列，动物为十二生肖图案，每种动物以卷草纹组成的图案依次排列 | 祥和<br>圆满 | |
| 蒙古包套脑 | 现代 | 套脑立杆上的盘羊角与卷草纹组成的图案依次排列 | 崇拜<br>力量 | |

总体来说，动物与植物装饰元素的合理搭配是构图的关键，它们之间的组合不仅是构图的需要、造型上的变化、形式语言的差异，更多的是蕴含着蒙古族装饰文化的主旨意象，强化着蒙古民族依托装饰图案所呈现出来的对美好生活象征性的表达方式。

❶ 赵一东. 北方游牧民族家具文化研究 [M]. 呼和浩特：内蒙古大学出版社，2013：144.
❷ 刘兆和. 蒙古民族毡庐文化 [M]. 北京：文物出版社，2008：220.

#### 4.3.3.3　烘托

蒙古包装饰图案中的动物与植物元素之间的组合关系有时也有主次之分，其中动物元素往往居中布置，植物元素位于陪衬地位，旨在烘托出动物元素的主要文化意象，共同表达对美好生活的憧憬。表现在蒙古族装饰图案在构成时，就已经决定了它所要传递信息的秩序，处理好主体元素与陪衬元素之间的构图关系。主体图案以动物装饰元素为主，主要是体现北方游牧民族千百年来与大自然之间的和谐关系，如动物图腾、宗教类动物和五畜类动物等。而植物装饰元素在构图时具有一定的灵活性和自由度，所以常作为边角纹样使用，起到烘托主体装饰元素的作用，使图案具有连绵不断、幸福绵长的寓意（表 4–38）。

器物上动植物烘托构成　表 4–38

| 图案载体 | 时间 | 特点简介 | 意象 | 实例图片 |
|---|---|---|---|---|
| 青花高足杯[1] | 元代 | 釉色白中泛青。外壁用青花绘双凤纹、内壁暗刻龙纹，此为主体图案。杯口沿绘缠枝花舒展细腻，烘托出龙凤的灵动 | 富贵 | |
| 金马鞍[2] | 元代 | 蒙古贵族妇女用的马鞍。主体图案为卧鹿纹，边饰牡丹花，围边饰莲瓣与草叶纹 | 富贵<br>吉祥 | |
| 龙纹木胎银碗[3] | 清代 | 以桦树根旋挖成形，再包银饰片制成。以龙纹为中心图案，碗边饰以吉祥寓意的卷草纹。烘托出对龙的崇敬，以及地位的象征 | 尊贵 | |

在这类烘托式构图中，植物装饰元素是图案的基础，造型上较动物装饰元素更为简洁，但却起到丰富整体构图的作用。尤其是在一些蒙古族家具上，植物装饰元素配合着动物装饰元素，使图案更丰富多彩，形成更清晰的层次感（表 4–39）。

❶ 安泳鍀 . 天骄遗宝蒙元精品文物 [M]. 北京：文物出版社，2011：72.
❷ 安泳鍀 . 天骄遗宝蒙元精品文物 [M]. 北京：文物出版社，2011：43.
❸ 内蒙古博物院 . 中国少数民族文物图典（内蒙古博物院卷）[M]. 沈阳：辽宁民族出版社，2014：28.

家具上动植物烘托构成 表 4–39

| 图案载体 | 时间 | 特点简介 | 意象 | 实例图片 |
| --- | --- | --- | --- | --- |
| 对开门牙橱[1] | 清代 | 松木制成。对开门门扇上彩绘二龙戏珠纹。在柜体的边缘绘有卷草纹及桃纹。表达出人们祈求福佑的美好愿望 | 祈福吉祥 | |
| 蒙式小箱[2] | 近现代 | 中心图案为一匹骏马，姿态健壮。四周配以几何纹、卷草纹样烘托骏马的神气 | 神骏 | |
| 蒙古族矮柜 | 近现代 | 家具以狮子为中心图案，四角用树的枝叶作装饰点缀，为画面增添了生动之感 | 祥瑞 | |

在蒙古包毡包本体的套脑及与乌尼的连接处和大门上，这种动植物图案的烘托也很普遍，用于突出动物元素的主体地位（表 4–40）。

蒙古包上动植物烘托构成 表 4–40

| 图案载体 | 时间 | 特点简介 | 意象 | 实例图片 |
| --- | --- | --- | --- | --- |
| 蒙古包套脑 | 现代 | 套脑分为八部分，每部分以马为主体，边角以卷草纹作装饰。烘托骏马的秀美，表达对骏马的喜爱与重视 | 神骏 | |

❶ 刘兆和 . 蒙古民族毡庐文化 [M]. 北京：文物出版社，2008：69.
❷ 刘兆和 . 蒙古民族毡庐文化 [M]. 北京：文物出版社，2008：7.

续表

| 图案载体 | 时间 | 特点简介 | 意象 | 实例图片 |
| --- | --- | --- | --- | --- |
| 蒙古包包门 | 现代 | 为浅浮雕形式，中心图案为狮子，四周运用卷草纹以烘托出狮子的神圣 | 崇拜<br>吉祥 | |

蒙古包装饰文化对自然元素的有效提取以突显其文化意象的艺术手法，遵循着蒙古牧民物质文化与民族精神文化的统一性。在蒙古包装饰图案中，动物装饰元素与植物装饰元素的有效秩序，能够在视觉语言中起到积极的引导作用。通过烘托构成整合后的装饰图案，具有由四周向中心的辐射力，使图案的主从秩序更加突出，文化意象更加明确。

上述研究可以从量化的指标中解读出蒙古包装饰文化意象的基本走向（表 4–41、图 4–53、图 4–54）。其中崇拜意象约占总和的 28.52%，吉祥意象约占总和的 30.28%，祥瑞、繁衍、兴旺、福寿及富贵加起来约占总和的 41.2%。

蒙古包装饰元素文化意象数量统计表 / 个　　表 4–41

| 蒙古包装饰元素分类表 | | | 文化意象 | | | | | | |
| --- | --- | --- | --- | --- | --- | --- | --- | --- | --- |
| 二级标题 | 三级标题 | 四级标题 | 崇拜 | 祥瑞 | 吉祥 | 繁衍 | 兴旺 | 福寿 | 富贵 |
| 崇拜信仰类 | 原始崇拜 | 图腾 | 24 | 0 | 2 | 0 | 0 | 1 | 0 |
| | | 自然 | 6 | 0 | 0 | 0 | 3 | 0 | 0 |
| | | 生殖 | 4 | 0 | 0 | 1 | 0 | 0 | 0 |
| | 神的崇拜 | 祥兽 | 0 | 10 | 0 | 0 | 0 | 1 | 1 |
| | | 巫术 | 17 | 0 | 0 | 1 | 0 | 0 | 0 |
| | 宗教崇拜 | 八宝 | 0 | 0 | 23 | 0 | 1 | 0 | 1 |
| | | 佛语真言 | 0 | 0 | 7 | 0 | 0 | 0 | 0 |
| | | 佛经典故 | 6 | 0 | 6 | 0 | 1 | 0 | 0 |
| | 数量小计 | | 57 | 10 | 38 | 2 | 5 | 2 | 2 |
| 场景类 | 习俗类 | 标识符号 | 2 | 0 | 3 | 3 | 5 | 0 | 0 |
| | | 几何图案 | 2 | 1 | 11 | 0 | 0 | 17 | 0 |
| | 生活类 | 宴饮类 | 0 | 0 | 1 | 0 | 2 | 0 | 3 |
| | | 出行类 | 0 | 0 | 1 | 0 | 2 | 0 | 0 |
| | | 劳作类 | 0 | 0 | 0 | 1 | 3 | 0 | 0 |

续表

| 蒙古包装饰元素分类表 | | | 文化意象 | | | | | | |
|---|---|---|---|---|---|---|---|---|---|
| 二级标题 | 三级标题 | 四级标题 | 崇拜 | 祥瑞 | 吉祥 | 繁衍 | 兴旺 | 福寿 | 富贵 |
| 场景类 | 生产类 | 骑射场景 | 1 | 0 | 0 | 4 | 1 | 0 | 0 |
| | | 畜牧场景 | 0 | 0 | 0 | 2 | 2 | 0 | 0 |
| | 数量小计 | | 5 | 1 | 16 | 10 | 15 | 17 | 3 |
| 动植物类 | 动物的隐喻 | 生产类 | 5 | 1 | 3 | 4 | 1 | 0 | 0 |
| | | 生活类 | 6 | 1 | 3 | 4 | 3 | 0 | 0 |
| | | 狩猎类 | 3 | 1 | 1 | 4 | 1 | 1 | 0 |
| | 植物的隐喻 | 花卉 | 1 | 0 | 7 | 0 | 1 | 0 | 5 |
| | | 果实 | 0 | 1 | 4 | 2 | 1 | 2 | 0 |
| | | 草木 | 1 | 0 | 6 | 1 | 3 | 0 | 2 |
| | 动植物重构 | 重叠 | 0 | 1 | 4 | 0 | 0 | 0 | 2 |
| | | 并列 | 1 | 2 | 1 | 0 | 1 | 1 | 1 |
| | | 烘托 | 2 | 1 | 3 | 0 | 0 | 0 | 2 |
| | 数量小计 | | 19 | 8 | 32 | 15 | 11 | 4 | 12 |
| 数量总计 | | | 81 | 19 | 86 | 27 | 31 | 23 | 17 |

蒙古民族作为发展和传承蒙古草原文化的代表，具有独特的文化传统和审美意识，由此产生了独特的蒙古包装饰元素。本章通过大量的案例分析，着重研究并进一步阐释出蒙古包装饰元素的深层文化结构与寓意内涵。

文化意象作为一种文化内涵，具有鲜明的民族特点，与蒙古民族的生存环境、文化传说、风俗习惯、意识形态、价值取向密切相关。本章将蒙古包装饰元素分为宗教信仰、生活场景、动植物类装饰元素三大类别进行研究，选取了每种类别的装饰元素具有代表性的案例，追溯其历史发展轨迹，找出每种装饰元素的原形，发掘其文化意象。

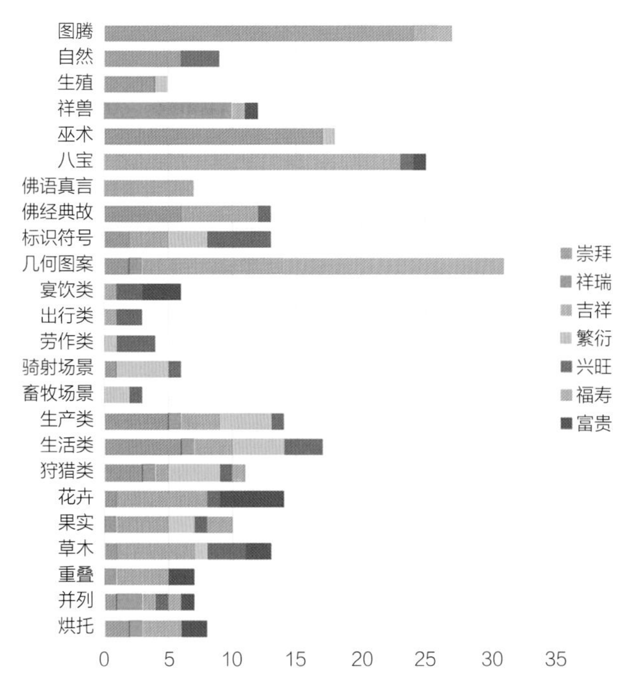

图 4-53 蒙古包装饰元素文化意象分析图 /%

通过研究可以发现蒙古包装饰元素的文化意象是十分清晰明了的，无论是宗教信仰类、场景类或是动植物类装饰元素其所代表的文化意象大致可分为崇拜、祥瑞、吉祥、繁衍、兴旺、福寿及富贵，均为代表美好生活的意象。蒙古族不稳定的游牧生活，使得装饰元素的内在含义充分体现了蒙古族人对生活的追求，对生命的热爱。

崇拜是蒙古民族祖先笃信万物有灵的观念，加之蒙古族祖先在战胜自然的过程中，充满了敬畏，故而象征着崇拜意象的蒙古族装饰元素是非常多的。而吉祥文化意象是经过积淀而成的民族文化精粹，它传承着蒙古族人内在的精神。其余文化意象也十分重要，表达着不同的期愿。诸多蒙古包装饰元素通过各种各样的形式表现出来，创造了其代表意义的图形符号与装饰图案。

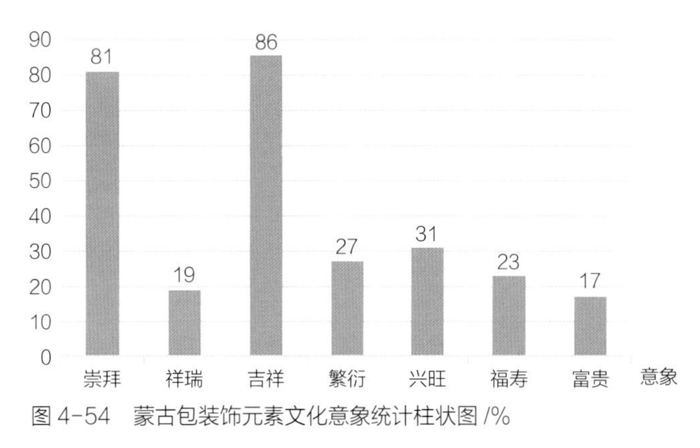

图 4-54　蒙古包装饰元素文化意象统计柱状图 /%

通过分析研究可知，由于蒙古民族受所处自然历史条件等因素的影响，其装饰元素表现的是对精神世界的追求。由于其优美的形式而使其拥有了更为个性的审美内涵，并寓情于艺术。

CHAPTER 5

第5章

# 蒙古包装饰文化基因

通过前面章节的研究我们可以发现，依托于蒙古包的蒙古民族装饰的文化特质具有十分鲜明的个性。究其原因主要是由于蒙古民族特有的信念、习惯和价值观，即文化基因所造成的。“所谓文化基因，就是决定文化系统传承与变化的基本因子，基本要素。”[1] 由此可见，作为蒙古民族物质与精神文化重要载体的蒙古包及其装饰，其自身的形态演变就是具有蒙古民族代表性的独特文化基因，是蒙古草原多民族文化的集大成者。

## 5.1 构架组成类装饰文化基因

蒙古包经过几千年发展，产生了不同的毡包形态，并逐步演化成套脑、乌尼、哈那三大组成部分固定下来。而在不同时期这三大构件所表现出来的形态组成和组织方式具有不同的基因样本，通过选择与分析将其图形化编制，建构起属于蒙古包本体的文化基因图谱。

### 5.1.1 套脑的文化基因

套脑是毡包构架构成形式最为丰富的构件，蕴含着丰富的蒙古民族的基因和记忆，其文化基因以历史演变过程中不同的套脑形态为因子，不同因子之间相互关联，彼此制约，互为因果。本节通过对套脑样本的筛选，厘清其演化过程，绘制其基因演化图谱。

#### 5.1.1.1 套脑的文化基因样本

据现有资料考证，早在石器时代的岩画上就出现了套脑的雏形，其圆形形态与十字支撑共同构成了第一代套脑基本形。这个时期套脑的主要功能是采光、排烟。随着蒙古包形态的稳定，套脑在圆形十字支撑的基础上，又发展了一些衍生形套脑，主要是对十字支撑的加强，产生了不同的支撑方式，以强化套脑的稳定性（表 5-1）。

从套脑的原始功能来看，平面套脑的排烟功能较弱。牧民们在草原上使用的燃料为干牛粪，烟量较大。因此，在匈奴与鲜卑文化里，牧民在搭建蒙古包时，有意将套脑向上拉长，形成一个圆桶状的套脑，更有利于排烟，史称为有颈套脑。这是套脑发展的重要一步，也是第二代套脑的基本型。有颈套脑使得原本平面的套脑更加丰满而受到广泛推崇，尤其是贵族们使用的蒙古包大都采用有颈套脑，在满足使用要求的基础上，又增加了蒙古包外观的装饰性（表 5-2）。

---

[1] 王东．中华文明的文化基因与现代传承（专题讨论）中华文明的五次辉煌与文化基因中的五大核心理念 [J]. 河北学刊，2003（5）：130-134，147.

第一代套脑样本　　表 5-1

| | 案例 | | | |
|---|---|---|---|---|
| 第一代套脑 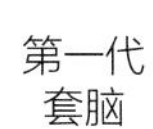 |  | | 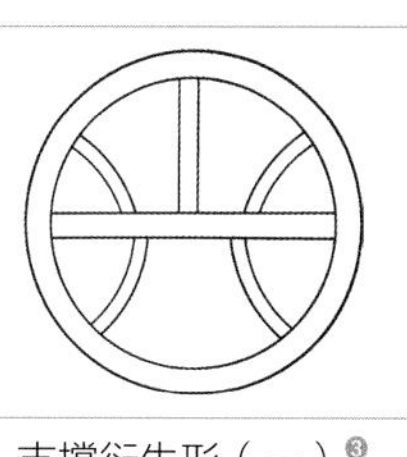 | 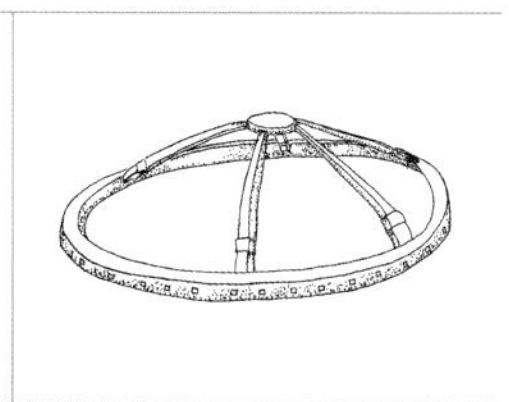 |
| | 基本形[1] | 支撑强化形[2] | 支撑衍生形（一）[3] | 支撑衍生形（二）[4] |

第二代套脑样本　　表 5-2

| | 案例 | | | |
|---|---|---|---|---|
| 第二代套脑 | 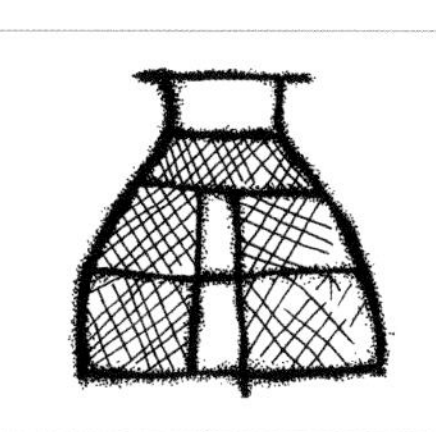 | 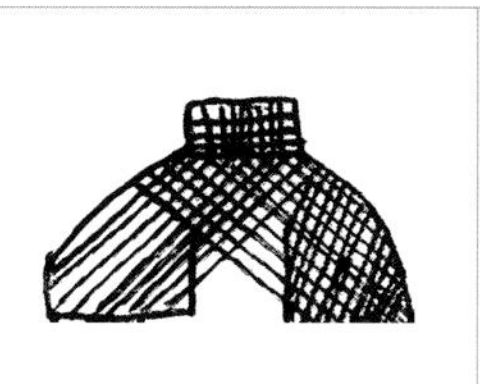 | 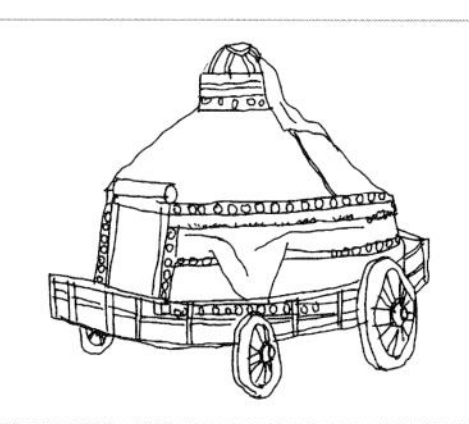 | 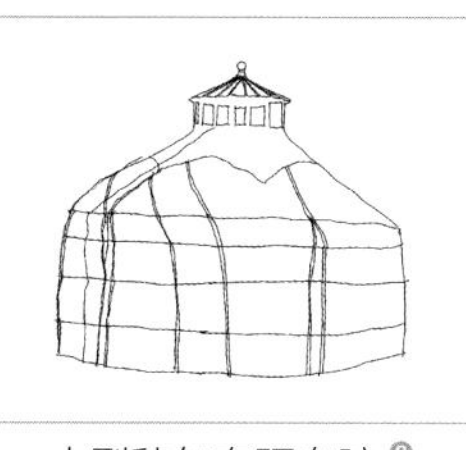 |
| | 有颈套脑基本形（一）[5]  | 有颈套脑基本形（二）[6] | 帝王车帐有颈套脑[7] | 大型毡包有颈套脑[8] |

套脑的发展向来与功能密切相关，在有颈套脑的基础上，蒙古包的第三代套脑——多层套脑被创造出来。这种套脑是将原始套脑的十字支撑做成多层的模式，增大了套脑的直径与层数，使室内空间更加完整，也更具有装饰性（表 5-3）。

第三代套脑样本　　表 5-3

| | 案例 | | |
|---|---|---|---|
| 第三代套脑 | 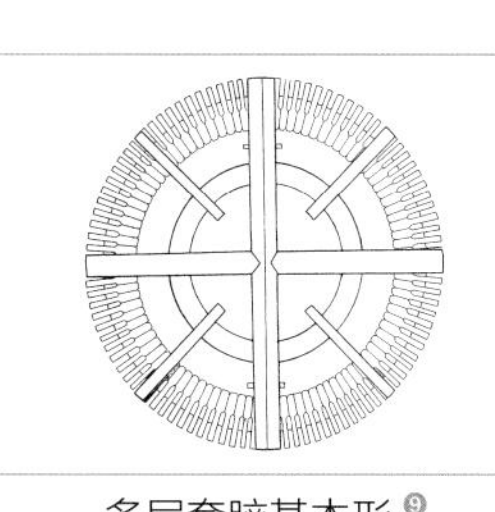 | 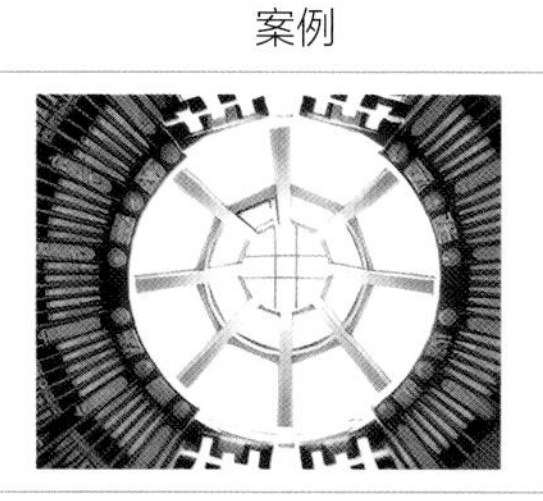 |  |
| | 多层套脑基本形[9] | 多层套脑案例 | 大型毡包多层套脑案例 |

[1] 刘兆和 . 蒙古民族毡庐文化 [M]. 北京：文物出版社，2008：14.
[2] 刘兆和 . 蒙古民族毡庐文化 [M]. 北京：文物出版社，2008：54.
[3] 赵迪 . 蒙古包营造技艺 [M]. 合肥：安徽科学技术出版社，2013：54.
[4] 刘兆和 . 蒙古民族毡庐文化 [M]. 北京：文物出版社，2008：52.
[5] 刘兆和 . 蒙古民族毡庐文化 [M]. 北京：文物出版社，2008：16.
[6] INTANGIBLE CULTURAL HERITAGE OF THE MONGOLS：65.
[7] INTANGIBLE CULTURAL HERITAGE OF THE MONGOLS：122.
[8] 刘兆和 . 蒙古民族毡庐文化 [M]. 北京：文物出版社，2008：37.
[9] 刘兆和 . 蒙古民族毡庐文化 [M]. 北京：文物出版社，2008：55.

蒙古包套脑的三代发展关系是十分清晰的，在不同的包体上又有不同的表现方式，从而构成了形态丰富的套脑基因样本。

### 5.1.1.2 套脑的文化基因演化

根据以上套脑的基因样本，我们可以清晰地看到套脑的最原始基因是圆形，并以此来构成套脑基本形与基因符号。在随后的套脑发展中，都是以这个圆形为核心，或在十字支撑上给予强化，或在套脑的组合上进行数量上的递增和大小的分层，始终没有跳出这个圆形的小圈圈之外。由此可以得出结论，套脑的基因演化的主要路径是基因复制。但是同时，在套脑的支撑和不同层套脑的连接上又是以原始十字支撑为基础，进行了多次复制与组合，以完成大型复杂套脑的技术搭建。在套脑的复制过程，形成组合复制和不完全复制。

从第一代套脑基因样本来看，套脑的相同代际关系所选择的圆形基因相同，复制关系清晰，而十字支撑在不同的套脑使用上则采用组合复制，即多个十字支撑叠合，其目的是强化套脑的稳定性（图 5-1）。

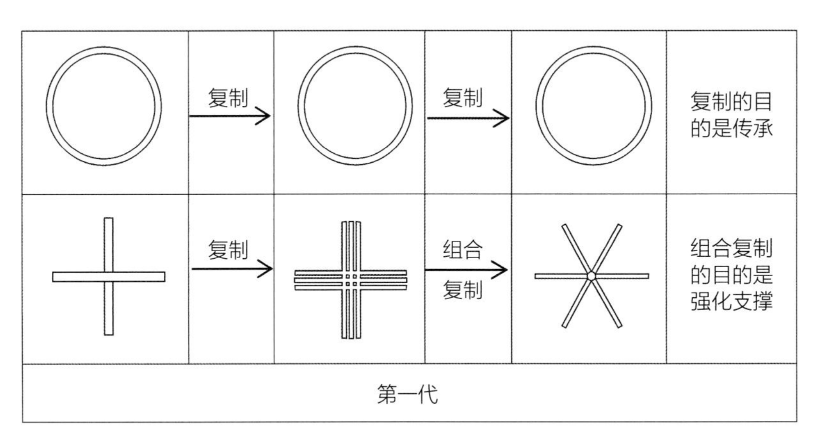


图 5-1 第一代套脑基因演化分析图

第二代套脑是第一代的进化形式，即有颈套脑。由于套脑直筒形的造型特点，其上下套脑是相同的基因，完全复制而成（图 5-2）。

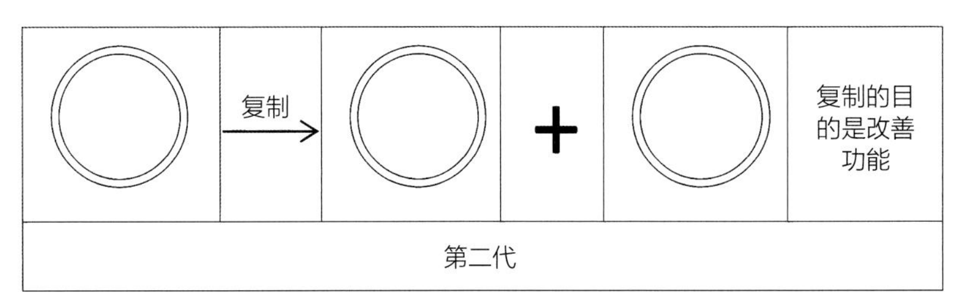


图 5-2 第二代套脑基因演化分析图

第三代套脑的发展是为了满足大型蒙古包的需求而产生的，因此套脑的形态最为复杂。蒙古包的尺度加大，必须要将套脑的尺度随之加大。分层套脑可随着包体尺度的变化而变化。常见的分层套脑有三层，由下往上由大圆形、中圆形和小圆形构成，均是对原始套脑的完全复制。变化较大的是套脑的支撑体系，要把这样大型的三层套脑支撑起来，原始的十字支撑显然是不够的。从现有案例来看，在不同的层级上，使用多个十字支撑来满足功能和技术要求，分别由两套或三套不完全十字支撑来完成（图 5-3）。

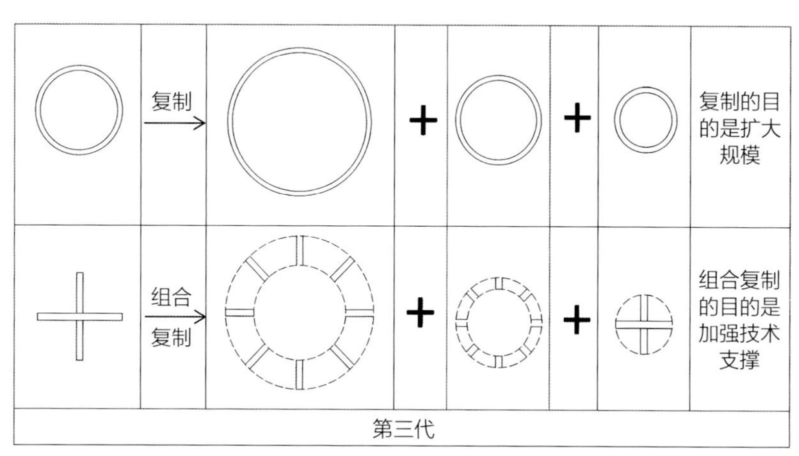


图 5-3　第三代套脑基因演化分析图

这三代套脑看似变化较大，但其基本的圆形与十字支撑基因体系并没有改变。因此，历代蒙古包套脑的基因演化以复制为主要手段这一点是十分清晰的。

在蒙古包几千年的发展中，也有一些套脑的基因有所变异。由于其没有跟上蒙古包的发展，已逐渐退出蒙古民族生产生活的舞台。

#### 5.1.1.3　套脑的文化基因图谱

通过基因样本的分析与基因传承模式的探讨，我们可以清晰地建构起蒙古包套脑的基因关系图，即搭建出蒙古包套脑的基因图谱。

套脑的基因由两个因子构成——圆形的环与十字形的撑。其中的圆环因子由单环、双环和多环构成。环的形态保持恒定，环的直径根据蒙古包的规模而定，变化较大（图 5-4）。

而支撑因子无论在哪种情况下都有所变化，由单一十字撑或多个十字撑不等构成。而十字撑也有完全十字撑和不完全十字撑之分（图 5-5）。

通过基因图谱的搭建，为我们清晰地展示了蒙古包套脑的基因形态和基因序列，为新时期蒙古包的传承奠定了基础。

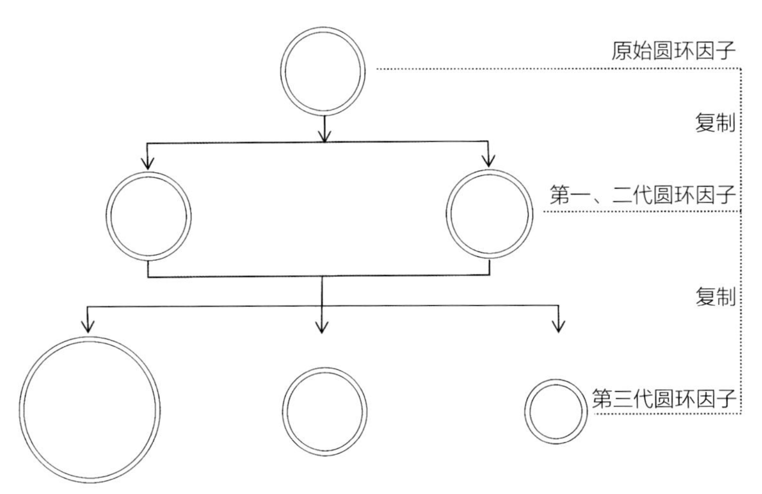


图 5-4 套脑圆环因子图谱示意图

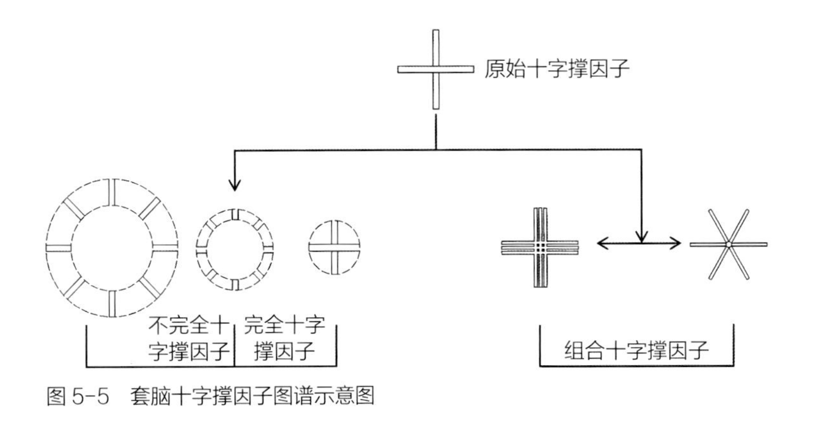


图 5-5 套脑十字撑因子图谱示意图

## 5.1.2 乌尼的文化基因

乌尼是蒙古包顶界面一根根斜向摆放的直杆形木构件，像房屋的椽子，上承套脑，下接哈那。由于其直杆形的主体形态远比套脑要简单得多，所以其基因图谱也比较简单。在其传承与发展的过程中，受自然和人文因素影响，出现了三种类别的乌尼形式，构成了简单的三代基因代际关系。

### 5.1.2.1 乌尼的文化基因样本

乌尼是蒙古包出现最早的主体构件，在距今 20000—13000 年前，乌尼就以“焦布根”“肖包亥”的雏形出现，并传承至今[1]，一直忠实地复制着自己，保持着自己的基本特征。第一代乌尼是直杆乌尼，主要起支撑顶层毡帐的作用。随着手工艺的进步，游牧民对乌尼的要求也越来越高。必须采用同一种材料，长短粗细都相近，有着一样的规制（表 5-4）。

[1] 阿拉腾敖德 . 蒙古族建筑的谱系学与类型学研究 [D]. 北京：清华大学，2013.

第一代乌尼基因样本　表 5-4

| 第一代乌尼 | 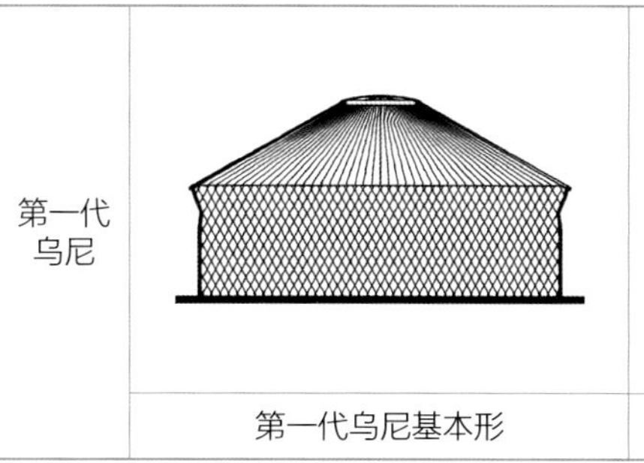 |  |  |
|---|---|---|---|
| | 第一代乌尼基本形 | 第一代乌尼案例（一） | 第一代乌尼案例（二） |

从乌尼的使用功能来看，为了强化蒙古包的整体稳定性能，以更加适应蒙古草原的季风，出现了第二代弯杆乌尼形态。即在原有直杆乌尼的基础上，将上承套脑与下接哈那之处做成弯曲状，以保证其连接的便利和稳固。这样的乌尼形式使得蒙古包造型更加圆润，防风效果更突出，是对直杆式乌尼的改良，沿用至今（表 5-5）。

第二代乌尼基因样本　表 5-5

| 第二代乌尼 | 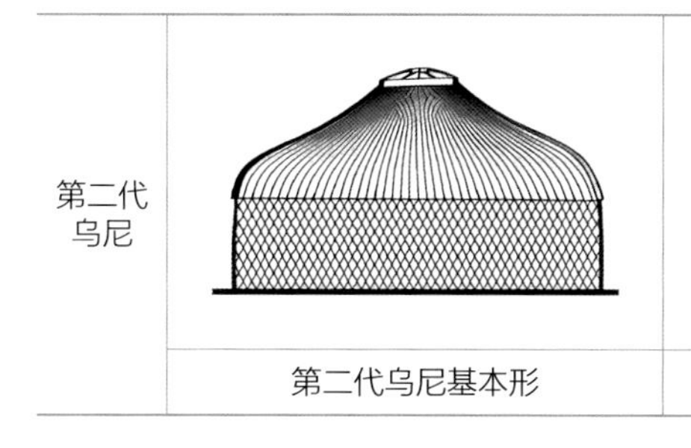 |  |  |
|---|---|---|---|
| | 第二代乌尼基本形 | 第二乌尼代案例（一） | 第二代乌尼案例（二） |

当帝王与贵族对蒙古包的面积有更大的要求时，蒙古包的包面要随之加大。但由于材料的限制，无法用一根乌尼来完成这样大的包面，所以工匠在前两代乌尼的基础上，采用分段连接的方式建构出更大的乌尼，这样第三代乌尼被创造出来，即多段式乌尼。多段式乌尼可以承受大型蒙古包的包面力，使得包内空间更加恢宏，以满足帝王与贵族们的需求，也彰显着蒙古包主人的地位和身份。这种大型毡包与多段式乌尼的建构方式也被传承下来，在当今大型公共空间，如展览、会议、餐饮等建筑上广为使用（表 5-6）。

第三代乌尼基因样本　表 5-6

| 第三代乌尼 | 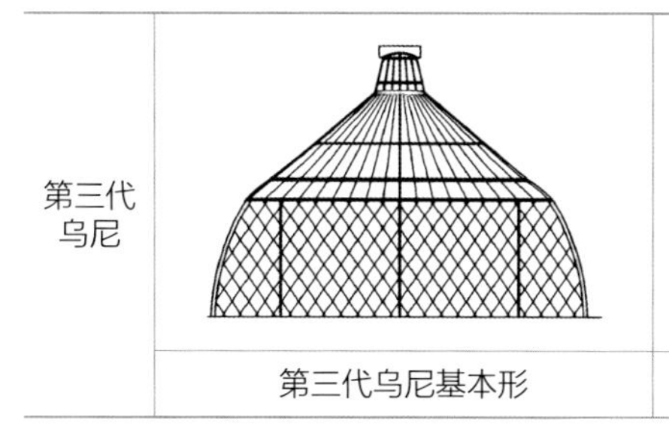 |  |  |
|---|---|---|---|
| | 第三代乌尼基本形 | 第三代乌尼案例（一） | 第三代乌尼案例（二） |

由此可见，乌尼三代样本形态十分清晰，其主体形态变化不大，只是在历史发展进程中稍作了演化。

#### 5.1.2.2　乌尼的文化基因演化

从以上样本可知，乌尼最原始的基因是直杆形，并以此构建第一代乌尼的基本形与基因符号。在随后的演化过程中，始终以直线形为核心，进行忠实的复制与传承。

第二代乌尼由两部分组成，直杆与弯杆。乌尼这两部分在小型包中是由一根乌尼来完成的。而在大型包中，直杆与弯杆是由两根构件来完成的，直与弯的形态变化是十分清晰的。因此，第二代乌尼的直杆部分是第一代的基因复制，弯杆部分是第一代直杆基因的变异。

第三代乌尼由三个或多个部分组成，即由多个直杆和一个弯杆组成，以承担超大型蒙古包的使用功能。第三代乌尼可以看作是第一代与第二代的组合，即三个直杆是第一代的基因复制，弯杆是第二代的基因复制（图 5–6）。

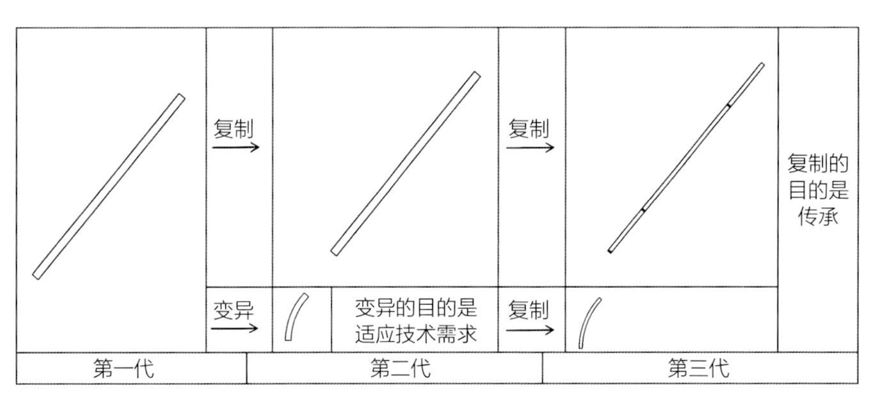


图 5–6　乌尼基因演化分析图

这三代乌尼的基因演化看似变化不大，主要以基本的直杆式为主，局部构件为弯杆。但是其演化的路径是与蒙古包的发展密切相关的，也就是蒙古包的大型化趋势。通过以上分析，十分清晰地表明历代乌尼的基因演化主要是以基因复制为主要路径以及弯杆的基因变异这两种模式。

#### 5.1.2.3　乌尼的文化基因图谱

通过乌尼的基因演化可以看出，乌尼的基因代际关系十分清晰，其图谱也比较简单，主要有直杆的基因复制和弯杆的基因变异。作为原始基因的直杆乌尼是乌尼基因图谱的第一层，而第二代乌尼的直杆部分是第一代的复制，弯杆部分则是第一代直杆乌尼的变异。第三代多个直杆部分是第一代和第二代的复制，弯杆部分则是第二代弯杆的复制（图 5–7）。

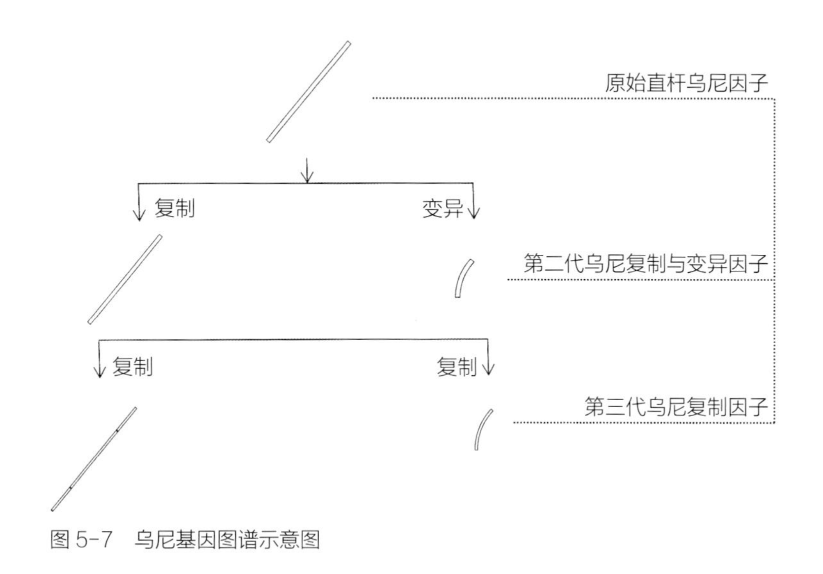

图 5-7　乌尼基因图谱示意图

### 5.1.3　哈那的文化基因

著名蒙古文化学者郭雨桥先生认为，“哈那的发明，是游牧民居发展史上的一场革命”[1]。哈那的产生和发展使游牧民摆脱了低矮狭小的撮罗子，生活空间变得逐步宽敞起来。

#### 5.1.3.1　哈那的文化基因样本

哈那历史悠久，从狩猎文明时期开始演变，直到匈奴人使用时期趋于稳定。第一代哈那是垂直于地面的直立木杆，是哈那的雏形，即直杆哈那，起着基本支撑蒙古包整体的结构作用（表 5-7）。但这种形式不但不方便拆搭，稳定性也不强，因而不断被改进。

直杆哈那基因样本　表 5-7

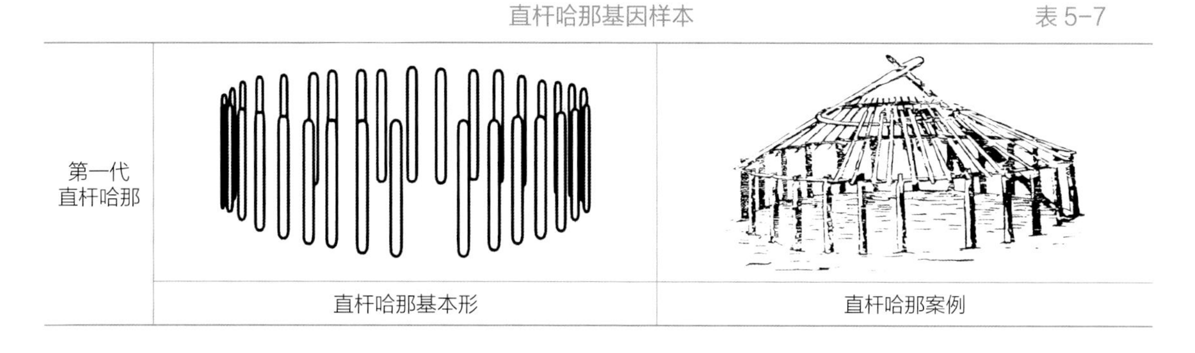

| 第一代直杆哈那 | 直杆哈那基本形 | 直杆哈那案例 |
|---|---|---|

为了增加蒙古包的稳定性，牧民创造出了一种斜杆哈那，即第二代哈那。其做法是将两根直杆哈那在顶部连接到一起，下部分开，形成三角形，使哈那的受力更加稳定（表 5-8）。

[1] 郭雨桥. 细说蒙古包 [M]. 北京：东方出版社，2010：191.

斜杆哈那基因样本　　表 5-8

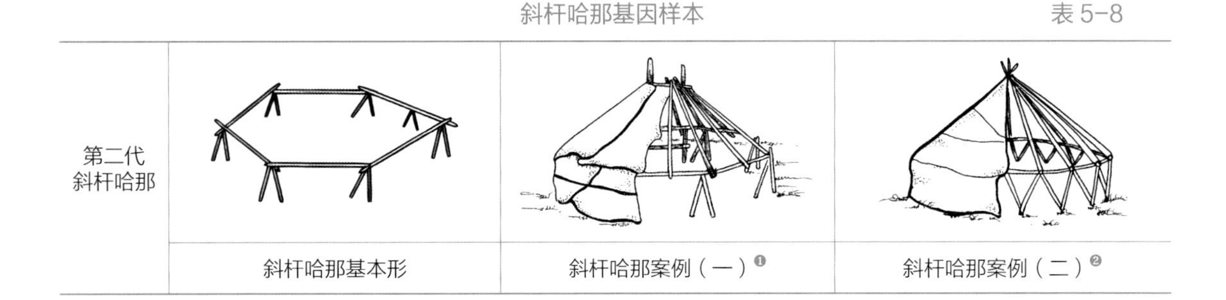

| 第二代斜杆哈那 | 斜杆哈那基本形 | 斜杆哈那案例（一）[1] | 斜杆哈那案例（二）[2] |
|---|---|---|---|

第三代哈那是将直杆哈那进行斜向交叉式连接，形成双层斜向交叉杆哈那。第三代哈那不仅形态稳固，而且方便制作、搭建和拆卸，所以被一直延续了下来，在当今蒙古包中仍被广泛使用，发展为我们今天所见的哈那形式（表 5-9）。

交叉哈那基因样本　　表 5-9

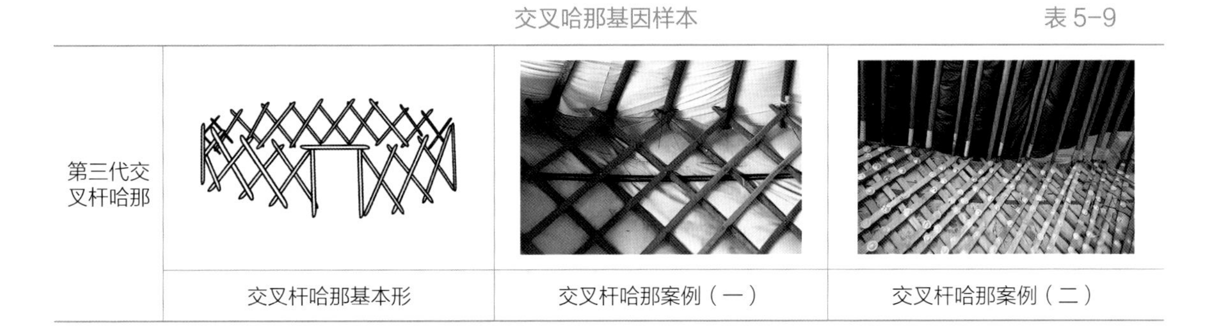

| 第三代交叉杆哈那 | 交叉杆哈那基本形 | 交叉杆哈那案例（一） | 交叉杆哈那案例（二） |
|---|---|---|---|

### 5.1.3.2　哈那的文化基因演化

从上述哈那基因样本可以看出，哈那的基因演化路径是十分清晰的。其原始基因是以直线形为基础的第一代直杆哈那。而第二代的斜杆哈那则是两根直杆哈那基因复制后的基因重组。其复制的是直杆哈那，其重组的是两根直杆哈那的组合模式。第三代交叉哈那同样走的是斜杆哈那的基因复制与重组的演化路径。即复制的也是直杆哈那，而重组的是两根直杆哈那斜向交叉连接的组合模式（图 5-8）。

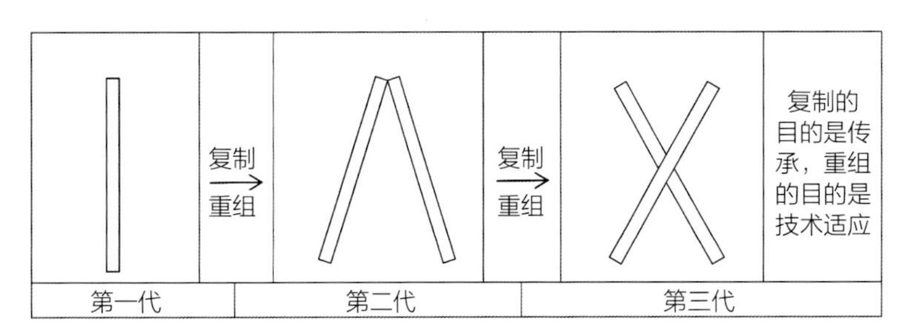


图 5-8　哈那基因演化示意图

[1] 刘兆和 . 蒙古民族毡庐文化 [M]. 北京：文物出版社，2008：12.
[2] 刘兆和 . 蒙古民族毡庐文化 [M]. 北京：文物出版社，2008：13.

值得一提的是，直杆哈那与斜杆哈那在现今蒙古包中已不再使用，已很少再见到这样的案例。

#### 5.1.3.3　哈那的文化基因图谱

哈那的基因演化过程反映出哈那的代际关系相对复杂一些，即第一代直杆哈那与第二代斜杆哈那存在着基因复制与重组关系；第二代斜杆哈那与第三代交叉杆哈那之间不存在复制关系，而与第一代直杆哈那有复制关系。但第二、三代哈那之间又存在着基因重组的关系。因此，哈那的基因图谱模式是第一、二代与第一、三代之间的基因图谱关系（图5-9）。

蒙古包毡包三大组成部分文化基因图谱的搭建为蒙古包的研究拓展了新的领域，从最细小的部分厘清了蒙古包文化的传承与发展路径，为后续蒙古包装饰文化的传承研究提供保证。

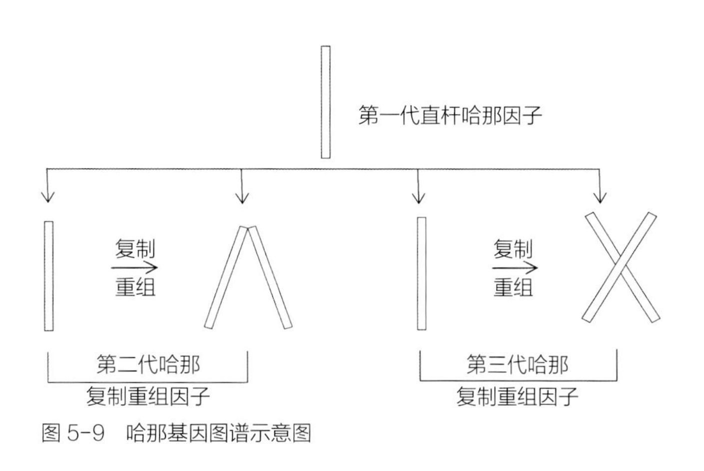


图5-9　哈那基因图谱示意图

## 5.2　崇拜信仰类装饰文化基因

前述章节的研究表明与蒙古包密切相关的室内陈设与图案是蒙古包装饰元素的重要组成部分。图案中的崇拜信仰包含很多方面，其中包括图腾崇拜类、原始拜物类以及精神信仰类，并在历史发展的过程中，逐步演化为一种信仰文化和装饰流传下来，形成独特的文化基因谱系。

### 5.2.1　图腾崇拜类装饰文化基因

图腾崇拜可以促进氏族内部团结、加强氏族成员及氏族部落间的凝聚力，也直接影响了原始社会人类的艺术行为以及审美取向。蒙古民族的图腾崇拜主要以动物为主，其中的鹿、狼、龙、蛇、虎、鹰等六种动物具有很强的代表性，但由于篇幅以及资料的局限，本文只选择鹿、狼、龙、鹰四种动物图腾绘制其文化基因谱系图。

#### 5.2.1.1 图腾崇拜类装饰文化的基因样本

图腾崇拜体现了早期先民追求精神庇护的心态，并逐渐发展成为一种图腾文化和图腾装饰元素，装点在不同时期的不同器物上。其形态演变与后续发展来选择，鹿、狼、龙和鹰等动物图腾的基因序列较为完整。由于其形态的演化并不剧烈，其代际关系多表现在图腾、图腾文化、图腾装饰元素三个序列。

鹿图腾：蒙古草原鹿的种类有驼鹿、马鹿、梅花鹿、驯鹿、狍等。不同的鹿种体型大小不一，唯雄性有一对漂亮的鹿角。而在蒙古民族的各类装饰载体上所表现的鹿均以突出鹿角为主要特征。同时鹿作为草原游牧民族的主要图腾标志和装饰元素，它的发展演化也遵循着一定的代际规律。第一代是鹿图腾，这是鹿这种动物出现在各种载体上的最初表现方式，如鹿图腾柱和岩画上的鹿；第二代是鹿文化，如各种青铜器上的鹿；第三代是出现在各种装饰上的鹿，如挂毯等（表 5-10）。

鹿图腾的基因样本　表 5-10

| 时间 | 青铜时代 | 青铜时代 | 春秋战国 | 近代 |
|---|---|---|---|---|
| 民族 | 草原先民[1] | 草原先民 | 东胡、山戎 | 蒙古族 |
| 鹿 | 蒙古鹿石上的鹿[2] | 岩画上的鹿 | 立式铜鹿 | 挂毯上的鹿 |
| 代际 | 第一代：鹿图腾 | | 第二代：鹿文化 | 第三代：鹿装饰图案 |

狼图腾：狼是蒙古草原数量最多的动物种类。无论是从其凶猛的性格，还是从“苍狼白鹿”的传说来看，其图腾属性是十分鲜明的。从图案的形态与历史断代可将狼图腾划分为三代。第一代为石器时代岩画上刻画的狼图腾图案；第二代为春秋战国时期及汉晋时期青铜器上的狼文化图案；第三代为 13 世纪元朝时期的狼装饰图案（表 5-11）。

狼形象的基因样本是稳定的，其大体形态保持不变。但由于狼是牧民放牧的牛羊的天敌，在明清之后狼形象被用来作为装饰元素已不多见。

---

❶ 草原先民是人类早期的先民，不属于哪个具体民族类别，本章表格中的草原先民均为此意。
❷ 沃尔科夫．蒙古鹿石 [M]. 王博，吴妍春，译．北京：中国人民大学出版社，2007（1）：21.

狼图腾的基因样本　表 5-11

| 时间 | 石器时代 | 春秋战国 | 汉晋时期 | 现代 |
|---|---|---|---|---|
| 民族 | 草原先民 | 东胡、山戎 | 匈奴、鲜卑 | 蒙古族 |
| 狼 | | | | |
| | 阴山岩画[1] | 狼形银饰牌 | 狼青铜饰 | 复原 13 世纪座椅 |
| 代际 | 第一代：狼图腾 | 第二代：狼文化 | | 第三代：狼装饰图案 |

龙图腾：龙是中华民族原始图腾的代表，在红山文化出土的玉龙有“中华第一龙”的美誉。根据龙图案的形态并结合社会历史的发展来看，蒙古草原大致将龙图腾的样本分为两代。第一代为新石器时代的红山玉龙，作为中国龙图腾的最早期实物代表，其主体形象是猪首蛇身；第二代为春秋战国时期鄂尔多斯出土，作为青铜器文化代表的蟠螭，其形态与红山玉龙相近（表 5-12）。

龙图腾的基因样本　表 5-12

| 时间 | 尧舜时期 | 春秋战国 | 辽代 | 元代 | 清朝 |
|---|---|---|---|---|---|
| 民族 | — | 东胡、山戎 | 突厥、契丹 | 蒙古族 | 蒙古族 |
| 龙 | | | | | |
| | 玉龙 | 蟠螭纹饰牌 | 龙纹铜镜[2] | 元青花龙纹罐 | 彩绘龙纹宝座 |
| 代际 | 第一代：龙图腾 | 第二代：龙文化 | 第三代：龙装饰图案 | | |

中华龙的发展，尤其是龙与帝王崇拜相结合后，作为天子的各朝皇帝均视自身为真龙天子，并重塑了龙的形态，增加了龙角、龙爪、龙鳞等，稳定了中华龙的主体形态。漠南地区的契丹、鲜卑等民族接受了中华龙的形态，汉化了草原上的龙。尤其是元朝统治者对中华龙的接受，使得各种器物上的龙再无原始龙的形态，只是在龙身的表现上加入了蟒的粗壮而更加苍劲，从而形成了第三代龙装饰并传承下来。

❶ 纳·达楞古日布．内蒙古岩画艺术 [M]. 呼伦贝尔：内蒙古文化出版社，2000：55.
❷ 刘冰．赤峰博物馆文物典藏 [M]. 呼和浩特：远方出版社，2006.

鹰图腾：大量的考古资料与民俗资料证明，蒙古族自古以来对鹰也是非常崇敬的。在蒙古草原发现的鹰图案形态基本是稳定的，只是姿态有所不同，其代际关系比较清晰。根据鹰图案的形态变化，鹰图腾同样可分为三代。第一代为青铜器中的鹰，是神鹰图腾的代表；第二代为汉晋时期的鹰形象，它们都是以浅浮雕的形式展现鹰图案，是鹰文化的代表；第三代为元代时期的鹰形象，主要用来做象征性的装饰元素（表 5-13）。

鹰图腾的基因样本 表 5-13

| 时间 | 春秋战国 | 汉晋时期 | 元代（复原） |
|---|---|---|---|
| 民族 | 匈奴 | 鲜卑 | 蒙古族 |
| 鹰 | | | |
| | 鹰形铜带饰 | 鹰形金饰片 | 成吉思汗大帐神位上的鹰 |
| 代际 | 第一代：鹰图腾 | 第二代：鹰文化 | 第三代：鹰装饰图案 |

### 5.2.1.2 图腾崇拜类装饰文化的基因演化

从各动物图腾装饰元素的文化基因样本中可以看出，基因复制是所有动物图腾基因传承的主要选择，而变异与重组是次要选择。

鹿图腾整体表现方式为夸张的双角，在各类带有鹿元素的画面上，都在极尽表现鹿角。第一代岩画上的鹿，其角甚大，角上部呈分枝状，具有鹿的典型特征；第二代鹿图腾是由第一代复制而成，多见于器具和饰牌等文化器具上，一支大鹿角从头部延伸至尾部，其形象十分生动自然；第三代鹿图腾的发展为满足人们日常生活中的装饰需要而产生，且呈现出图案化的样式风格，也是完全复制而成（表 5-14）。

鹿图腾基因演化分析 表 5-14

|  | 复制 → |  | 复制 → |  | 复制的目的是传承与装饰 |
|---|---|---|---|---|---|
| 第一代：图腾 | | 第二代：图腾文化 | | 第三代：图腾装饰 | |

狼图腾与鹿图腾的基因演化过程是一致的。第一代为岩画上的狼图腾。通过复制延续到第二代的银饰件和青铜饰件中的狼图腾文化。第三代同样是通过专一复制而成的狼图腾装饰，清晰可见狼图腾图案的艺术化走向（表 5-15）。

狼图腾基因演化分析　表 5-15

| 第一代：图腾[1] | | 第二代：图腾文化 | | 第三代：图腾装饰 | |
|---|---|---|---|---|---|
| 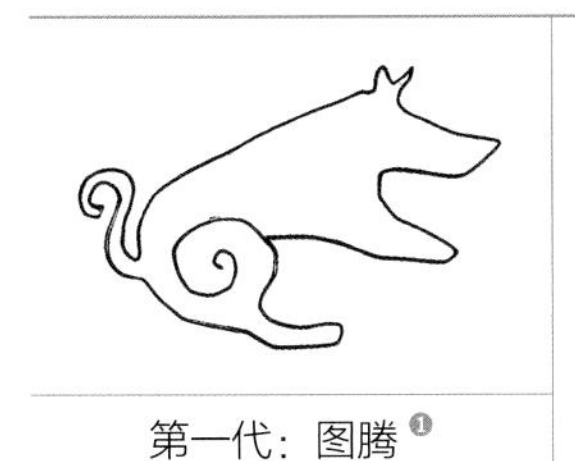 | 复制<br>→ |  | 复制<br>→ |  | 复制的目的是传承与装饰 |

龙图腾第一代为中国较早期的实物代表红山玉龙。第二代是作为青铜器文化代表的蟠螭，其形态可看作是第一代红山玉龙形体的复制。第三代则是经过变异及重组而成的龙形象，增添了许多新的细节刻画（表 5-16）。

鹰图腾第一代与第二代是较为单纯的复制，其形态基本是稳定的，只是姿态有所不同。第三代通过复制鹰的传统形象，加之变异的处理，成为抽象变形的鹰图腾装饰（表 5-17）。

龙图腾基因演化分析　表 5-16

| 第一代：图腾 | | 第二代：图腾文化 | | 第三代：图腾装饰 | |
|---|---|---|---|---|---|
| 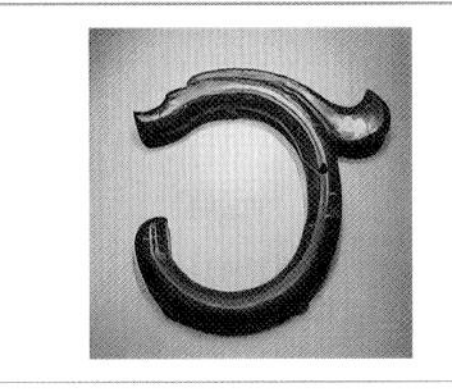 | 复制<br>→ |  | 变异<br>→<br>重组 |  | 变异的目的是适应，重组的目的是装饰 |

鹰图腾基因演化分析　表 5-17

| 第一代：图腾 | | 第二代：图腾文化 | | 第三代：图腾装饰 | |
|---|---|---|---|---|---|
| 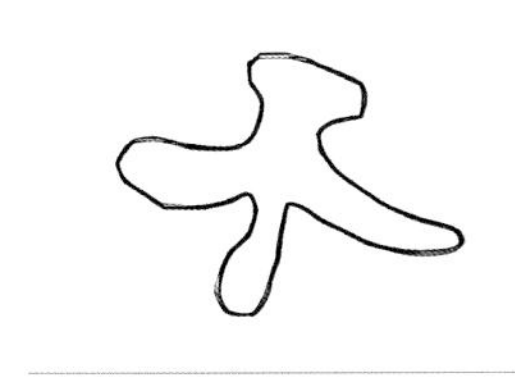 | 复制<br>→ |  | 复制<br>→<br>变异 |  | 复制的目的是传承，变异的目的是装饰 |

总之，图腾崇拜类装饰元素在其发展过程中，第一代基因样本均为图腾，第二代基因样本为图腾文化的体现，第三代为图腾装饰。鹿、狼、龙、鹰四种动物图腾基因传承最基本的方式就是基因复制。个别动物图腾经过重组或变异得以长远的传承。

[1] 阿木尔巴图 . 蒙古族图案 [M]. 呼和浩特：内蒙古大学出版社，2005：55.

### 5.2.1.3 图腾崇拜类装饰文化的基因图谱

从鹿图腾基因图谱示意图可以看出，鹿图腾图案代际关系主要分为三代。岩画与图腾柱上的鹿为草原游牧民族崇拜的对象，可以认定是第一代鹿装饰元素的文化基因。而第二代主要是以青铜、金银器等为载体的鹿形象，是鹿图腾文化属性的彰显，属第一代鹿图腾的基因复制。第三代浮雕或平面化的鹿图腾主要是作为一种装饰图案出现在蒙古族传统的织物、挂毯上，其装饰属性突出，其形态也是基因复制。因此，鹿图腾图案基本保持单纯的基因复制关系，其显著的特点是鹿角的刻画在鹿图案中最为突出（图 5-10）。

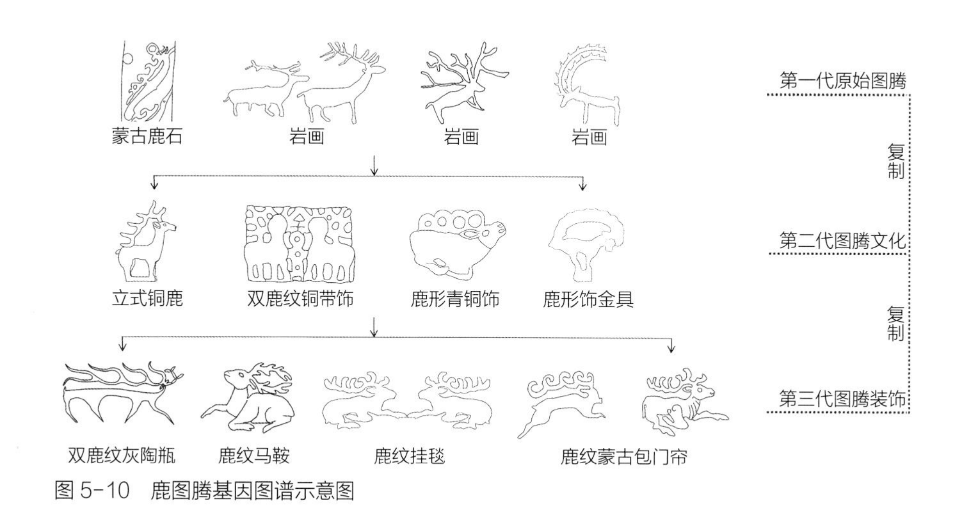

图 5-10 鹿图腾基因图谱示意图

狼图腾的代际关系也分为三代，基本保持基因复制的演化关系。狼作为勇猛、智慧的动物是游牧民族崇拜的对象，这在第一代早期岩画中与第二代青铜等饰件中能完全体现。但到第三代作为图腾装饰却十分罕见，这个座椅靠背上的狼形雕刻是延续了狼、鹿图腾的一种表现。但在其他装饰载体上狼图腾装饰元素已然被淘汰（图 5-11）。

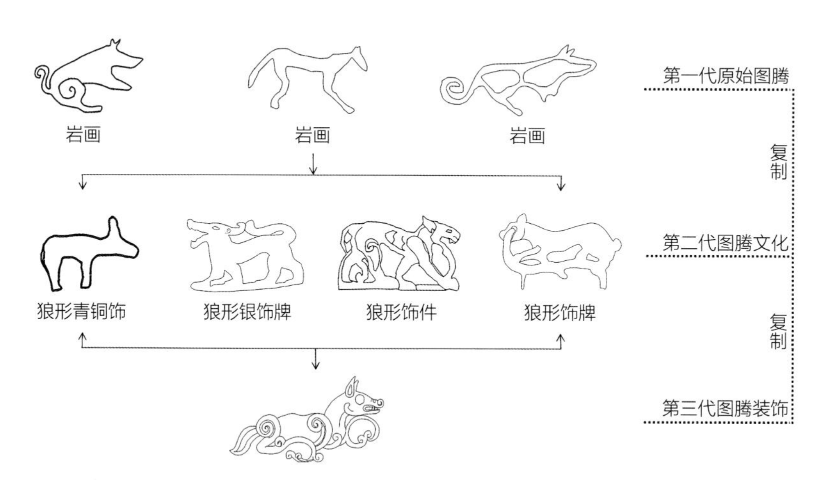

图 5-11 狼图腾基因图谱示意图

龙图腾基因图谱各代际之间的变化较大。通过北方游牧民族的出土文物可见，龙图腾图案的运用十分广泛。第一代岩画上的龙与第二代青铜及金银制品上的龙图腾为基因复制的关系，其造型形式感强烈，形体规则。但到了第三代，由于与汉文化的交流、融合，龙图腾图案在基因复制的基础上，与汉文化的龙产生了基因重组。因此，第三代的龙图案在细部刻画上更加具体，显得繁缛华美，传达着威武、洒脱的美感（图 5-12）。

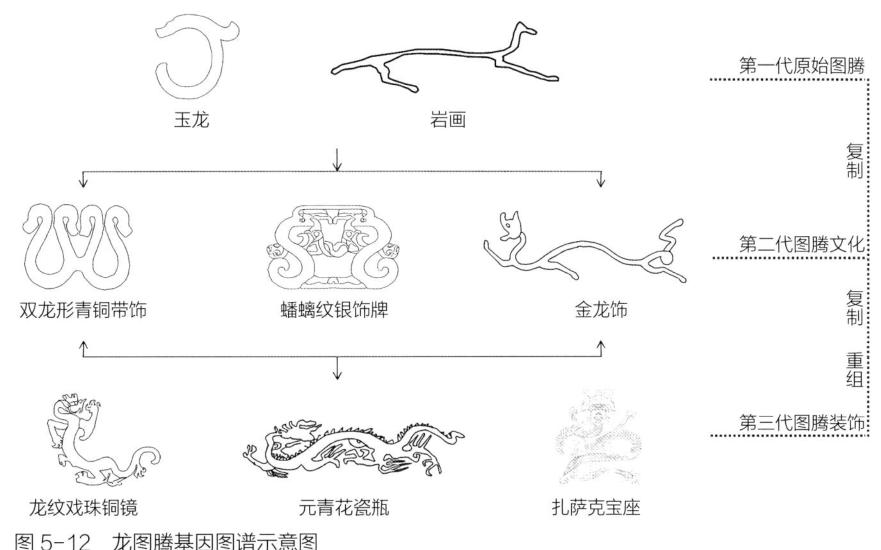


图 5-12　龙图腾基因图谱示意图

鹰图腾基因图谱代际同样分为三代。第一代岩画至第二代青铜及金银饰件为基因复制，形态基本不变。第三代蒙古包巴根柱上的装饰及挂毯上的鹰图案是在基因复制的基础上，经过变异形成的鹰图腾装饰，多为对称的形态构图，强化鹰的装饰性，并对鹰羽翼的描绘最为细致，以表现鹰的神威，又显示出一些图腾的原生性。因此，第二代到第三代的基因关系存在着复制与变异两种基因演化（图 5-13）。

图 5-13　鹰图腾基因图谱示意图

上述图腾崇拜类装饰元素的文化基因图谱搭建，可以清晰看出其基因的代际关系及其转化的方式。基因复制是其主要传承模式，变异与重组是其次要传承关系。其主要代际的关系遵循着相同的演化属性，即图腾、图腾文化与图腾装饰三种路径。由此我们揭开了蒙古包装饰元素中图腾崇拜类装饰元素的基因遗传密码。

## 5.2.2 原始拜物类装饰文化基因

远古先民对大自然中的许多现象，如风雨雷电等充满了恐惧，进而将日月星河、山川大地等加以神话，并给予崇拜而产生了原始拜物教。随着历史的发展，这种崇拜也逐渐转化为一种文化，以及一种装饰的源泉而流传下来，形成原始拜物类装饰元素。

### 5.2.2.1 原始拜物类装饰文化的基因样本

远古先民所崇拜的自然物象是多种多样的，每一种崇拜物都是人们将自然物视为神灵而加以描绘，并直接与原始先民生存目的相对应。这表现在大量的原始岩画中，绘制日、月、云等物象。而后续历史中，人们又将这种崇拜的传统发扬光大，展示在各类装饰器物上，形成一代一代的文化基因样本。

日月崇拜：远古先民对天体崇拜主要集中在日月崇拜上。在内蒙古的阴山岩画上，凿刻着一个牧民顶礼膜拜太阳的图像。其人身体立直，双臂高举过头顶，双手合十，双腿叉开，两足相连，表示站在大地上[1]，岩画中的太阳浑圆，月亮是一弯新月。二者构成了蒙古草原先民日月崇拜的第一代基因样本，主要表达着先民的一种崇拜意识。在蒙古国约公元前 1 世纪到公元 1 世纪出土的日月形金饰品中，太阳轮廓圆润，月亮为弯月。而在早期契丹族的钱币上，饰有日月纹。在这些案例中，原始的日月崇拜延续成为一种装饰文化流传下来，成为日月崇拜的第二代基因样本，主要表达着各族人民的一种文化传承意愿。在蒙古民族常用的一种索永布图案上，太阳象征父亲，月亮象征母亲[2]，二者结合构成了一个完整的装饰图案，成为日月崇拜的第三代基因样本，主要表达着民族的崛起与发展（表 5-18）。

云可以带来天高云淡的美景，也可以带来乌云满天的恐惧。因此，云受到草原先民的崇拜。文献记载：云纹早在六七千年前的原始社会就出现了，经过了时代的不断改变，逐渐演变为现在的云纹图案[3]。通过云纹样本的采集，云纹最早出现在内蒙古阴山岩画上，是蒙古先民崇拜的对象。因此，岩画上的云是云文化基因的第一代样本，表达的是先民们的原始崇拜。随着生产力的发展，草原游牧民族对各类器物的制造水平明显提高，以红山文化的勾云形玉佩、春秋战国时期的云纹形青铜刀柄为主要代表。“其简洁的勾云形图案化后，从此便成为云纹中最稳定的基本元素之一。”[4] 而自汉代

❶ 刘冰 . 赤峰博物馆文物典藏 [M]. 呼和浩特：远方出版社，2006：210.
❷ 宝力道 . 蒙古民间图案 [M]. 呼和浩特：远方出版社，2008：116.
❸ 乌云 . 浅析云纹与哈木尔图案 [J]. 艺术科技，2016，29（2）：241.
❹ 徐雯 . 云纹的演绎与发展：中国传统装饰研究片断 [J]. 饰，2000（1）：12-14.

至明清流行的卷云纹，是由卷曲线条组成对称的图案，如汉代，北方匈奴和鲜卑人制造的瓦当上常见这种纹样。这些案例代表着云的原始崇拜转换为云文化而流传下来，成为第二代云文化基因样本。在近现代的图案化云纹中，艺术家们选取朵云的样式，进行规则的对称式化处理，形成云纹装饰应用于各类装饰用品上，成为第三代云文化基因样本。由此，云元素从早期的原始崇拜到后来的云文化，再到如今的云纹装饰图案，其文化基因的演化路径十分清晰（表 5-19）。

日月元素文化基因样本 表 5-18

| 时间 | 石器时代 | 汉代 | 辽代 | 清代 | 现代 |
| --- | --- | --- | --- | --- | --- |
| 民族 | 草原先民 | 匈奴 | 契丹 | 蒙古族 | 蒙古族 |
| 太阳 | 阴山岩画太阳[1] | 日月形金饰品 | 日月纹契丹钱币 | 鎏金铜佛塔[2] | 索永布图案[3] |
| 月亮 | 阴山岩画月亮 | | | | |
| 代际 | 第一代：原始崇拜[4] | 第二代：装饰文化 | | | 第三代：装饰图案 |

云元素文化基因样本 表 5-19

| 时间 | 旧石器时代 | 新石器时代 | 春秋战国 | 汉晋时期 | 明清 | 现代 |
| --- | --- | --- | --- | --- | --- | --- |
| 民族 | 草原先民 | 草原先民 | 东胡、山戎 | 匈奴、鲜卑 | 蒙古族 | 蒙古族 |
| 云 | 阴山岩画[5] | 勾云形玉佩 | 带鞘勾连云纹铜柄刀 | 卷云纹瓦当 | 嵌猫眼石金簪[6] | 云纹图案[7] |
| 代际 | 第一代：原始崇拜 | 第二代：装饰文化 | | | | 第三代：装饰图案 |

❶ 班澜，冯军胜．阴山岩画文化艺术论 [M]. 呼和浩特：远方出版社，2000：64.
❷ 安泳鍀．天骄遗宝蒙元精品文物 [M]. 北京：文物出版社，2011.
❸ 宝力道．蒙古民间图案 [M]. 呼和浩特：远方出版社，2008：116.
❹ 班澜，冯军胜．阴山岩画文化艺术论 [M]. 呼和浩特：远方出版社，2000：190.
❺ 班澜，冯军胜．阴山岩画文化艺术论 [M]. 呼和浩特：远方出版社，2000：64.
❻ 刘冰．赤峰博物馆文物典藏 [M]. 呼和浩特：远方出版社，2006.
❼ 宝力道．蒙古民间图案 [M]. 呼和浩特：远方出版社，2008：116.

火曾经被世界各民族所崇拜，火可以带来光明，可以驱赶野兽，可以为人类烧烤食物带来熟食而成为人类不可或缺的生活必需品。“自然之火如雷电、山林火、草原的野火等给人们带来巨大灾难的火，都被认为是非同寻常的神火、天火，具有人不能理解或无法操纵的魔力，因而加以崇拜。”[1]所以在蒙古族生活中火纹是非常常见的一种纹样。在内蒙古桌子山岩画上，就有巫师的面具头顶上画有高高的火焰，其形象同后期的火纹非常接近。这里的火焰符号与巫术相关联，带有崇拜的意象，是第一代火文化基因样本。在后续民族所使用的器具上，如火焰形塔刹铜构件，边缘为火焰形，被赋予神圣威严的含义。又如在蒙古国民族博物馆展出的砧状箱盒上面饰有卷曲的火焰纹。这些饰物传承着蒙古牧民火崇拜的传统，并以火文化的方式流传下来，成为第二代火文化基因样本。除此之外，近现代火纹样的图案化则代表了表现第三代火文化基因样本出现在各种装饰器物上。这样，火崇拜、火文化、火装饰三代文化基因样本表达着蒙古包装饰中火元素的基因演化规律（表 5-20）。

火元素文化基因样本　表 5-20

| 时间 | 石器时代 | 战国晚期 | 辽代 | ? | 元代 | 现代 |
|---|---|---|---|---|---|---|
| 民族 | 草原先民 | 匈奴 | 契丹 | 蒙古族 | 蒙古族 | 蒙古族 |
| 火 |  |  |  |  |  |  |
|  | 桌子山岩画[2] | 火焰纹金饰牌[3] | 火焰形塔刹铜构件[4] | 蒙古国民族博物馆藏箱盒 | 盏内的火焰纹[5] | 火纹[6] |
| 代际 | 第一代：原始崇拜 | 第二代：装饰文化 |  |  |  | 第三代：装饰图案 |

### 5.2.2.2 原始拜物类装饰的基因演化

通过对原始拜物类装饰的文化基因样本的分析研究可以看出，蒙古包原始拜物类装饰的形态演变基本保持了原始基因的主体形态，在代际关系上表现得十分清晰。因此，其主要的基因传承方式是以基因复制为主，重组和变异为辅。

---

❶ 乌仁其其格．蒙古族火崇拜习俗中的象征与禁忌 [J]. 中央民族大学学报，2005（5）：135-139.
❷ 盖山林，盖志浩．内蒙古岩画的文化解读 [M]. 北京：北京图书馆出版社，2002：109.
❸ 徐英．中国北方草原游牧民族工艺美术史 [M]. 呼和浩特：内蒙古人民出版社，2014.
❹ 石阳．文物载千秋：巴林右旗博物馆文物精品荟萃 [M]. 呼和浩特：内蒙古人民出版社，2011.
❺ 安泳锝．天骄遗宝蒙元精品文物 [M]. 北京：文物出版社，2011：75.
❻ 宝力道．蒙古民间图案 [M]. 呼和浩特：远方出版社，2008：116.

日月形态在岩画上分属于两个个体，表现的是原始先民的自然崇拜对象。也正是因为日月形态的单一性，我们将之列为第一代文化基因样本。然而，到了第二代时，先民们将二者叠加，形成了太阳与月亮的组合图像，使日月的形态由单一演化为叠加。这是文化基因发展过程中重组的典型代表，符合生物学基因重组现象，即是“指一个基因的 DNA 序列是由两个或两个以上的亲本 DNA 组合起来”[1]的这一描述，而这一变化弱化了日月的崇拜意义，增强了日月纹的文化表达方式。第三代日月纹图案出现在一个更大的组合之中，日月纹仅为一个图案的部分而非像先前那样整体被表现出来。因为日月的形态保持不变，所以其文化基因的传承模式以复制和重组为主（表 5–21）。

日月纹基因演化分析 表 5–21

|  | 复制<br>→<br>重组 | 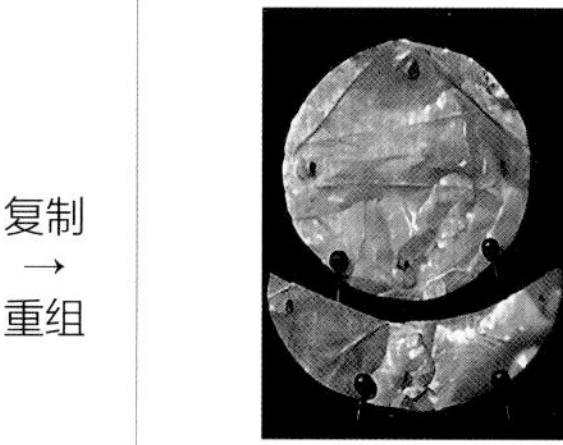 | 复制<br>→<br>重组 | 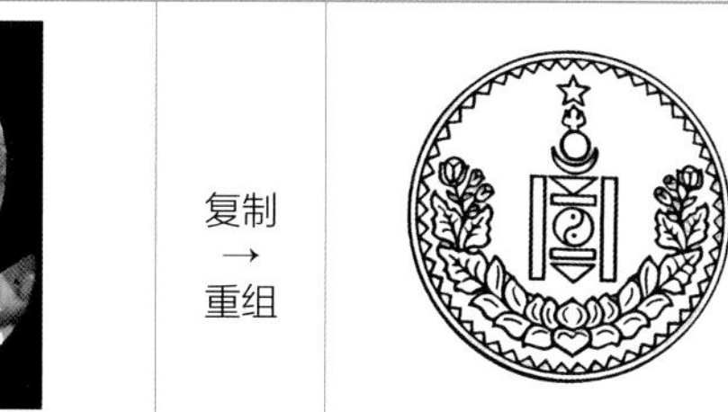 | 复制与重组的目的是传承与装饰 |
|---|---|---|---|---|---|
| 第一代：原始崇拜[2] | | 第二代：装饰文化 | | 第三代：装饰图案[3] | |

云纹的发展较之日月纹来说变化得更大一些。岩画上第一代的云形态作为一种崇拜的表达更多的是强化云的现实效果。而在后续的器物与图案上，更多的是保持岩画上云的意象形态，突出器物的文化属性和图案的装饰性。所以后者的变化更加剧烈一些。因此，云纹三代之间的文化基因传承以复制和变异为主（表 5–22）。

云纹基因演化分析 表 5–22

|  | 复制<br>→<br>变异 |  | 复制<br>→<br>变异 |  | 复制与变异的目的是传承与装饰 |
|---|---|---|---|---|---|
| 第一代：原始崇拜[4] | | 第二代：装饰文化 | | 第三代：装饰图案[5] | |

火纹基因演化过程较为简单。第一代岩画上的火出现在萨满的头顶上，是火的自然形态，而非单独的火形态。这样的表达模式增强了火的崇拜属性。而第二代的火形态转化为器物上，其文化属

[1] 刘映辉 . 浅谈基因重组 [J]. 中学生物教学，2006（9）：34.
[2] 班澜，冯军胜 . 阴山岩画文化艺术论 [M]. 呼和浩特：远方出版社，2000.
[3] 宝力道 . 蒙古民间图案 [M]. 呼和浩特：远方出版社，2008.
[4] 班澜，冯军胜 . 阴山岩画文化艺术论 [M]. 呼和浩特：远方出版社，2000.
[5] 宝力道 . 蒙古民间图案 [M]. 呼和浩特：远方出版社，2008.

性突显，与第一代火的演化模式相比较既复制了火的形态，又改变了火的依附载体，重组的意味较为强烈。第三代火纹是一种单独使用的火装饰图案，通过各种组合可以适用在不同的环境中。这种图案也复制了火的基本形态，但又没有依附载体的出现，所以更强化了其文化基因变异的模式（表 5-23）。

火纹基因演化分析　　表 5-23

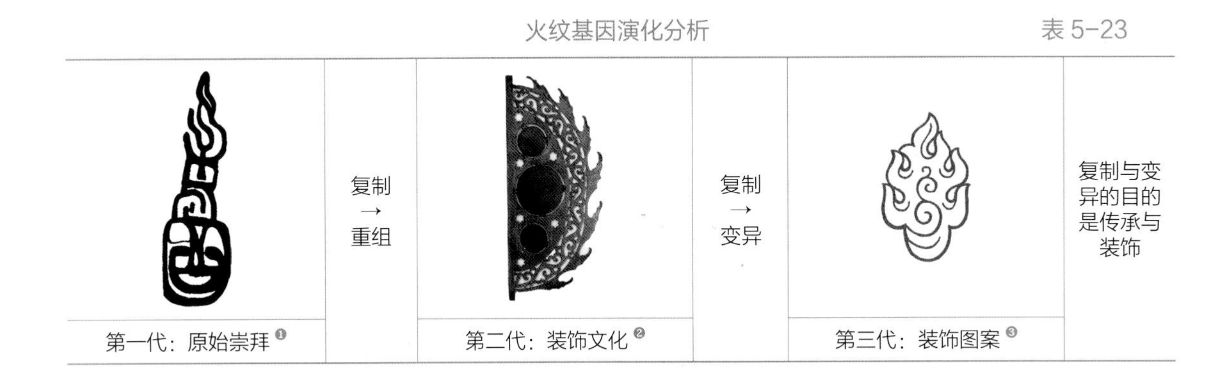


### 5.2.2.3 原始拜物类装饰的基因图谱

通过对蒙古包原始拜物类装饰文化基因样本与基因演化模式的分析和探讨，得出了这些文化基因在复制、重组和变异三个方面明晰的传承路径，并根据这些路径绘制相应的文化基因图谱。

在日月纹的基因演化中可以看出，岩画上的日与月代表着不同的原始崇拜。而在器物上的合二为一，则反映出蒙古草原先民将对日与月的崇拜向日常生活转换的意愿。崇拜的意味让位于文化本体的彰显，使得这两代文化基因图谱展示出复制与重组的传承关系。日与月的重组为图案化的装饰提供了完美的装饰选择。因此，第三代文化基因只是简单地复制了第二代的形态，并组合了其他的装饰元素，更复杂化地完成了日与月这两个原始崇拜的现代转译（图 5-14）。

从云纹的基因样本及基因演化的走向来看，在具体形态上每代云纹有所不同，其变化的根源在于各代的载体差异。第一代是以岩画为载体，刻画的云纹形态以写实为主，先民们尽力去表达对云的认知和崇拜，以环状的线条一层层地表现云的形态。第二代云纹是以各类器物为载体，器物本身成为主要表现对象。云纹成为一种文化附着在器物上，其形态以意象为主，表达着人们对云纹的一种模拟，而非远古的自然崇拜。因此，其文化基因的复制与变异共同主宰着器物与云纹的形态。第三代云纹则以图案的方式运用在各种装饰上，云本身成为图案的主体，云图案的装饰特征得以强化。因此，其文化基因的复制性与变异性具有相同的作用属性（图 5-15）。

火纹的基因样本和演化路径与云纹相似。基因复制是传承的主要方式，也经历了由具象到抽象的基因变异过程。从岩画上火作为原始自然崇拜的对象，到第二代器物上文化装饰的对象，再到第

❶ 杨洋．蒙古族传统纹样之哈木尔图案的研究 [D]. 银川：宁夏大学，2017：13–14.
❷ 石阳．文物载千秋：巴林右旗博物馆文物精品荟萃 [M]. 呼和浩特：内蒙古人民出版社，2011.
❸ 宝力道．蒙古民间图案 [M]. 呼和浩特：远方出版社，2008.

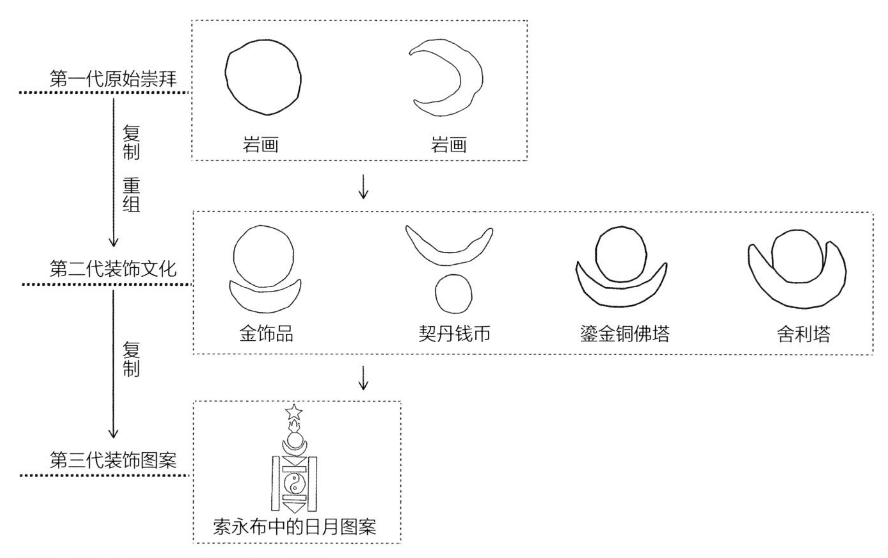


图 5-14　日月纹基因图谱示意图

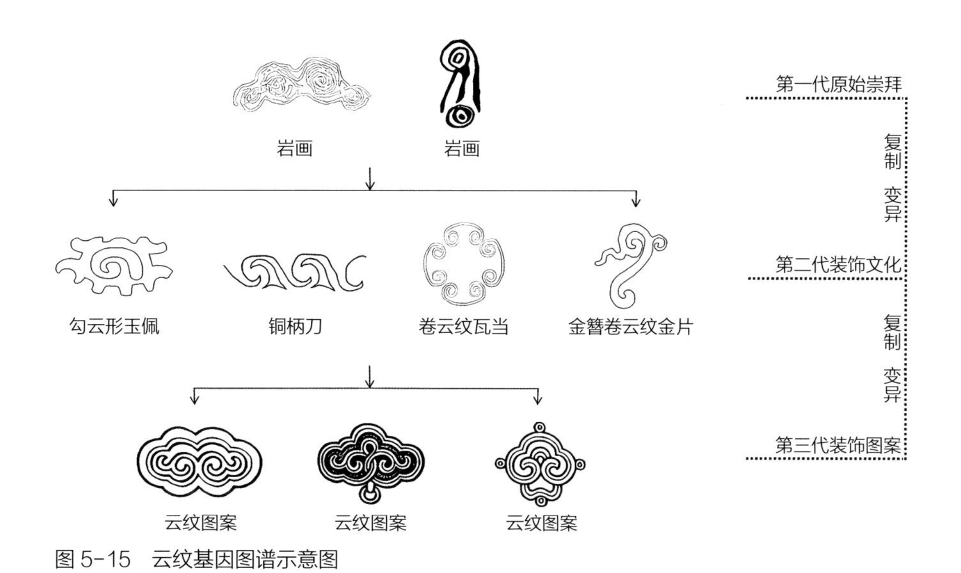


图 5-15　云纹基因图谱示意图

三代的火纹装饰图案，其形态表现十分清晰。火，古人当作伟大的自然力量加以崇拜，故而岩画上的火焰作为第一代的文化基因，是与宗教和崇拜密切相关的。第二代火纹的载体相当丰富，有单独使用的，也有和其他纹饰相互配合使用的。从时代的发展上来看，火在此时已经非常容易获得了，因此其崇拜的意象减弱，文化的属性增强。复制火的形态，变异火的意象指引。第三代火纹图案为抽象的火焰图案，强化装饰。其形态总体为下部宽，上部逐渐变尖锐的形态，以表现火焰的燃烧，预示着美好的生活与蒸蒸日上的未来，其复制与变异共存（图 5-16）。

从上述三类原始拜物类装饰元素基因图谱的构建，可以清晰地看出其基因样本之间的代际关系及其演化过程。基因复制是每种元素传承的基本方式，基因重组与变异是特有的传承演化方式，不同的元素会选择相同和不同的传承方式来适合自身的演变。

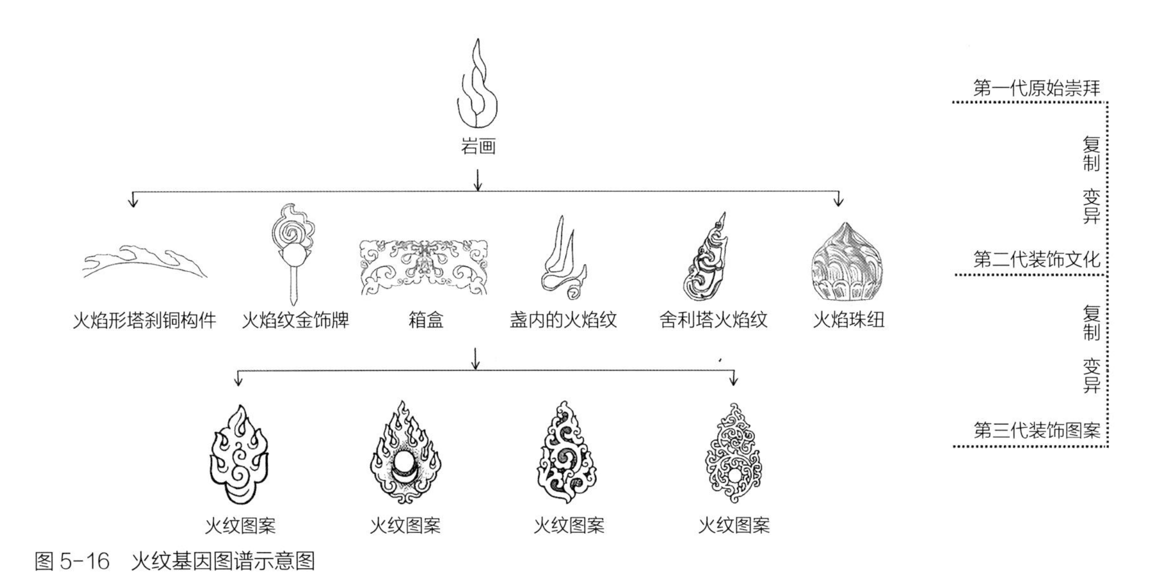


图 5-16 火纹基因图谱示意图

## 5.2.3 精神信仰类装饰文化基因

蒙古草原先民的精神信仰由来已久，从流传下来的岩画中所记载的巫术体现了最早的原始信仰。萨满——通古斯语对各部落巫师的称谓[1]，萨满教曾一度在草原上十分流行。从《蒙古秘史》等文献记载看，在成吉思汗时期，萨满教就已经是国教[2]。“成吉思汗”这个称谓就是当时蒙古萨满教领袖阔阔出·帖卜·腾格里赐予铁木真的[3]。因此，巫术与萨满教是一脉相承的。

淳祐七年（1247 年），忽必烈与八思巴在六盘山会晤标志着藏传佛教传入蒙古地区，且逐渐在元廷中占有特殊地位[4]。藏传佛教在蒙古地区发展过程中不仅吸收了萨满教传统文化，而且不可避免地带进了蒙古族思维模式、价值观念、审美情趣、道德规范、性格习俗等，使得传播更为顺畅。

### 5.2.3.1 精神信仰类装饰文化的基因样本

蒙古草原巫术、萨满教、藏传佛教三者清晰的传承关系必然使三者之间存在着一定的共性特征。在这些共性中，岩画巫术中巫师的形象、萨满教萨满形象和藏传佛教护法形象有极大的相似性，构成各自完整的基因样本。

青铜时代岩画上刻画的巫师形象，其诡异的身姿，奇特的头饰，具有强烈的表现特征，是蒙古草原最早的巫师人物形象，可以视其为第一代精神信仰类文化基因（表 5-24）。

---

❶ 胡卫军，付黎明 . 试析萨满教对东北诸民族文化的影响 [J]. 文艺争鸣，2010（13）：150-153.

❷ 余大钧 . 蒙古秘史 [M]. 石家庄：河北人民出版社，2007.

❸ 余大钧 . 蒙古秘史 [M]. 石家庄：河北人民出版社，2007.

❹ 艾丽曼 . 从萨满教到藏传佛教：蒙古族宗教信仰变迁的历程 [J]. 青海师范大学民族师范学院学报，2011，22（1）：1-7.

巫术类装饰元素的基因样本　表 5-24

| 时间 | 青铜时代 | | |
| --- | --- | --- | --- |
| 民族 | 草原先民 | | |
| 案例 | | | |
| | 格尔敖包沟岩画巫师[1] | 桌子山苦菜沟岩画巫师[2] | 楚鲁河岩画巫术 |
| 类别 | 巫术 | | |
| 代际 | 第一代 | | |

在萨满教中，巫师在进行宗教活动时头戴特殊头饰，身穿特制服装，这一扮相与岩画中的巫师形象极为相似，加之巫师与萨满的称谓转义，充分验证了二者的同源关系。因此，萨满可以看作是巫师的现实版，可视为第二代精神信仰类文化基因（表 5-25）。

萨满类装饰元素的基因样本　表 5-25

| 时间 | 13 世纪 | 清末 | 近现代 |
| --- | --- | --- | --- |
| 民族 | 蒙古族 | 蒙古族 | 蒙古族 |
| 案例 | | | |
| | 萨满蒙古包 | 萨满巫师[3] | 萨满服饰 |
| 类别 | 萨满教 | | |
| 代际 | 第二代 | | |

在藏传佛教传入蒙古草原时，有意适应萨满教的一些文化特点。由此我们可以比较一些佛教护法的唐卡，其夸张的面部表情与巫师、萨满的头部造型极为相近。这样的一致性构成了文化传播上的非同源文化的传承现实，可视为第三代精神信仰类文化基因（表 5-26）。

❶ 盖山林，盖志浩．内蒙古岩画的文化解读 [M]. 北京：北京图书馆出版社，2002：107.
❷ 盖山林，盖志浩．内蒙古岩画的文化解读 [M]. 北京：北京图书馆出版社，2002：108.
❸ 内蒙古博物院．中国少数民族文物图典（内蒙古博物院卷）[M]. 沈阳：辽宁民族出版社，2014：100.

藏传佛教类装饰元素的基因样本　表 5-26

| 时间 | 清代 | | |
| --- | --- | --- | --- |
| 民族 | 蒙古族 | | |
| 案例 | | | |
| | 蒙古国兴仁寺护法雕像 | 蒙古国民族博物馆护法唐卡 | 蒙古国民族博物馆护法唐卡 |
| 类别 | 藏传佛教 | | |
| 代际 | 第三代 | | |

三种精神信仰类文化基因样本构成了完整的三代基因传承关系，其基因演化路径也是十分清晰的。

#### 5.2.3.2　精神信仰类装饰文化的基因演化

蒙古草原分布着非常丰富的岩画资源，其中表现巫术的岩画案例有很多处，其主要特征是巫师的头饰与舞姿。他们装扮成各种异于常人的形态，试图沟通与神灵的交流以满足他们的祈求。后世这些巫师的装扮与舞姿被萨满教传承下来。因此，构成了巫师与萨满在文化基因上较为清晰的复制演化关系。

藏传佛教在蒙古草原的传入，与本土萨满教构成了激烈的文化冲突。外来宗教为了得到当地民族的接受，必然会入乡随俗地在自身的形式等方面按照传播地民族的信仰传统进行某些改造[1]。蒙古民族自古就有信奉萨满教的传统，为了将藏传佛教顺利传入蒙古草原，也不得不做一些变通，在藏传佛教中融合了某些萨满教的装饰元素，来迎合蒙古民族的宗教习惯。所以在宫廷和民间仍少不了萨满的占卜吉凶和禳灾除病，有些大型祭祀活动仍然沿用萨满教的仪式[2]。因此藏传佛教在与蒙古族传统宗教文化相融合后，产生了一些新的变化。尤其是在一些唐卡中，藏传佛教的一些护法使者的造型广泛吸收了萨满的造型特征，构成了文化基因重组的演化模式（表 5-27）。

表 5-27 中的巫术、萨满教与藏传佛教三者虽然属于不同的信仰类别，但其在头饰运用装饰物时有异曲同工之妙。通过对比岩画上巫师的头饰、萨满的头饰以及藏传佛教护法的顶冠，可以发现有明显的共同点，即头饰顶部的装饰物十分相近。第一代岩画上巫师头部有刺芒状物，身上涂以圆

[1] 孟慧英 . 中国北方民族萨满教 [D]. 北京：中国社会科学院研究生院，2000.
[2] 艾丽曼 . 从萨满教到藏传佛教：蒙古族宗教信仰变迁的历程 [J]. 青海师范大学民族师范学院学报，2011，22（1）：1-7.

精神信仰类的基因演化分析 表 5-27

点，胯部饰以三角形物，给人以神秘而热烈的感觉。第二代萨满的头饰上有“日月”形的铜饰牌，是对太阳与月亮的崇敬，是驱魔照邪的吉祥物。最引人注目的是顶部用羽毛进行装饰。第三代藏传佛教护法的冠饰，嵌花立檐上镶嵌五骷髅头，前胸有金色护镜，与萨满的胸部相近。因此，这些特征可以鲜明地体现出三者之间文化基因的复制与重组模式。

### 5.2.3.3 精神信仰类装饰文化的基因图谱

通过对精神信仰类装饰元素基因样本的分析与基因传承模式的研究，可以梳理总结出三代之间的基因关系图（图 5-17）。

岩画中巫师的形象体现蒙古族先民早期信仰，希望借助某种神秘的超自然力量对客体实施影响与作用，即为第一代。第二代萨满教本质上与巫术之间是一脉相承的，同时巫师的头饰与萨满教的神服均有羽毛作为装饰的显著特征。因此第一代巫术与第二代萨满教是基因复制的关系。第三代藏

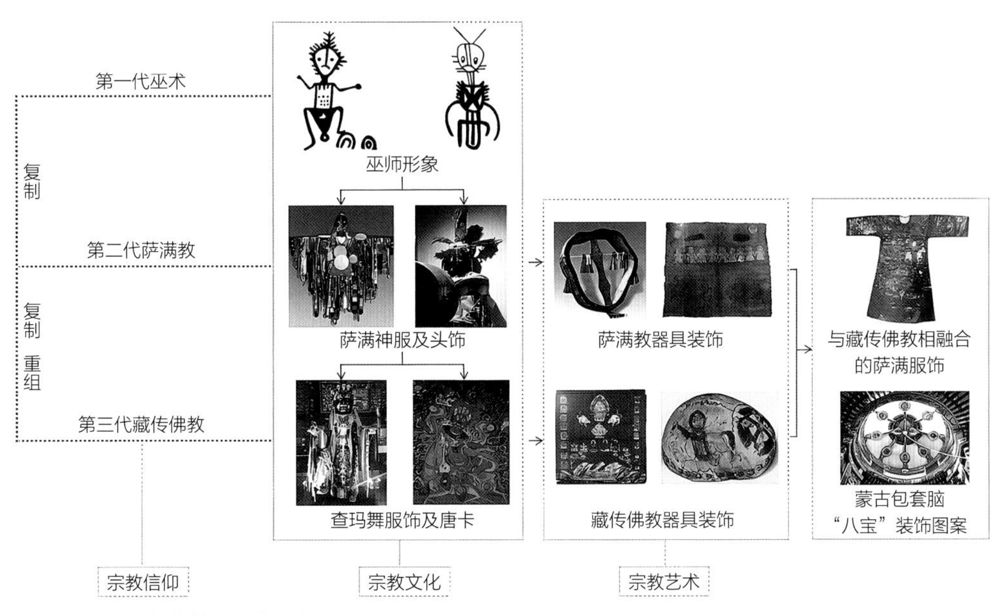


图 5-17 精神信仰类装饰基因图谱示意图

传佛教在传播的过程中与萨满教相互渗透，逐步成为蒙古族文化的重要组成部分。萨满教的器具和用品流传下来，成为研究萨满教文化的重要载体。随着藏传佛教而来的法器、供物成为藏传佛教流传于蒙古地区的实证。八宝图案的广泛运用也从神坛走下来转换为具有特定内涵的装饰符号，成为藏传佛教装饰艺术的精华。第二代萨满教与第三代藏传佛教之间是基因重组的关系，最为典型的代表为清代蓝缎人物纹萨满服，袍服上印金彩绘人物图案，前胸为背弓挂箭的骑马男女。其上为山水日月纹，下部为火珠。后背中部主体图案绘有金翅鸟，口衔一蛇，周饰龟、蛇、蟾蜍、神兽等图案。此服集萨满教、藏传佛教等纹样于一体，表现了宗教文化之间的相互融合和渗透。

以上是对精神信仰类装饰元素的文化内涵与脉络所做的初步探索，通过图谱的构建，可以清晰看出其基因的代际关系及其演化的方式。

## 5.3 动植物类装饰文化基因

草原上有着丰富的动植物资源，它们是草原游牧民族赖以生存的物质基础。在常年的生产与生活中，这些动植物资源逐渐成为游牧民族装饰文化采集的对象，并形成了规律性的传承范式，构成蒙古包重要的动植物类装饰元素。将这些规律进行深入研究，可以梳理出明晰的类别样本及其传承关系，进而建构出独特的动植物类装饰元素的文化基因图谱，从更深层面揭示蒙古包装饰元素的深层内涵。

### 5.3.1 单一树木花草类文化基因

从原始社会开始，游牧先民就因其特殊的生活方式和恶劣的生存环境与植物产生了密不可分的联系，他们善于将草原上盛开的花卉和茂密的草木形象进行描绘，创造出了淳朴精美的原始植物纹样，体现出游牧民族对生生不息的生命体态的向往和对美的追求，而这种原始植物纹样作为最基础的文化基因，随着历史的积淀、文化的叠加以及审美的升华，在几千年的发展过程中呈现出传承式和演化式的诠释表达，因此形成了独具特征的蒙古族植物装饰文化。

#### 5.3.1.1 单一树木花草类基因样本

根据查阅大量书籍和文献中的实物案例来看，游牧民族的植物纹样最早可追溯到青铜器时代（距今 5000—4000 年）锡林郭勒盟地区的岩画上，清晰地描绘了树、花与草三类植物纹样，这可以看作是草原牧民表现植物元素最早的基因样本（图 5-18），是蒙古包植物纹装饰样形成的基础。

春秋战国至汉代，匈奴人在蒙古草原崛起，其制造的青铜器饰物十分精美。如在鄂尔多斯出土的青铜车轮饰件中，其植物造型非常丰富。从树的形态上看，树纹更趋于抽象化，表达着某种意象性。但其树的纹样还是十分清晰的，这可看作是树纹样的第一代基因样本。

图 5-18　锡林郭勒盟岩画

而随着契丹、女真等北方游牧民族同中原汉族交往密切，大量汉文化和外来文化中的植物文化因子逐渐融入并影响了契丹、女真等北方游牧民族的装饰元素。尤其是元朝的建立，草原文化与汉文化的交融涵化十分密切，甚至直接接受了汉文化写实的植物装饰元素。这些元素的出现，使得蒙古草原意象树纹样找到了树木原形的依附，形成了第二代树纹样样本，实现了植物纹样具象性的写实性表达。随着北方游牧民族的发展进程，在对植物纹样运用过程中也自然而然地将游牧民族文化的重要因素注入其中。蒙古族经过数百年的艺术提炼、重组和传承，创造出了自然朴拙、粗犷劲美的第三代几何树纹样样本，形成了蒙古族树纹样独特的风格。这样产生的意象化、写实化和几何化的三代树纹基因样本序列清晰，特征鲜明（表 5-28）。

树纹植物纹样基因样本　　表 5-28

| 第一代树纹样本——意象植物纹样 | | |
|---|---|---|
| 时间 | 青铜器时代 | 春秋 |
| 民族 | 草原先民 | 匈奴 |
| 案例 | 锡林郭勒盟岩画 | 青铜车轮饰件 |

| 第二代树纹样本——写实植物纹样 | | | |
|---|---|---|---|
| 时间 | 金代 | 元代 | 近现代 |
| 民族 | 女真 | 蒙古族 | 蒙古族 |
| 案例 | 圆形高士观鱼镜 | 元青花松竹梅纹梅瓶[1] | 蒙古国毡毯 |

[1] 吴瑶．山峦为界：元代墓室壁画中“孝子故事”画像的建构模式 [J]. 艺苑，2018（5）：89-93.

续表

| 第三代树纹样本——几何植物纹样 | | | |
| --- | --- | --- | --- |
| 时间 | 现代 | | |
| 民族 | 蒙古族 | | |
| 案例[1] | | | |
| | 树纹图案 | | |

美丽的北方草原鲜花无尽，因此早期草原上对花的抽象造型描摹十分丰富。无论是在岩画上，还是在青铜器上，这些早期的花卉表现都是以写意性为主，突出其意象化。

蒙元帝国建立后，辽、金、西夏等地域民族，以及汉文化中写实花卉的创作手法被吸收运用，出现在蒙古民族的家具等室内陈设中。到了晚清和近代，各种几何形花卉纹样占据了主导地位，花纹样的装饰效果也越发鲜明。因此，花元素的发展演化也遵循了三代的代际关系，即第一代为早期岩画和青铜车轮饰件上的意象花纹样样本，第二代为写实的花卉纹样样本，第三代为几何花纹样样本（表 5-29）。

花纹植物纹样基因样本　　表 5-29

| 第一代花纹样本——意象植物纹样 | | |
| --- | --- | --- |
| 时间 | 青铜器时代 | 春秋战国 |
| 民族 | 草原先民 | 匈奴 |
| 案例 | | |
| | 锡林郭勒盟岩画 | 青铜车轮饰件 |

❶ 内蒙古博物院．中国少数民族文物图典（内蒙古博物院卷）[M]. 沈阳：辽宁民族出版社，2014.

续表

| 第二代花纹样本——写实植物纹样 | | | |
|---|---|---|---|
| 时间 | 辽代 | 元代 | 近现代 |
| 民族 | 契丹 | 蒙古族 | 蒙古族 |
| 案例 | | | |
| | 辽三彩牡丹纹 | 湖色续地彩绣娶戏莲 | 牡丹纹小箱[1] |
| 第三代花纹样本——几何植物纹样 | | | |
| 时间 | 现代 | | |
| 民族 | 蒙古族 | | |
| 案例[2] | | | |
| | 花纹图案 | | |

北方草原植被丰厚，草作为牧民五畜的生命之源，决定着游牧民族的兴旺。因此，草纹样很早就代表着游牧民族对欣欣向荣、生生不息的生命形态的向往。同树纹、花纹的发展演化一样，经过数百年的民族传承和艺术吸收，草纹最终形成了特色鲜明的装饰纹样。其代际关系也十分清晰，第一代为早期岩画和青铜车轮饰件上的意象草纹样样本，第二代为写实的草纹样样本，第三代为几何草纹样样本（表 5-30）。

草纹植物纹样基因样本　　表 5-30

| 第一代草纹样本——意象植物纹样 | | |
|---|---|---|
| 时间 | 青铜器时代 | 春秋 |
| 民族 | 草原先民 | 匈奴 |
| 案例 | | |
| | 锡林郭勒盟岩画 | 青铜车轮饰件 |

❶ 赵一东 . 北方民族家具文化 [M]. 呼和浩特：内蒙古大学出版社，2016：91.

❷ 内蒙古博物院 . 中国少数民族文物图典（内蒙古博物院卷）[M]. 沈阳：辽宁民族出版社，2014：72-120.

续表

| 第二代草纹样本——写实植物纹样 | | | |
| --- | --- | --- | --- |
| 时间 | 金代 | 元代 | 清代 |
| 民族 | 女真 | 蒙古族 | 蒙古族 |
| 案例 | | | |
| | 白釉剔花卷草纹瓷枕 | 卷草纹鋬耳金杯[1] | 卷草纹家具[2] |
| 第三代草纹样本——几何植物纹样 | | | |
| 时间 | 现代 | | |
| 民族 | 蒙古族 | | |
| 案例[3] | | | |
| | 叶纹图案 | | |

### 5.3.1.2 单一树木花草类基因演化

上文通过分析植物纹样发展的历史过程及样本选择，梳理出了植物纹样基因发展存在着三代代际关系。在此基础上按照生物基因的概念推断出了植物纹样的发展变化存在着变异的过程。

（1）树纹：第一代树纹的意象纹样可以看作是岩画的一种简约，它表达的是树的意象而不是树的本体。这种表达模式一方面反映草原先民的生产力水平，另一方面反映出树在岩画中仅作为一种自然属性的抽象描摹，其文化属性还没有提到日程之上。而随着社会的发展，尤其是统治者需求的提升，树成为一种艺术作品的环境元素逐渐加重了使用频度。因此，写实的树更能真实地烘托艺术品主题。如松树，这一蒙古草原的普遍树种，因其耐寒、树龄长等原因被广泛使用。处于这一代际关系下的树，其基因演化以变异为主。写实的树在艺术创作中制作复杂，尤其是运用在与蒙古牧民的日常生活息息相关的蒙古包室内装饰中，如挂毯、器物等。因此，更加简约，以几何纹样为主的装饰树成为一种时尚被应用到现代装饰中。变异再一次成为树这种植物的基因演化模式（表 5–31）。

❶ 安泳鍀．天骄遗宝蒙元精品文物 [M]. 北京：文物出版社，2011：50.

❷ 内蒙古博物院．中国少数民族文物图典（内蒙古博物院卷）[M]. 沈阳：辽宁民族出版社，2014：98.

❸ 内蒙古博物院．中国少数民族文物图典（内蒙古博物院卷）[M]. 沈阳：辽宁民族出版社，2014：72–120.

树纹植物基因演化分析图　表 5-31

|  | 变异→ |  | 变异→ |  | 变异的目的是适应与装饰 |
|---|---|---|---|---|---|
| 第一代：意象植物 | | 第二代：写实植物 | | 第三代：装饰纹样 | |

（2）花纹：花纹样的基因演化从岩画的刻画来看，是基于写意与写实之间的状态。出现这种情况是由于岩画本身以及青铜器的制作原因。同时，古代先民对于花卉更多的是注重其审美。第二代花卉的写实性充分表现出来，既表现花卉的美丽，也表现花卉的寓意。因此这两代花纹的基因演化是复制与变异的结合。第三代的几何花纹在形态上花卉的表征还很突出，而其纹的特征也非常明显。所以，第二代与第三代的基因演化仍是复制与变异的结合（表 5-32）。

花纹植物基因演化分析图　表 5-32

| 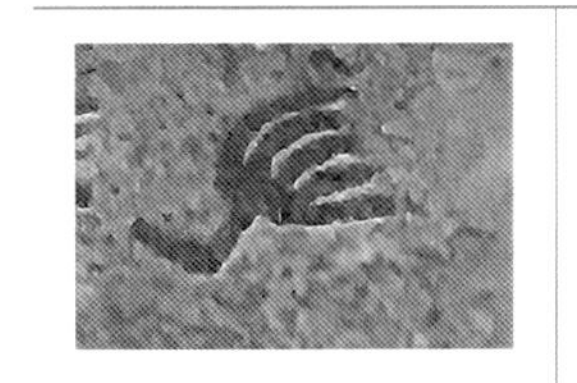 | 复制→变异 |  | 复制→变异 |  | 复制与变异的目的是适应与装饰 |
|---|---|---|---|---|---|
| 第一代：意象植物 | | 第二代：写实植物 | | 第三代：装饰纹样 | |

（3）草纹：在草原上，草是五畜的主要饲料。因此，古代先民在岩画中对草的表达仅限于示意性，在形态上寥寥几笔勾勒出草的基本形而无需赋予其任何意义。而在后续发展中，草在各种装饰艺术中也仅作为配角出现在各种器物上，其形态以模拟草原上的叶草为主。从案例上可以看出这两代草的基因在形态上的差异还是比较大的，二者的基因演化以变异为主要模式。在蒙古民族的装饰中，草纹的装饰图案逐渐出现。这种纹样保留了草生机勃勃的神韵，脱去了草植物形态，从而演化变异成纯正的草纹（表 5-33）。

草纹植物基因演化分析图　表 5-33

|  | 变异→ | 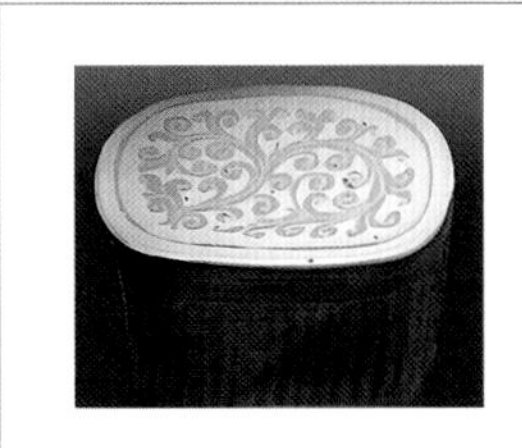 | 变异→ | 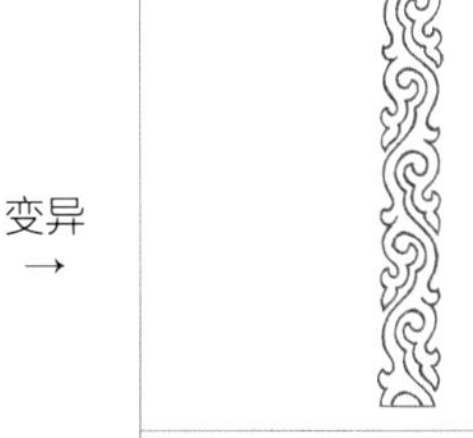 | 变异的目的是适应与装饰 |
|---|---|---|---|---|---|
| 第一代：意象植物 | | 第二代：写实植物 | | 第三代：装饰纹样 | |

总之，在植物类装饰元素树、花、草纹样发展过程中，第一代均为意象纹样，第二代均为写实纹样，第三代均为装饰纹样。虽然从第一代到第三代经历了纹样内容和形式的演变，但每一代之间并非彻底“断裂”，而是在第一代植物纹样基因的基础上对文化要素的一种变异、重组或复制，使其保有了强大生命力而流传至今。

#### 5.3.1.3 单一树木花草类基因图谱

通过基因样本的分析与基因演化的研究，可以构建出植物基因类装饰元素的基因图谱。

在树纹的基因演化中，树的传承模式反映了蒙古民族在采用树作为装饰样本时的一种思考模式。因此，树的基因图谱搭建也以三代关系为主要模式。岩画上的树为蒙古族装饰中最早的树之雏形，是树的初始形态，其树冠、树枝与根系十分清晰。虽然出现在岩画中，但可以认定为第一代树装饰元素的文化基因。而第二代写实树的形态多出现在器物、毡毯等装饰的配景当中，以配合主体装饰元素来表达现实生活中的各种场景。而在抽象装饰艺术向写意化发展的过程中，树的程式化表达方式也出现在一些装饰艺术中，因此产生了第三代装饰树纹。从这三代基因传承关系来看，变异是其主要模式（图 5-19）。在花纹的基因样本与演化发展中表现出了同样的三代基因代际关系。但是，花纹的基因样本与树的基因样本不同的是，第一代与第二代的基因关系是兼有复制与变异两种传承模式，而第二代与第三代的代际关系中，写实的部分具有很强的可识别性，只是第三代为抽象的花卉样本而非现实的花卉。因此，其代际关系与传承模式同样为复制与变异兼而有之（图 5-20）。

草纹的基因图谱各代之间变化较大，复制的因素较低。从岩画中的草纹来看，其形态就是提取了草的意象形态，而非真实形态。而第二代草纹则是以写实的形态出现的，这与第一代草纹有明显的基因变异关系。第三代草纹又演化为草的纹样状态，与第二代同为基因变异关系（图 5-21）。

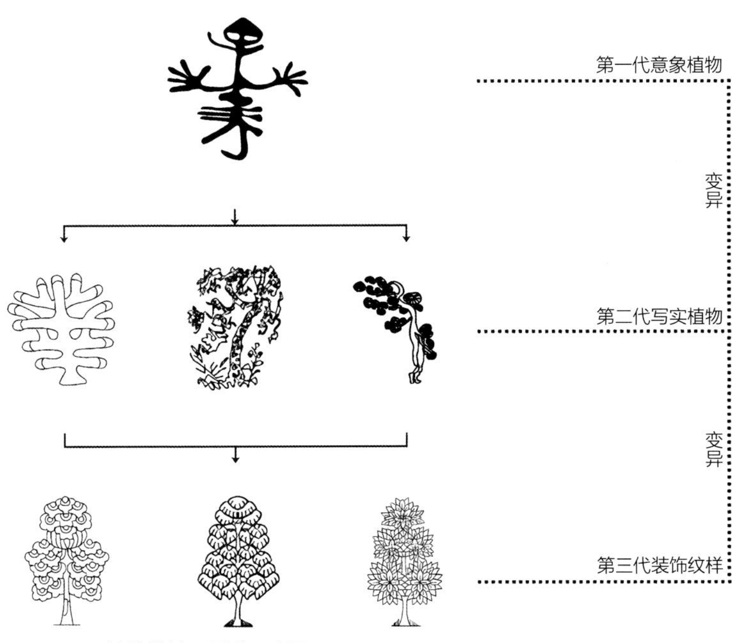


图 5-19 树纹样基因图谱示意图

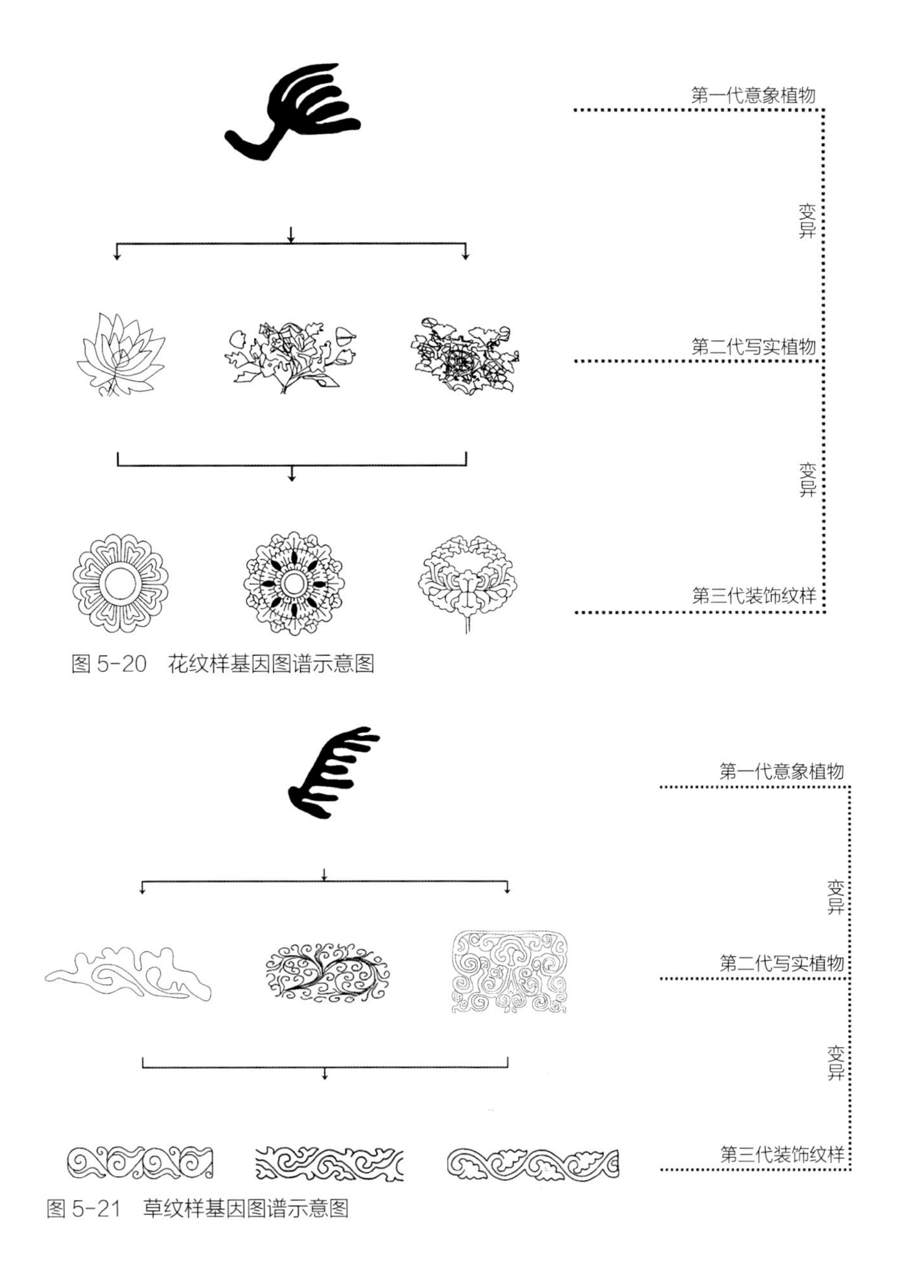


图 5-20　花纹样基因图谱示意图

图 5-21　草纹样基因图谱示意图

从上述三类植物基因图谱的构建可以清晰看出植物类装饰元素基因样本的代际关系及其转化过程，基因变异是其主要的传承模式。这样的演化过程和图谱充分显示了蒙古包室内植物类装饰元素的发展规律，是后续传承实践的基本保证。

### 5.3.2　五畜生产类动物文化基因

前文论述过，五畜是蒙古民族文化传承的重要对象。其中马、骆驼被视为五畜生产类动物，牛、羊被称为五畜生活类动物。二者在蒙古牧民的生活中扮演着不同的角色。自古以来蒙古族商贸、行军作战和祭祀中都伴随着马、骆驼的身影，是蒙古人的主要生产工具。据《山海经》记载：

骆驼被蒙古族驯化长达5000年之久[1]，在驮运和骑乘方面起到重要作用。而牛、羊是蒙古民族财富的象征，是生活的必需品。同时，二者也是蒙古包装饰中的重要元素，从古至今被广泛应用于各类装饰中。

#### 5.3.2.1 生产类动物装饰基因样本

五畜生产类动物最早出现在原始的岩画上，在内蒙古阴山、阿拉善、锡林浩特等地的岩画上都发现了不同造型的马和骆驼。其中的马被蒙古族牧民当作最忠实的伙伴，视之为“神骏”[2]。因此，岩画上的马是神骏的象征，是第一代马元素文化基因样本。随着蒙古族祖先狩猎生活的开始，在他们日常生活、商贸、战争中，马一直是忠诚的伴侣，一种重要的生产工具。随之，表现马各种神态的器物成为贵族们的主要饰物流传下来，马的工具属性得以强化，成为第二代马元素文化基因样本。

马还是一种文化产物，具有较强的写实性。因此，马很容易被描绘成一种文化元素进行传承延续，寓意着他们对于家族兴旺的精神寄托。以至于后世许多地区的蒙古牧民在家具和一些毡毯上有以马为装饰元素的图案样本出现，形成了第三代马元素文化基因样本。而随着时代的发展，马元素的装饰性越来越强，形成了各种以马形态为原形的装饰纹样出现在现代设计当中，以表现蒙古族装饰文化的进步与发展，从而构成了第四代马元素文化基因样本（表5-34）。

马纹样基因样本　表5-34

| 代际 | 第一代：神骏 | 第二代：生产 | 第三代：装饰文化 | | 第四代：装饰纹样 |
| --- | --- | --- | --- | --- | --- |
| 时间 | 石器时期 | 春秋 | 元代 | 清代 | 现代 |
| 民族 | 草原先民 | 东胡 | 蒙古族 | 蒙古族 | 蒙古族 |
| 案例 | | | | | |
| | 岩画 | 卧马形金饰牌 | 复原13世纪毡毯 | 马图案藏式小箱 | 符号图案宣传画 |

骆驼是五畜中体型最大的动物，素有“沙漠之舟”之称，被草原上以骆驼为主要交通工具的牧民尊崇为“万牲之王”的“神物”[3]。

[1]（晋）郭璞．山海经[M].上海：上海古籍出版社，1989.

[2] 包双梅．草原文化对内蒙古当代油画的影响[J].南京艺术学院学报，2013（5）：168-170.

[3] 武宁．生活实践与非物质文化遗产：以阿拉善蒙古族养驼习俗“非遗”项目为个案[J].中央民族大学学报，2018（5）：130-135.

与马元素相同，骆驼元素的文化基因样本同样分为四代，第一代为岩画上的骆驼，同样是一种原始崇拜的神物形象。第二代为生产类骆驼形象，以青铜器为载体的写实骆驼。第三代为各种器物和用具上的骆驼装饰文化为主。第四代为具有现代装饰特征的骆驼元素的装饰纹样为主（表 5-35）。

骆驼纹样基因样本　　表 5-35

| 代际 | 第一代：神物 | 第二代：生产文化 | 第三代：装饰文化 | | 第四代：装饰纹样 |
|---|---|---|---|---|---|
| 时间 | 石器时期 | 战国 | 元代 | 民国 | 现代 |
| 民族 | 草原先民 | 匈奴 | 蒙古族 | 蒙古族 | 蒙古族 |
| 案例 | | | | | |
| | 岩画 | 骆驼形铜牌饰 | 复原 13 世纪毡毯 | 骆驼图案家具 | 现代骆驼符号 |

### 5.3.2.2　生产类动物装饰基因演化

上文通过分析马、骆驼两种生产类动物纹样的发展演变过程，梳理出了这两类动物纹样的代际关系。按照生物基因的概念推断出了生产类动物纹样的发展变化是以复制传承为主，其中也存在着变异重组的选择过程。

（1）马：马对蒙古民族的生产起着不可替代的作用，第一代岩画上简单概括的马形象，体现的是草原祖先对马的崇拜，这也是马形态最早的表达形式。而在发展中，按照原有形态传承，马的形象更加生动，细节刻画更加具体写实，成为第二代生产文化。两代之间选择了以复制为主的文化基因传承方式。第三代马装饰基因为满足草原装饰文化的需要而产生，同样经过复制而来。第四代装饰基因是为了适应现代生活的装饰需要，呈现纹样规律，是根据前两代变异与重组而来（表 5-36）。

马纹基因演化分析图　　表 5-36

| 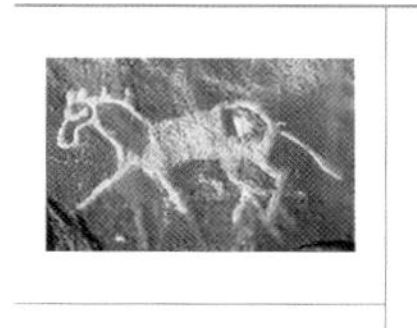 | 复制 → |  | 复制 → |  | 变异 → 重组 |  | 复制和变异重组的目的是适应与装饰 |
|---|---|---|---|---|---|---|---|
| 第一代：神骏 | | 第二代：生产文化 | | 第三代：装饰文化 | | 第四代：装饰纹样 | |

（2）骆驼：骆驼在蒙古族中的地位很高，受到牧民喜爱并被当作神物来崇拜。第一代骆驼形象同样为岩画上的崇拜物，第二代的骆驼形象是由第一代复制而成，多见于青铜器和金银器，是一种物化下的生产文化。第三代是在前两代的文化基因基础上复制而来的骆驼装饰图案，寄托着牧民的喜爱和依赖，增添了很多细节的刻画，更具有装饰性。第四代则是经过变异与重组而成的骆驼装饰纹样，展示出艺术加工下的纹样特征（表 5-37）。

骆驼纹基因演化分析图 表 5-37

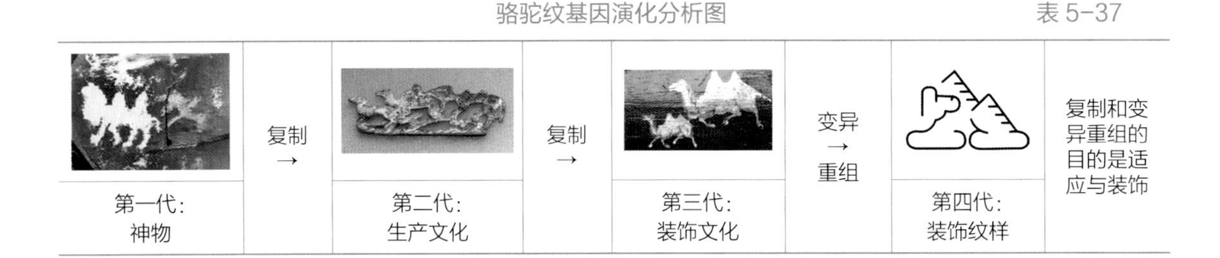

| 第一代：神物 | 复制→ | 第二代：生产文化 | 复制→ | 第三代：装饰文化 | 变异→重组 | 第四代：装饰纹样 | 复制和变异重组的目的是适应与装饰 |
|---|---|---|---|---|---|---|---|

### 5.3.2.3 生产类动物装饰基因图谱

通过对基因样本的分析与基因演化的过程研究，可以构建出马、骆驼装饰元素的文化基因图谱。

在马纹的基因演化中，复制传承是马纹样搭建代际关系的主要模式。岩画上简单概括的马形象为蒙古族的一种早期草原文化，是第一代马装饰元素的文化基因。而第二代出现在青铜器上更为写实的马形象，是第一代基因复制传承的结果，第三代仍专一复制传承了下来，成了具有吉祥寓意的马装饰图案。而随着时代的发展和进步，这种装饰图案逐渐成为一种象征民族文化的纹样，更加抽象简约，所以第三代和第四代之间的基因演化是变异与重组的过程（图 5-22）。

从骆驼的基因样本与演化过程中可以看出，骆驼的基因样本与马的基因样本是一致的，骆驼的代际关系同样为四代，第一代与第二代、第三代的基因关系是基因复制式传承模式，而第四代则是通过第三代的变异与重组而形成的（图 5-23）。

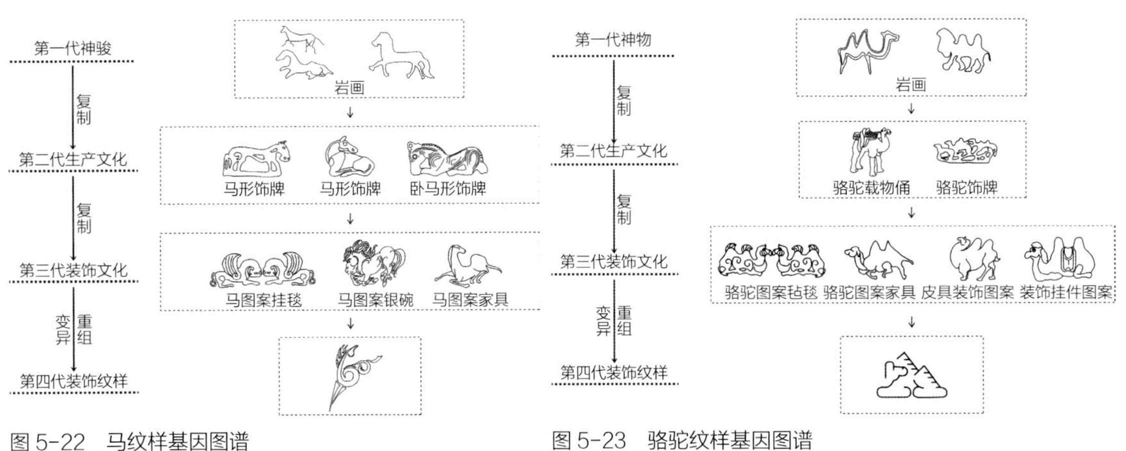


图 5-22 马纹样基因图谱　　图 5-23 骆驼纹样基因图谱

总之，从上述生产类动物基因图谱的构建可以清晰看出生产类动物装饰元素基因样本的代际关系、演化过程和基因图谱，充分展示了蒙古族生产类动物装饰元素的文化基因发展规律。

## 5.3.3 五畜生活类动物文化基因

五畜中除了生产类动物以外，还有牛和绵羊这类生活类动物，主要用于保障蒙古牧民的生存。早期北方游牧民族的生存基本依赖捕猎野兽，原始畜牧业产生后，草原先民开始长期与牲畜接触，牛羊的膘肥体壮直接关系到牧人的生活质量，《多桑蒙古史》记载，蒙古人其家畜饲养可以供给族人一切需要[1]。所以，牧人的衣食住行都与家畜密切相关。游牧民族因而对牛和羊产生了深厚的感情，从而在创造反映民族特性的民族装饰纹样上也有所体现。在蒙古族文学中很多都是描述牛、羊的故事，蒙古族传统装饰纹样中有关牛、羊的题材也占有很大的比重。

#### 5.3.3.1 生活类动物装饰元素基因样本

岩画同样也是牧民对生活类动物最早的表现形式，是蒙古族游牧文化中的一种最天然的草原文化。其中岩画上出现的牛，在草原牧民的生活中有着不可替代的位置，甚至在蒙古族的历史中还将牛视作最尊敬的神灵祭拜，被称为“祖神”[2]。因此牛这种动物贯穿蒙古民族的历史，带有明显的崇拜观念。根据其形态发展的变化可以看出，第一代岩画上牛形象是一种神灵的象征。第二代为复制下刻画写实的牛，如匈奴时期的牛头饰牌，是一种草原文化延续下生活类的牛形象。由于游牧民族的财富是以家畜的头数为标准的，这些牛形象被寄予了特殊的精神情感，代表着游牧民族的财富和兴旺，也寄托着牧民真诚由衷的生活期待，并在后续逐渐发展成了游牧民族生活中常见的牛元素装饰图案，被广泛用于各种器物上，形成了第三代牛元素文化基因样本。而第四代牛元素文化基因样本则是对牛身特征突出的局部形态进行细致刻画和提取的牛纹符号，如牛鼻（哈木尔）纹被广泛应用（表 5-38）。

牛纹样基因样本 表 5-38

| 代际 | 第一代：牛崇拜 | 第二代：牛文化 | 第三代：牛装饰图案 |
|---|---|---|---|
| 时间 | 石器时期 | 战国 | 元代 |
| 民族 | 草原先民 | 匈奴 | 蒙古族 |
| 案例 | | | |
| | 牛纹铜饰牌 | 牛头纹饰牌 | 复原 13 世纪毡毯 |
| 第四代：牛装饰纹样 | | | |
| 时间 | 现代 | | |
| 民族 | 蒙古族 | | |
| 案例 | | | |
| | 牛鼻纹图案 | | |

[1] 多桑．多桑蒙古史 [M]. 冯承均，译．北京：商务印书馆，1939：32.

[2] 波・少布．蒙古人的崇牛意识及其遗存文化 [J]. 中央民族大学学报，1998（5）：1-5.

绵羊是由盘羊驯化而来的。盘羊作为最主要的畜群能够给牧民带来实实在在的经济实惠和生活保障。在蒙古人的风俗中有许多与羊有关的现象，早在游牧民族原始阶段就已被牧民熟悉并喜爱，对羊的崇拜就代代相传[1]。岩画中的羊形象构成了第一代羊文化装饰基因样本[2]。通过对第一代羊元素的复制传承，更加精致、写实的生活类羊的形象出现在饰物上，如各类青铜器等，成为第二代羊文化装饰元素基因样本。为适应草原民族传统装饰的需要，在生活中的各种毡毯、器物上也经常用羊来作各种装饰，形成各种装饰图案，反映牧民对富裕生活的寄托。这种羊文化装饰元素成为一个很长时期牧民文化的重要组成部分。在羊的形态中，那弯曲的羊角最富特色。牧民们有意识地将羊角形态提取出来，通过变异重组而形成的羊角（额布尔）纹，装点在各种图案之中。正如雷圭元先生所说：图案的美来自具象，但又是抽象的表现。从具象中提炼、抽取关键的核心要素，能够在精神上引起共鸣的才能产生图案之美。因此第四代羊角纹成了蒙古族不可或缺的装饰纹样（表 5–39）。

盘羊纹样基因样本　　表 5–39

| 代际 | 第一代：羊崇拜 | 第二代：羊文化 | 第三代：羊装饰图案 |
|---|---|---|---|
| 时间 | 石器时期 | 战国 | 元代 |
| 民族 | 草原先民 | 匈奴 | 蒙古族 |
| 案例 | | | |
| | 岩画 | 羚羊形铜杆头饰 | 复原 13 世纪毡毯 |
| 第四代：羊装饰纹样 | | | |
| 时间 | 现代 | | |
| 民族 | 蒙古族 | | |
| 案例 | | | |
| | 羊角纹图案 | | |

### 5.3.3.2 生活类动物装饰基因演化

通过分析牛、盘羊两种生活类动物纹样的文化基因样本可以看出，这类动物装饰元素的基因演化既有复制传承的方式，也有变异和重组的方式。

---

[1] 满珂．蒙古族风俗中羊崇拜现象初探 [J]. 中南民族学院学报，2001（3）：60–62.

[2] 克里斯蒂娜·查伯罗斯．蒙古装饰艺术与蒙古传统文化诸方面的关系 [J]. 蒙古学信息，1998（2）：1–7.

（1）牛：第一代为岩画上的牛崇拜。通过复制延续到第二代草原文化下各种写实的牛造型，对于牛的刻画更加细致。第三代同样通过专一复制而成为装饰图案，牛的形象更加生动自然，呈现出图案化特点。第四代则是通过最有显著特征的牛鼻子变异及重组而成的牛鼻纹，突显其抽象变异的基因演化规律（表 5-40）。

牛纹基因演化分析图　　表 5-40

| 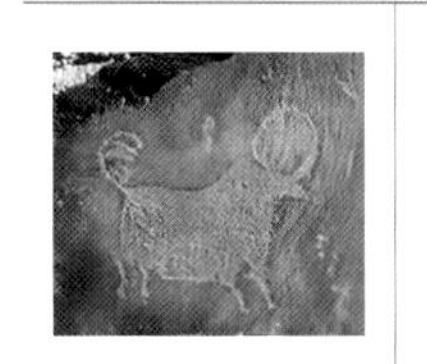 | 复制<br>→ |  | 复制<br>→ |  | 变异<br>→<br>重组 |  | 复制和变异重组的目的是适应与装饰 |
|---|---|---|---|---|---|---|---|
| 第一代：<br>牛崇拜文化 | | 第二代：牛文化 | | 第三代：<br>牛装饰图案 | | 第四代：<br>牛装饰纹样 | |

（2）盘羊：盘羊与牛的基因演化过程是一致的。第一代同为表现在岩画上的羊崇拜，突出夸张地展现卷曲的羊角。第二代其形态是第一代的复制，但是增添了一些深入的细部刻画，成了一种写实性强的生活类盘羊形象。第三代则是将盘羊作为一种常用的装饰图案，夸大其羊角的形态用于各类家具和器物上，而羊的整体形态仍然是一种复制式的基因演化模式。第四代则是将盘羊角的形态完全提取出来作为一种符号，经过变异及重组的演化模式做成装饰纹样，应用于各种装饰图案上，其纹样造型精美、形态丰满，体现出蒙古族装饰文化的旺盛生命力（表 5-41）。

盘羊纹基因演化分析图　　表 5-41

|  | 复制<br>→ |  | 复制<br>→ | 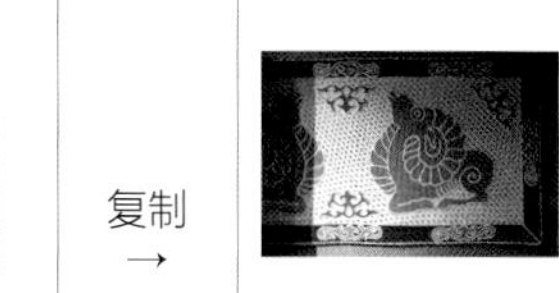 | 变异<br>→<br>重组 |  | 复制和变异重组的目的是适应与装饰 |
|---|---|---|---|---|---|---|---|
| 第一代：<br>羊崇拜文化 | | 第二代：羊文化 | | 第三代：<br>羊装饰图案 | | 第四代：<br>羊装饰纹样 | |

#### 5.3.3.3　生活类动物装饰基因图谱

通过对生活类动物牛、盘羊装饰元素基因样本的分析与基因传承模式的研究，可以梳理总结出五畜生活类动物四代文化基因之间明确的演化规律，建构出独特的文化基因图谱。

从牛的基因样本与演化发展中我们可以看出，牛的四代基因代际关系明确，第一代是岩画上对牛的原始辨识。第二代是以形态更加具象、细节精致的牛文化形态展现出来，但在形态的表达上与第一代的牛形象还是有一些变化，即将牛头的形象更加突出地表现出来，强化了牛形象的复制传承关系。第三代是继续复制完整的牛形态，并突出了装饰性的牛图案。第四代则演化成了一种卷曲线条的装饰纹样，这是在前三代的基础上将牛鼻子进行变异重组的结果（图 5-24）。

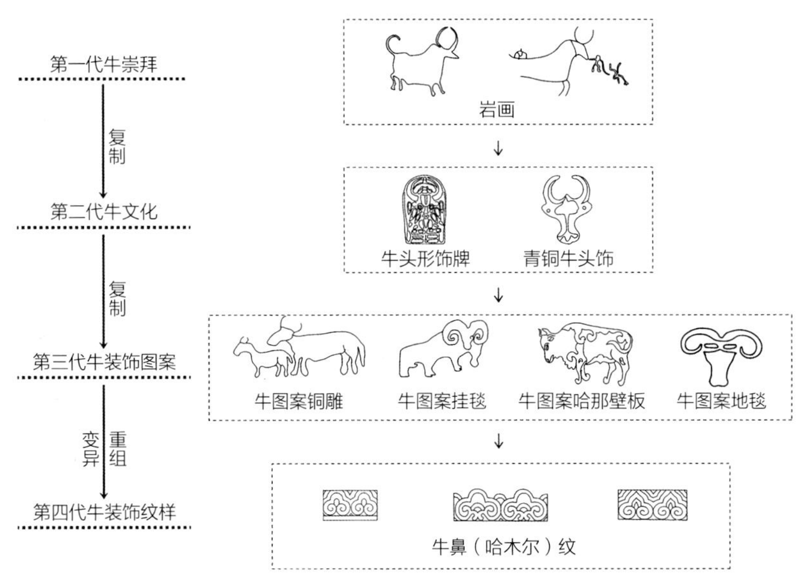

图 5-24 牛纹样基因图谱

盘羊的四代基因代际关系同牛的完全相似。岩画上的盘羊形态是一种早期的羊崇拜文化，对于圆形角的刻画十分突出，可见在原始时期羊角装饰已初见端倪。第一代与第二代的基因关系是以基因复制模式为主出现在青铜器上，其生活化的盘羊更加具象化，并且羊角更加具有辨识度。第二代与第三代仍属于复制关系，都是以突出盘羊角的夸张造型为目的，使其更具装饰性，呈现出图案化形式特征。而在后期的装饰发展中，通过提取最具有突出特征的盘羊羊角来表达对盘羊的喜爱，并以变异和重组方式形成具有图案化的第四代装饰纹样（图 5-25）。

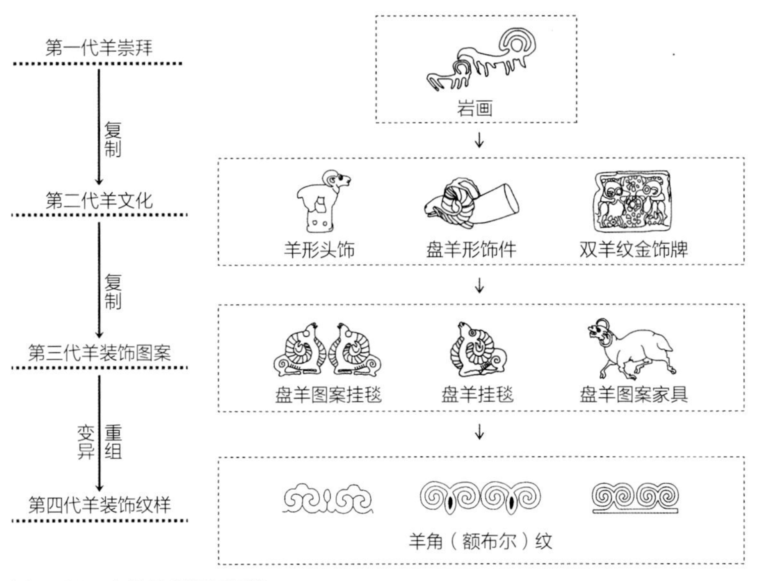

图 5-25 盘羊纹样基因图谱

从上述生活类动物牛、盘羊的基因图谱的构建可以清晰看出牛、盘羊装饰基因样本的代际关系及其转化过程，总结出牛、羊装饰文化基因复制和变异是最主要的传承模式。这样的演化过程和明晰的图谱充分展示了蒙古包室内生活类动物装饰文化基因的发展规律。

漫长的历史进程与飞快的时代转变，使得蒙古包装饰元素的可持续发展面临威胁。本章将生物遗传学中基因的概念运用到蒙古包装饰元素的研究中，从本质上探究蒙古包装饰元素的发展脉络。与生物基因相类比，文化基因则是用来表征人类“文化本性”、深刻影响民族文化性质的基本文化单位。蒙古包装饰元素的内在本质即是文化基因，图谱是文化基因的外在表现。本章基于前面章节的研究成果，梳理出蒙古包装饰元素的文化基因图谱，主要研究成果分为以下三个方面：

其一是将蒙古包本体的三大组成部分套脑、乌尼、哈那，以各部分在历史演变过程中不同的形态为因子，得出套脑的基因演化的主要路径是基因复制；乌尼有直杆的基因复制和弯杆的基因变异两种；哈那的原始基因是以直线形为基础的第一代直杆哈那，第二代和第三代是在复制第一代的基础上，进行的两种不同的斜向交叉连接的组合模式。由此绘制出蒙古包包体的文化基因图谱，清晰地展示了蒙古包包体的基因形态和基因序列，为新时期蒙古包的传承奠定了基础。

其二是在梳理蒙古族崇拜信仰发展脉络的基础上，将蒙古包崇拜信仰类装饰元素分为图腾崇拜类、原始拜物类以及精神信仰类三大类。归纳了图腾崇拜类与原始拜物类装饰元素的代际关系，第一代对象体现在岩画上，作为原始的基因样本。第二代是各类器物彰显出的装饰文化。第三代是经过艺术化的装饰图案。而精神信仰类装饰元素较为抽象，第一代巫术与第二代萨满教是基因复制的关系，第二代萨满教与第三代藏传佛教之间是基因重组的关系，三者之间存在着相互融合和渗透，并且装饰意味越来越浓。由此绘制出蒙古包崇拜信仰类装饰元素的基因图谱。

其三是动植物类装饰元素的图谱构建，分为单一植物类、五畜生活类和五畜生产类装饰元素。单一植物类装饰元素的主要传承模式是基因变异，第一代为岩画上的意象形态，第二代大多是以写实形态出现，第三代为抽象的图案。五畜生产类和五畜生活类装饰元素的第一代同样在岩画上出现，不同的是五畜生产类第二代体现的是其作为生产工具的属性，第三代体现的是装饰文化；五畜生活类第二代是一种文化的表现，第三代演化为图案化的动物形象。最后，二者均演变为抽象的第四代装饰纹样流传至今。分析出动植物类装饰元素的代际关系以及转化的过程，由此绘制出动植物类装饰元素的文化基因图谱，展示了动植物装饰元素文化基因的发展规律。

# 结　语

蒙古民族千百年来的发展构造出了恢宏的蒙古民族装饰文化，其中的主要文化载体之一是草原游牧民族世代居住的蒙古包，以及蒙古包室内的各种家具、毡毯、器物和各类装饰图案。本书将这些载体凝练为蒙古包装饰元素，借用文化涵化、结构主义哲学和文化基因等多种基础理论与研究方法，对这些装饰元素进行深入研究，搭建出了“文化涵化—文化原形与意象—文化基因”为体系的文化范式，开启了一个有重要理论体系支撑、有实物研究对象、有大量图片资料为依托的研究框架。

首先，从宏观层面以蒙古民族的发展历史考据为线索，以各民族的文化采集融合为对象，深入研究蒙古包装饰元素的文化涵化现象，从而梳理出蒙古民族历史上的三次大范围的文化交融所形成的文化叠层。蒙古民族所赖以生存的蒙古草原，滋养着一代又一代的草原游牧民族，创立了生生不息的草原游牧文化。1206 年铁木真统一了漠北草原，称“成吉思汗”。随即又灭了辽、金和西夏各部族，构建了强大的蒙古帝国，蒙古民族成为蒙古草原 200 多个游牧部族的集合称谓，促进了草原游牧文化全面融合与涵化为蒙古民族文化，实现了蒙古民族内部文化叠层的产生。在蒙古军队不断的西征过程中，大片的欧亚大陆成为蒙古帝国的版图范围，并分封给成吉思汗的四个儿子，建立了四大汗国。使蒙古民族文化与四大汗国属地文化融合与涵化为蒙古帝国文化，实现了蒙古民族外部文化叠层的产生。

1271 年忽必烈建立元朝，蒙古民族的游牧文化与中原地区汉民族的农耕文化全面融合，使得蒙古民族装饰文化中出现了大量的汉文化元素，实现了蒙汉游牧与农耕文化叠层的产生。明以后，蒙古民族退居漠北，号称“北元”。当满族入关后，因满族祖先金人的游牧文化传统与蒙古部族的历史渊源，清政府对蒙古贵族实行怀柔政策，建立了长久的通婚制度，致使满蒙文化的交融也非常频繁，强化了其同源性特征。由此，蒙古包装饰文化在发展过程中的文化涵化是十分鲜明的，三大文化叠层是十分显著的。

其次，从中观层面依托建构起的蒙古包装饰的文化涵化与文化叠层理论体系，用两个章节的篇幅，借助于结构主义哲学思想和理论方法深入地探讨了蒙古包装饰的表层文化原形与深层文化意象问题。文化原形的研究集中在了蒙古包毡包本体、室内陈设和装饰图案类别三个方面，分别用大量的案例分析了蒙古包套脑、乌尼、哈那三大主体构件、室内家具、毡毯与各类器物以及其上的各类图案所展示的蒙古包装饰元素的各种基本形态，揭示了这些元素的文化原形以及在历史发展中的形态演化。文化意象的研究是在这些文化原形研究的基础上，从深层结构层面来探讨这些装饰的文化语义象征，主要对象是崇拜信仰类、生活场景类和动植物类装饰元素。通过全面系统的分析，提出了蒙古包装饰元素的八大文化意象所指，并使用计量史学的方法进行了统计分析，得出各自的量化指标。

最后，从微观层面借助于遗传学基因的逻辑推理，探讨了蒙古包装饰的文化基因问题。一个民族的装饰文化是世代相传的。蒙古民族文化是在实现了三大叠层文化的过程中，通过不断的选择、融合和传承，建构着属于本民族的文化基因。本书通过选取大量的毡包类、崇拜信仰类、动植物类装饰元素的文化基因样本，通过文化基因的复制、传承、变异、淘汰等法则进行深入分析，并选择出多种活跃的因子进行蒙古包装饰文化基因图谱搭建，从更深的层面来探讨蒙古包装饰的文化特质。

基于上述研究，本书得到以下创新性研究成果：

（1）搭建了蒙古包装饰元素以“文化涵化—文化原形与意象—文化基因”为主体的文化范式，旨在通过对蒙古包装饰文化特质的综合研究，从宏观、中观和微观三个层面对蒙古包装饰文化进行了完整的系统研究。

（2）提出了蒙古包装饰的文化涵化与文化结构的主体特质。本书第二章通过蒙古民族自身文化演进、四大汗国多元文化碰撞、游牧与农耕文化融汇等历史促生文化的全景式研究，提出了蒙古包装饰元素的蒙古草原各民族文化、蒙古与亚欧文化、蒙汉文化等三大文化叠层系统的文化涵化模式；以及第三、四章对蒙古包毡包本体、室内家具陈设、装饰图案以及图案中的崇拜信仰类、生活场景类、动植物类装饰由表及里的深入研究，提出了蒙古包各部装饰的表层文化原形与深层文化意象的基本特质。

（3）建构了蒙古包主要装饰文化基因图谱。本书第五章通过对蒙古包各类装饰元素的研究，选取了毡包本体、宗教类、动植物类三种主要装饰元素做文化基因样本选择与传承模式分析，并搭建出这三类装饰元素的文化基因图谱。

对于未来来说，本书对蒙古包装饰的各文化层面的研究只是掀开了一个序幕，还有很多问题有待进一步厘清。如四大汗国与蒙古族文化的叠层与涵化，限于资料和区域范围过大以及语言庞杂，难以进行实地考察和现场资料收集，在本书中只是进行了初步的叠层文化梳理，还未进行实质的研究。又如，蒙古包是一种特殊的建筑遗产，虽然有几千年的发展历史，但由于其时效性较强，存在时间极短。因此，没有古代实证案例作为佐证来论述。所以本书的包体案例选择局限性较大。对于蒙古包室内的家具、器物、毡毯等也有此方面的局限，使得本书的研究还有极大的扩展空间。在未来的工作中会逐步对上述问题展开深入的调研与研究，预期会有更多的研究成果问世。

# 参考文献


[1] 丛德新，贾伟明 . 欧亚草原史前游牧考古研究述评：以史前生业模式为视角 [J]. 西域研究，2020（4）：59–78，168.

[2] 张彤 . 蒙古包溯源 [J]. 文物界，2001（6）：52–56.

[3] 黄维忠 . 拂庐与穹庐：微观视野下吐蕃物质文化的双向交流 [J]. 中国藏学，2022，154（5）：64–73，212–213.

[4] 中央民族学院研究部 . 历代各族传记汇编　第 1 编、第 2 编 [M]. 北京：中华书局，1959.

[5] 李绪鉴 . 华夏婚俗诗歌赏析 [M]. 延吉：延边大学出版社，2001.

[6] 袁行霈，陈进玉 . 中国地域文化通览：内蒙古卷 [M]. 北京：中华书局，2013.

[7] 司马迁，班固，等 . 二十四史精华 文白对照本（下）[M]. 沈阳：万卷出版公司，2008.

[8] 额尔德木图 . 蒙古包建筑史：13 至 20 世纪中叶 [M]. 北京：中国建筑工业出版社，2022.

[9] 巴雅尔 . 蒙古秘史（蒙古文）（中册）[M]. 呼和浩特：内蒙古人民出版社，1981.

[10] 阿拉腾敖德 . 蒙古族建筑的谱系学与类型学研究 [D]. 北京：清华大学，2013.

[11] 中国第一历史档案馆 . 香港中文大学文物馆 . 清宫内务府造办处档案总汇：第一卷 [M]. 北京：人民出版社，2007.

[12] 姜维公，刘立强 . 中国边疆研究文库・初编・东北边疆：第 10 卷 [M]. 哈尔滨：黑龙江教育出版社，2014.

[13] 金峰 . 漠南大活佛传（蒙古文）[M]. 呼伦贝尔：内蒙古文化出版社，2009.

[14] （东汉）蔡琰 . 胡笳十八拍图卷 [M]. 上海：上海辞书出版社，2002.

[15] 柏朗嘉宾，鲁布鲁克 . 柏朗嘉宾蒙古行纪 鲁布鲁克东行纪 [M]. 北京：商务印书馆，2018.

[16] 威廉・鲁布鲁乞 . 东游记 [M]. 北京：中国社会科学出版社，1983.

[17] 乌日尼乐图 . 帝国历史原画 [M]. 呼伦贝尔：内蒙古文化出版社，2019.

[18] （宋）彭大雅 . 黑鞑事略 [M]. 长沙：商务印书馆，1937.

[19] A.J.H.Charignaon. 马可波罗行纪中 [M]. 冯承钧，译 . 北京：商务印书馆，1947.

[20] 李惠泽，高晓霞 . 蒙古包传统绳结制作工艺研究 [J]. 艺术科技，2017，30（4）：151–152.

[21] 庞大伟 . 传统蒙古包内部装饰特征 [J]. 美术，2014（3）：120–121.

[22] 勇士谷诺干 [M]. 霍尔查，译 . 呼和浩特：内蒙古民族出版社，1980.

[23] 珠荣嘎 . 阿勒坦汗传 [M]. 呼和浩特：内蒙古人民出版社，1991.

[24] 志费尼 . 世界征服者史（上册）[M]. 何高济，译 . 呼和浩特：内蒙古人民出版社，1981.

[25] （波斯）拉施特 . 史集・第二卷 [M]. 余大钧，周建奇，译 . 北京：商务印书馆，2009.

[26] 许全胜 . 黑鞑事略校注 [M]. 兰州：兰州大学出版社，2014.

[27] 鲁布鲁克东行纪 [M]. 耿昇，何高济，译 . 北京：中华书局，2013.

[28] （汉）司马迁 . 史记 [M]. 长沙：岳麓书社，1959.

[29] G.Luvsandorj. Decoration of Mongolian Architecture[M].Ulaanbaatar：2011.

[30] 马冀 . 蒙古历史长卷 [M]. 呼和浩特：内蒙古人民出版社，2005.

[31] （宋）孟元老 . 东京梦华录笺注 [M]. 北京：中华书局，2016.

[32] 《蒙古学百科全书》编委会. 蒙古学百科全书：古代史卷 [M]. 呼和浩特：内蒙古人民出版社，2007.

[33] （元）陶宗仪 . 南村辍耕录 卷二十一 [M]. 北京：中华书局，1959.
[34] （元）周少川，魏训田，谢辉，等 . 经世大典辑校 [M]. 北京：中华书局，2020.
[35] 孟春荣 . 文化主义范式下蒙古包装饰元素的特质与基因研究 [D]. 哈尔滨：哈尔滨工业大学，2020：268.
[36] （元）萨都剌 . 上都杂咏五首 [M]. 呼和浩特：远方出版社，2011.
[37] （元）柳贯 . 观失剌斡耳朵御宴回 [Z]. 呼和浩特：远方出版社，2011.
[38] （元）宋濂 . 元史 [M]. 北京：中华书局 .1976.
[39] （清）高士奇 . 松亭行纪・清代蒙古游记选辑 34 种：第一册 [M]. 出版地不详 . 2015.
[40] 王文墀 . 临河县志 [M]. 台北：成文出版社，1968.
[41] 归绥县志 [M]. 呼和浩特：内蒙古人民出版社，1934.
[42] 张景明 . 中国北方游牧民族的造型艺术与文化表意 [M]. 北京：知识产权出版社，2013.
[43] 贾珺 . 清代离宫中的大蒙古包筵宴空间探析 [J]. 建筑史论文集，2002（3）：45.
[44] 巴岱，金峰，等 . 蒙古文献库：四卫拉特史（蒙古文）[M]. 呼伦贝尔：内蒙古文化出版社，2010.
[45] 苏龙格德・L. 胡尔查巴特尔 . 蒙古萨满教祭祀祭奠研究：卷二（蒙古文）[M]. German IMoFiF Elians eVPublisher 出版协会，2012.
[46] 沙宪如，蒙古族居住风俗述略 [J]. 辽宁师范大学学报，1993（4）：71–75.
[47] 包斯钦，金海 . 草原精神文化研究 [M]. 呼和浩特：内蒙古教育出版社，2007.
[48] 赵百秋 . 民族装饰艺术在王府建筑中的表现形式探究：以苏尼特蒙古王爷府为例 [J]. 内蒙古民族大学学报（社会科学版），2015（3）：23.
[49] David L.Sam，John W.Berry. The Cambridge Handbook of Acculturation Psychology[M].UK：Cambridge University Press，2006.
[50] J.W.Powell. Introduction to the Studies of Indian Languages[M]. Washington DC：US Government Printing Office，1880.
[51] R.Redfield，R.Linton，M.J.Herskovits. Memorandum on the Study of Acculturation[J].American Anthropologist，1936（3）：149–152.
[52] R.Beals. Acculturation，in Anthropology Today，edited by A.L.Kroeber[M]. Chicago：The University of Chicago Press，1953.
[53] 常永才 . 人类学经典涵化概念的局限及其心理学视角的超越 [J]. 世界民族，2009（5）：219.
[54] 里查德・道金斯 . 自私的基因 [M]. 卢允中，张岱云，王兵，译 . 长春：吉林人民出版社，1999：13–23.
[55] 吴秋林 . 文化基因新论：文化人类学的一种可能表达路径 [J]. 民族研究，2013（6）：63–69，124–125.
[56] 刘长林 . 宇宙基因・社会基因・文化基因 [J]. 哲学动态，1988（11）：29–32.
[57] 刘植惠 . 知识基因探索（一）[J]. 情报理论与实践，1998（1）：3–5.
[58] 徐杰舜 . 文化基因：五论中华民族从多元走向一体 [J]. 湖北民族学院学报（哲学社会科学版），2008（3）：9–14.
[59] 杨大禹 . 地域性建筑文化基因传承与当代建筑创新 [J]. 新建筑，2015（5）：99–103.
[60] 鄂法兰，等 . 法国的蒙古学研究 [J]. 蒙古学信息，1998（1）：18.
[61] 托马斯・库恩 . 科学革命的结构 [M]. 金吾伦，胡新和，译 . 北京：北京大学出版社，2003.
[62] 刘赟硕，刘海源 . 20 世纪结构主义哲学的流变以及对建筑和景观设计的影响 [J]. 山西农业科学，2008：36（4）：74–76.
[63] 李安民 . 关于文化涵化的若干问题 [J]. 中山大学学报，1988，28（4）：45–52.
[64] 周云水，魏乐平 . 略论滇藏茶马古道上的文化涵化：基于对西藏察隅县察瓦龙乡的田野调查 [J]. 西藏民族学院学报，2009（1）：53–57，123.
[65] 魏收 . 魏书・室韦传 [M]. 北京：中华书局，不详 .
[66] 刘昫 . 旧唐书 [M]. 北京：中华书局，1979.
[67] 乌热尔图 . 在额尔古纳河流域 [M]. 呼和浩特：内蒙古大学出版社，2016.
[68] 余大钧 . 一代天骄成吉思汗：传记与研究 [M]. 呼和浩特：内蒙古人民出版社，2002.

[69] 亦邻真 . 中国北方民族与蒙古族族源 [J]. 内蒙古大学学报（哲学社会科学版），1979（Z2）：1–23.
[70] 林梅村 . 松漠之间：考古新发现所见中外文化交流 [M]. 上海：上海三联书店，2007.
[71] 徐英 . 中国北方游牧民族造型艺术研究 [D]. 北京：中央民族大学，2006.
[72] 《蒙古族简史》编写组 . 蒙古族简史 [M]. 北京：民族出版社，2009.
[73] 谷莉 . 宋辽夏金装饰纹样研究 [D]. 苏州：苏州大学，2011.
[74] 孟春荣，张姗姗 . 蒙古族传统装饰艺术的文化探源：2017 亚洲设计文化研讨会 [C]. 日本：ADCS，2017.
[75] 张洪瑞 . 阿拉伯图案艺术在首饰设计中的应用研究：植物与几何纹饰 [D]. 北京：中国地质大学，2015.
[76] 程全盛 . 阿拉伯图案艺术 [M]. 银川：宁夏人民出版社，2004.
[77] 杨小民 . 亚太艺术 [M]. 南京：南京大学出版社，2017.
[78] 刘珂艳 . 元代纺织品纹样研究 [D]. 上海：东华大学，2015.
[79] 乌恩琦 . 蒙古族图案花纹考 [D]. 呼和浩特：内蒙古师范大学，2006.
[80] 莫里斯・罗沙比 . 忽必烈和他的世界帝国 [M]. 赵清治，译 . 重庆：重庆出版社，2008.
[81] 山水 . 元代瓷器文化解读 [J]. 中国文物报，2019（6）：17.
[82] 陈炎 . 中国审美文化史：元明清卷 [M]. 济南：山东画报出版社，2007.
[83] 阿木尔巴图 . 蒙古族工艺美术 [M]. 呼和浩特：内蒙古大学出版社，2002.
[84] 金启综，张佳生 . 满族历史与文化简编 [M]. 沈阳：辽宁民族出版社，1992.
[85] 苏日嘎拉图 . 满蒙文化关系研究 [D]. 北京：中央民族大学，2003.
[86] 阿木尔巴图 . 蒙古族美术研究 [M]. 沈阳：辽宁民族出版社，1997.
[87] 吴元丰 . 清太祖武皇帝实录 [M]. 北京：民族出版社，2016.
[88] 乐磊 . 满族装饰艺术在室内设计中的应用研究 [D]. 南京：南京林业大学，2011.
[89] 清朝全史（上册）[M]. 但寿，译 . 上海：中华书局，1914.
[90] 赵光勇，吕新峰 . 五帝本纪 [M]. 西安：西北大学出版社，2019.
[91] 辽宁大学历史系 . 建州闻见录 [Z]. 辽宁：辽宁大学历史系，1978.
[92] 国家图书馆出版社 . 李朝实录 [M]. 北京：国家图书馆出版社，2011.
[93] 绥远通志馆 . 绥远通志稿（第七册）[M]. 呼和浩特：内蒙古人民出版社，2007.
[94] 中国第一历史档案馆 . 清宫内务府造办处档案总汇 [M]. 北京：人民出版社，2005.
[95] 中国第一历史档案馆 . 满文老档 [M]. 北京：中华书局，1990.
[96] 赤新 . 蒙古族饰物中的藏文化因素 [D]. 呼和浩特：内蒙古大学，2010.
[97] 李泽厚 . 美的历程 [M]. 北京：文物出版社，1981.
[98] 刘兆和 . 蒙古民族毡庐文化 [M]. 北京：文物出版社，2008.
[99] 布和朝鲁 . 蒙古包文化 [M]. 呼和浩特：内蒙古人民出版社，2013.
[100] 袁冀 . 元代宫廷大宴考 [C]. 蒙古史研究（第八辑）：中国蒙古史学会，2005.
[101] 普兰・迦儿宾行记 鲁布鲁克东方行记 [M]. 余大均，蔡志纯，译 . 呼和浩特：内蒙古大学出版社，2009.
[102] 郭雨桥 . 细说蒙古包 [M]. 北京：东方出版社，2010.
[103] 白斯古郎，白秀金 . 浅谈蒙古包的变迁 [C].《鄂尔多斯学研究成果丛书》民俗研究 . 鄂尔多斯市鄂尔多斯学研究会，2012.
[104] 多桑 . 多桑蒙古史 [M]. 冯承均，译 . 北京：商务印书馆，1939.
[105]（梁）萧子显 . 南齐书・魏虏传 [M]. 北京：中华书局，1972.
[106] 李军，李京波 . 蒙古族家具研究 [M]. 北京：中国林业出版社，2015.
[107] 王丽 . 蒙古族传统箱柜类家具造型研究 [D]. 黑龙江：东北林业大学，2011.
[108] 陈丽华 . 螺钿漆器与衬色螺钿漆器浅议 [J]. 文物，1997（2）：55–56，97–98.
[109] 陈健 . 论发展中的室内文化体系：软装饰 [J]. 同济大学学报（社会科学版），2007（3）：53–60，66.
[110] 柯九思 . 辽金元宫词 [M]. 北京：北京古籍出版社，1988.
[111] 欧阳哲生 . 马可波罗眼中的元大都 [J]. 中国高校社会科学，2016（1）：102–116，158.
[112] 彭大雅，徐霆 . 黑鞑事略 [M]. 上海古籍书店影印《王维遗书》册 13，1983.

[113] 张景明 . 草原丝绸之路上的蒙元金银器发现与研究 [J]. 哈尔滨学院学报，2014，35（11）：61–66.
[114] 阿木尔巴图 . 蒙古族民间美术 [M]. 呼和浩特：内蒙古人民出版社，1986.
[115] 房魁娇 . 蒙古族家具装饰图案藏传佛教因素研究 [D]. 呼和浩特：内蒙古大学，2013.
[116] 普华才让 . 藏族“和睦四瑞”图的象征意义及伦理价值简析 [J]. 内蒙古师范大学学报（哲学社会科学版），2013，42（5）：130–134.
[117] 福永光司 . 庄子内篇读本 [M]. 王梦蕾，译 . 北京：北京联合出版社，2019.
[118] 阿兰・邓迪斯 . 世界民俗学 [M]. 陈建宪，彭海斌，译 . 上海：上海文艺出版社，1990.
[119] 廖杨 . 图腾崇拜与原始艺术的起源 [J]. 民族艺术，1999（1）：3–5.
[120] 何星亮 . 图腾与中国文化 [M]. 南京：江苏人民出版社，2008.
[121] 沈敏华，程栋 . 图腾：奇异的原始文化 [M]. 上海：上海辞书出版社，2003.
[122] 刘瑛 . 内蒙古区域岩画的图像造型及文化寓意 [D]. 上海：复旦大学，2012.
[123] 阿木尔巴图 . 蒙古族图案 [M]. 呼和浩特：内蒙古大学出版社，2005.
[124] 倪文敏 . 中国的原始宗教及其演变 [J]. 山西社会主义学院学报，2007（4）：50–51.
[125] 许全胜 . 黑鞑事略校注 [M]. 兰州：兰州大学出版社，2014.
[126] 班澜，冯军胜 . 阴山岩画文化艺术论 [M]. 呼和浩特：远方出版社，2000.
[127] 徐义强 . 萨满教的宗教特征及与巫术的关系 [J]. 宗教学研究，2009（3）：174–177.
[128] 董晓萍 . 民间信仰与巫术论纲 [J]. 民俗研究，1995（2）：79–85.
[129] 侯霞 . 北方游牧民族造型艺术中的萨满文化因素 [D]. 呼和浩特：内蒙古大学，2013.
[130] 黄强，色音 . 图说萨满教 [M]. 北京：民族出版社，2002.
[131] 郁银枝 . 浅论蒙古族接受藏传佛教的内在因由 [J]. 青海社会科学，2002（6）：97–99.
[132] 白凤 . 蒙古族传统图案分类和样素分析 [D]. 呼和浩特：内蒙古农业大学，2010.
[133] 潘丽嵩 . 藏传佛教“六字真言”信仰研究 [D]. 兰州：西北民族大学，2017.
[134] 张可扬，梁瑞 . 蒙元壁画艺术 [M]. 呼和浩特：内蒙古大学出版社，2012.
[135] 鲍丽丽，郭晓虎 . 草原佛光：当代内蒙古地区唐卡艺术管窥 [J]. 民艺，2018（4）：130–133.
[136] 赵一东 . 北方游牧民族家具文化研究 [M]. 呼和浩特：内蒙古大学出版社，2013.
[137] 阿纳 . 蒙古族马烙印的符号学分析研究 [D]. 呼和浩特：内蒙古师范大学，2016.
[138] 宝力道 . 蒙古民间图案 [M]. 呼和浩特：远方出版社，2008.
[139] 莫久愚 .“哈日苏勒德”考辨 [J]. 内蒙古民族大学学报（社会科学版），2016，42（1）：1–10.
[140] 李效锐 . 蒙古族装饰图案的审美特征及文化内涵研究 [D]. 徐州：中国矿业大学，2014.
[141] 孙睿 . 中国几何形吉祥图案研究 [D]. 南京：南京艺术学院，2015.
[142] 孟珙 . 蒙鞑备录 [M]. 北京：中华书局，1985.
[143] 学军 . 内蒙古锡林郭勒北部地区岩画艺术研究 [D]. 呼和浩特：内蒙古大学，2013.
[144] 西林 . 蒙古族的传统色彩观念 [J]. 新疆大学学报（哲学社会科学版），1996（1）：52–54.
[145]（晋）郭璞 . 山海经 [M]. 上海：上海古籍出版社，1989.
[146] 丁柏峰 . 简论吐谷浑西迁之后与慕容鲜卑的历史分野 [J]. 西北民族大学学报（哲学社会科学版），2013（1）：89–95.
[147] 张维训 . 论鲜卑拓跋族由游牧社会走向农业社会的历史转变 [J]. 中国社会经济史研究，1985（3）：7–18.
[148] 赵娟 . 蒙古族传统图案构成形式研究 [D]. 太原：太原理工大学，2013.
[149] 袁园，高俊虹，刘兵 . 蒙古族“卷草纹”纹样研究 [J]. 美育学刊，2014，5（1）：105–110.
[150] 王东 . 中华文明的文化基因与现代传承（专题讨论）中华文明的五次辉煌与文化基因中的五大核心理念 [J]. 河北学刊，2003（5）：130–134，147.
[151] 盖山林 . 阴山岩画 [M]. 北京：文物出版社，1986.
[152] 乌云 . 浅析云纹与哈木尔图案 [J]. 艺术科技，2016，29（2）：241.
[153] 徐雯 . 云纹的演绎与发展：中国传统装饰研究片断 [J]. 饰，2000（1）：12–14.
[154] 乌仁其其格 . 蒙古族火崇拜习俗中的象征与禁忌 [J]. 中央民族大学学报，2005（5）：135–139.

[155] 刘映辉 . 浅谈基因重组 [J]. 中学生物教学，2006（9）：34.
[156] 胡卫军，付黎明 . 试析萨满教对东北诸民族文化的影响 [J]. 文艺争鸣，2010（13）：150–153.
[157] 余大钧 . 蒙古秘史 [M]. 石家庄：河北人民出版社，2007.
[158] 艾丽曼 . 从萨满教到藏传佛教：蒙古族宗教信仰变迁的历程 [J]. 青海师范大学民族师范学院学报，2011，22（1）：1–7.
[159] 阿拉腾其其格 ."蒙古化"的藏传佛教文化 [J]. 内蒙古民族大学学报（社会科学版），2010，36（6）：36–39.
[160] 孟慧英 . 中国北方民族萨满教 [D]. 北京：中国社会科学院，2000.
[161] 包双梅 . 草原文化对内蒙古当代油画的影响 [J]. 南京艺术学院学报，2013（5）：168–170.
[162] 武宁 . 生活实践与非物质文化遗产：以阿拉善蒙古族养驼习俗"非遗"项目为个案 [J]. 中央民族大学学报，2018（5）：130–135.
[163] 波·少布 . 蒙古人的崇牛意识及其遗存文化 [J]. 中央民族大学学报，1998（5）：1–5.
[164] 满珂 . 蒙古族风俗中羊崇拜现象初探 [J]. 中南民族学院学报，2001（3）：60–62.
[165] 克里斯蒂娜·查伯罗斯 . 蒙古装饰艺术与蒙古传统文化诸方面的关系 [J]. 蒙古学信息，1998（2）：1–7.
[166] 李宏复 . 民间刺绣图案的象征符号阐释 [J]. 大连大学学报，2008（2）：93–97.
[167] 裘峻，徐羿 . 浅谈卷草纹铜方炉 [J]. 才智，2017（14）：213.
[168] 杨洋 . 蒙古族传统纹样之哈木尔图案的研究 [D]. 银川：宁夏大学，2017.
[169] 赵静，程亚鹏 . 佛教藏经八吉祥纹样在现代平面设计中的应用与重构 [J]. 设计，2019，32（12）：119–121.
[170] 罗伯特·比尔 . 藏传佛教象征符号与器物图解 [M]. 向红茄，译 . 北京：中国藏学出版社，2007.
[171] 杨涛 . 藏族吉祥图案视觉符号研究 [D]. 昆明：昆明理工大学，2009.
[172] 乌日陶克套胡 . 蒙古族游牧经济及其变迁研究 [D]. 北京：中央民族大学，2006.
[173] 中国社会科学院考古研究所，等 . 海拉尔谢尔塔拉墓地 [M]. 北京：科学出版社，2006.
[174] 罗旺扎布，德山，等 . 蒙古族古代战争史 [M]. 北京：民族出版社，1992.
[175]《蒙古学百科全书》编辑委员会 . 蒙古学百科全书 [M]. 呼和浩特：内蒙古人民出版社，2009.
[176] 邵国田 . 敖汉文物精华 [M]. 呼伦贝尔：内蒙古文化出版社，2004.
[177] 王永强，史卫民，谢建猷 . 中国少数民族文化史图典（北方卷下）[M]. 南宁：广西教育出版社，1999.
[178] 赵一东 . 北方民族家具文化 [M]. 呼和浩特：内蒙古大学出版社，2016.
[179] 安泳鍀 . 天骄遗宝蒙元精品文物 [M]. 北京：文物出版社，2011.
[180] 翁雪花 . 虚实相合　灵动流畅：元代银果盒赏析 [J]. 南方文物，2009（1）：152–153.
[181] 唐云俊 . 山西大同东郊元代崔莹李氏墓 [J]. 文物，1987（6）：87–90，105.
[182] 冯小琦 . 元代瓷器上的龙纹装饰 [J]. 艺术市场，2004（5）：66–68.
[183] 吴瑶 . 山峦为界：元代墓室壁画中"孝子故事"图像的建构模式 [J]. 艺苑，2018（5）：89–93.
[184] 内蒙古博物院 . 中国少数民族文物图典（内蒙古博物院卷）[M]. 沈阳：辽宁民族出版社，2014.
[185] 通辽市博物馆 . 蒙古族文物精华 [M]. 呼和浩特：内蒙古人民出版社，2008.
[186] 阿勒得尔图 . 成吉思汗中外画集 [M]. 呼和浩特：内蒙古教育出版社，2007.
[187] 王磊义，姚桂轩，郭建中 . 藏传佛教寺院美岱召五当召调查与研究 [M]. 北京：中国藏学出版社，2009.
[188] 中华人民共和国住房和城乡建设部 . 中国传统建筑解析与传承（内蒙古卷）[M]. 北京：中国建筑工业出版社，2015.
[189] 布和朝鲁 . 蒙古包文化 [M]. 呼和浩特：内蒙古人民出版社，2013.
[190] 赵迪 . 蒙古包营造技艺 [M]. 合肥：安徽科学技术出版社，2013.
[191] 石阳 . 文物载千秋：巴林右旗博物馆文物精品荟萃 [M]. 呼和浩特：内蒙古人民出版社，2011.
[192] 纳·达楞古日布 . 内蒙古岩画艺术 [M]. 呼伦贝尔：内蒙古文化出版社，2000.
[193] 文浩，于坚 . 内蒙古历史文物 [M]. 北京：人民美术出版社，1987.
[194] 刘井军，黄宁宁 . 龙腾敖汉：内蒙古龙源博物馆文物精粹 [M]. 呼伦贝尔：内蒙古文化出版社，2014.

[195] 陈育宁 . 图说成吉思汗与蒙古族 [M]. 呼和浩特：内蒙古人民出版社，2005.
[196] 盖山林，盖志浩 . 内蒙古岩画的文化解读 [M]. 北京：北京图书馆出版社，2002.
[197] 江楠 . 中国早期金银器的考古学研究 [D]. 长春：吉林大学，2015.
[198] 钱白 . 苏尼特摔跤服图像学分析比较 [D]. 呼和浩特：内蒙古师范大学，2017.
[199] 丛亚娟 . 蒙古族传统家具图案的影响因素研究 [D]. 呼和浩特：内蒙古农业大学，2013.
[200] 王利利 . 苏尼特马烙印图案的文化意蕴 [J]. 内蒙古大学艺术学院学报，2011（1）：3，4.
[201] 赵永鑫 . 红山彩陶纹样在蒙古族家具装饰设计中的应用研究 [D]. 长沙：中南林业科技大学，2013.
[202] 刘冰 . 赤峰博物馆文物典藏 [M]. 呼和浩特：远方出版社，2006.
[203] 张欣宏 . 蒙古族传统家具装饰的研究 [D]. 北京：北京林业大学，2006.
[204] 沃尔科夫 . 蒙古鹿石 [M]. 王博，吴妍春，译 . 北京：中国人民大学出版社，2007.
[205] 徐英 . 中国北方草原游牧民族工艺美术史 [M]. 呼和浩特：内蒙古人民出版社，2014.
[206] 宝力道 . 蒙古族纹饰（蒙汉英对照）大型蒙古族艺术典藏系列丛书 [M]. 沈阳：辽宁民族出版社，2017.

注：图表中未作标注的均为作者自摄或自绘。

# 附录 1　外文文献

英文文献目录　　附表 1-1

| 序号 | 名称 | 作者 | 来源 |
|---|---|---|---|
| 1 | *Toκtibaeva A. Epigraphic decor of the architectural complex of Ahmed Yassawi*<br>《艾哈迈德建筑群的装饰》 | Toκtibaeva A | Almaty，1998 |
| 2 | *Kazakh ornaments*<br>《哈萨克装饰品》 | Abdygapparova M | Almaty，1999：148 |
| 3 | *Sacred architecture of the nomadic world*<br>《游牧世界的神圣建筑》 | Nasredinova A | Almaty，1994：126 |
| 4 | *The traditional culture of the Kazakhs*<br>《哈萨克斯坦传统文化》 | Omirbekova M，Tolenbayev C | Almaty：OAO Алматыкітап，2004 |
| 5 | *Architecture of Kazakhstan*<br>《哈萨克斯坦建筑》 | Margulan A，Bassenov T | Almaty，1958：9 |
| 6 | *The Great Silk Road in Kazakhstan*<br>《哈萨克斯坦伟大的丝绸之路》 | Baipakov K | Almaty，2007：90 |
| 7 | *Karpikov A. Architecture of Kazakhstan*<br>《哈萨克斯坦建筑》 | Glaudinov B.，Seidalin A.，Karpikov A | Almaty，1987 |
| 8 | *History, Morphology and Perfect Proportions of Mughal Tombs: the secret of creation of Taj Mahal*<br>《陵墓的历史、形态和完美比例泰姬陵的创造秘诀》 | Krupali Uplekar Krusche，Danny Aijian，Selena Anders，Iva Dokonal and Jill Karadia | Archnet-IJAR.2010，4(1)：158-178 |
| 9 | *Art of Soviet Uzbekistan*<br>《乌兹别克斯坦苏维埃艺术》 | Chepelev V | Moscow，1935：27 |
| 10 | *The Art of Central Asia*<br>《赫中亚艺术》 | Veimarn B. V | M-L，1940：2-192 |
| 11 | *Kazakh yurt and its decoration*<br>《蒙古包及其装饰》 | Margulan A.H | M: Hayka，1964：240 |
| 12 | *Traditions and rituals of the Kazakh people*<br>《哈萨克人的传统和仪式》 | Kenzheakhmetuly C | Almaty，2006 |
| 13 | *Ancient cults and traditional culture of the Kazakh people*<br>《哈萨克人的古代祭祀和传统文化》 | Sabetkyzi A | Алматы，2001 |
| 14 | *Tengrianism – the religion of Turks and Mongols*<br>《土耳其人和蒙古人的宗教》 | Bezertinov R.N | Аяз，20002.2004.10(2)：448 |
| 15 | *The semantics of a traditional Chinese ornament*<br>《中国传统纹饰的语义》 | Tyan Khe | Общество. Среда. Развитие (Terra Humana)@terra-humana，2011 |
| 16 | *Evolution of the architecture of Kazakhstan*<br>《哈萨克斯坦建筑演变》 | Glaudinov B.A | Almaty "Oner" 2016：400 |

续表

| 序号 | 名称 | 作者 | 来源 |
|---|---|---|---|
| 17 | *Geometric proportions: The underlying structure of design process for Islamic geometric patterns*<br>《几何比例：设计的基本结构伊斯兰几何图案的处理》 | Loai M.Dabbour | Frontiers of Architectural Research，2012，1（4）：380-391 |
| 18 | *Essays of the theory of ethnos*<br>《民族理论论文集》 | Bromley Yu.V | M.1983 |
| 19 | *"Architectural conservation as a tool of cultural and continuty" A focus on the Built Environment of Islam*<br>《"建筑保护作为文化和"持续性"对伊斯兰建筑环境的关注》 | Hassan–Uddin Khan | International Journal of Architectural research，2015 |
| 20 | *Plurality and diversity in architectural and urban research*<br>《城市建筑的多元化和多样性研究》 | Ashraf，Salama M | Archnet-IJAR，2017，11（2） |
| 21 | *Ornamental art and architectural decoration*<br>《装饰艺术和建筑装饰》 | Anca Mitrache | Procedia - Social and Behavioral Sciences 51（2012）：567-572 |
| 22 | *The Architectural ornaments of Uzbekistan. The history of development and theory building*<br>《乌兹别克斯坦的建筑装饰》 | Rempel，L | Tashkent，1961 |
| 23 | *To the Ethnography of the Uzbeks in Southern Khorezm*<br>《科雷兹姆南部乌兹别克民族志》 | Sazonova，M. V | Archaeological and ethnographical works of the Khorezm expedition. 1945 1948，vol.1.M.，1952 |
| 24 | *Art as a Cultural System*<br>《艺术作为一种文化体系》 | Geertz | MLN，1976，91（6），1473-1473 |
| 25 | *Ornamental art of Kazakhstan*<br>《装饰性的哈萨克斯坦艺术》 | Soltanbayeva Gulnar | Glabal Internatioal scientific analytical project |
| 26 | *After-Lives of the Mongolian Yurt: The "Archaeology"of a Chinese Tourist Camp*<br>《蒙古包之后的生活：中国旅游营地的"考古"》 | Christopher Evans，Caroline Humphrey | ournal of Material Culture，2002，7（2：189-210） |
| 27 | *A Fractional Model for Head Transfer in Mongolian Yurt*<br>《蒙古包传热的分数阶模型》 | Hong-Yan LIU，Zhi-Min LI，Frank K.KO | ThermalScience，2017，21（4）：1861-1866 |
| 28 | *Authenticity and Adaptation: the Mongol Ger as a contemporary heritage paradox*<br>《真实性与适应性：蒙古包作为当代遗产的悖论》 | Charlotte Paddock | International Journal of Heritage Studies，2017，23（4：347-361） |
| 29 | *The yurt: A mobile home of nomadic populations dwelling in the Mongolian steppe is still used both as a sun clock and a calendar*<br>《蒙古包：居住在蒙古草原上的游牧民族的流动家园，至今仍被用作太阳钟和日历》 | Benoit Mauvieux，Alain Reinberg，Yvan Touitou | The Journal of Biological and Medical Rhythm Research，2014，31（2：151-156） |
| 30 | *Experimental Study on the Indoor Thermo-Hygrometric Conditionsof the Mongolian Yurt*<br>《蒙古包室内温湿度条件试验研究》 | Gouqiang Xu，Hong Jin，Jian Kang | Sustainability，2019，11（3：687） |
| 31 | *Mongolia residential architectural features and construction ofeco-tourism development*《蒙古住宅建筑特色与建设生态旅游的发展》 | Xingran Mao Xu RuiboHu Lun Li | Advanced MaterialsResearch |
| 32 | *Building a Backcountry Yurt: Ecological Design Intelligence within Outdoor Programming*<br>《建设一个蒙古包：在户外的智能生态设计》 | Kevin Kobe Norman Goltra | Building Design |

续表

| 序号 | 名称 | 作者 | 来源 |
|---|---|---|---|
| 33 | *Technology of composites based on Kul'-Yurt-Tau pyrophyllites Bakunov*<br>《蒙古包的叶蜡石基复合材料技术》 | Steklo i Keramika | Glass and Ceramics，2013 |
| 34 | *The design of moving Mongolia yurt*<br>《移动蒙古包设计》 | Hongyan Jin，Zhiwei Zhu | Advanced Materials Research，2011 |
| 35 | *Brief analysis on energy consumption and indoor environment of inner mongolia grassland dwellings*<br>《内蒙古草原民居能耗与室内环境简析》 | Guoming Dong，Jiaping Liu，Liu Yang | Lecture Notes in Electrical Engineering，2014 |
| 36 | *A research for building environment for herdsmen's winter camping ground in the central part of the Inner Mongolia*<br>《内蒙古中部牧民冬季露营地建筑环境研究》 | Juan Wang，Min Zhang，Ming Ma，Wenming Wang，Hao Su | Applied Mechanics and Materials，2012 |
| 37 | *Study on indoor environment and energy technology of Inner Mongolia grassland dwellings*<br>《内蒙古草原民居室内环境与能源技术研究》 | Guoming Dong，Jiaping Liu | Applied Mechanics and Materials，2013 |
| 38 | *Modern architecture under nomadic ecological view*<br>《游牧生态观下的现代建筑》 | Huhemanda，Xiaohu Jia | Applied Mechanics and Materials，2014 |

俄文文献目录　　附表 1-2

| 序号 | 名称 | 作者 | 来源 |
|---|---|---|---|
| 1 | Горизонтальный план в структуре традиционного казахского жилища - юрты<br>《传统哈萨克住宅结构的横向计划：蒙古包》 | Жукенова Ж.Д | Ежеквартальный альманах «ТЕАТР. ЖИВОПИСЬ. КИНО. МУЗЫКА» 2－2011－0，5п.л |
| 2 | Художественные и стилистические особенности в скифо сибирском искусстве звериного стиля<br>《斯基泰西伯利亚动物风格的艺术和风格特征》 | Бобров В.В | Известия лаборатории археологических исследований，вып7. – Кемерово，1976 |
| 3 | История жилища у кочевых и полукочевых тюркских и монгольских народностей России<br>《俄罗斯的游牧民族和半游牧突厥人和蒙古民族的居住历史》 | Харузин А.Н | СПб，1896 |
| 4 | Казахская юрта<br>《哈萨克蒙古包》 | Муканов М.С | Алма-Ата，Кайнар，1981 |
| 5 | Казахская юрта и ее убранство<br>《哈萨克蒙古包及其装饰》 | Маргулан А.Х | （Международный конгресс антропологических и этнографических наук）. Доклады. - М.，Наука，1964. - 12 с |
| 6 | Декоративное искусство монголоязыч-ных народов в XIX нач. сер.XX века<br>《十九世纪初到二十世纪末蒙古语民族的装饰艺术》 | Кочешков Н.В | М.，Наука，1979. -207 с |
| 7 | Проблемы истории жилища степных кочевников Евразии<br>《欧亚大陆草原游牧民族住宅的历史问题》 | Ванштейн С.И | Советская этнография N2 4，1976，с.42-62 |
| 8 | Народное искусство Казахстана с древнейших времен до наших дней в Сб.<br>《哈萨克斯坦民间艺术从古到今》 | Береснева Л.Г | Научные сообщения музея искусств народов Востока，вып.8. - М.，1975 |

续表

| 序号 | 名称 | 作者 | 来源 |
| --- | --- | --- | --- |
| 9 | Искусство Казахстана<br>《哈萨克斯坦的艺术》 | Береснев Л | Декоративное искусство СССР to 4，- М.，1958 |
| 10 | Орнамент Казахстана в архитектуре<br>《建筑中的哈萨克斯坦装饰品》 | Басенов Т.К | Алма-Ата. Изд-во АН Каз. ССР，1957 |
| 11 | Влияние климата юга Казахстана на ограждаюшие конструкции и микроклимат жилых зданий.<br>《哈萨克斯坦南部的气候对住宅结构和小气候的影响》 | Аминов Е.У | Автореф. диос. на соиск. учен.степени канд.техн. наук. М.，1976. -15 с. |
| 12 | О семантике юрты у кочевников среднеазиатско-казахстанского региона<br>《关于中亚 - 哈萨克斯坦地区游牧民族蒙古包的语义》 | Шаханова | Традиционные ритуалы и верования. Часть 2. - М.，1995 |
| 13 | Юрта в представлениях，верованиях и обрядах казахов<br>《蒙古包在哈萨克人的表示、信仰和仪式》 | Толеубаев，2000 ТолеубаевА | Кочевое жилише народов Средней Азии и Казахстана. - М.，2000 |
| 14 | Тувинская юрта：к модели мира кочевников<br>《蒙古包：游牧民族世界的典范》 | Соломатина | Культура народов Сибири. - Спб.，1997 |
| 15 | Дизайн юрты<br>《蒙古包室内设计》 | Пюрвеев | Декоративное искусство. Вып. 5. -М.，1979 |
| 16 | ЧарыевД. Некоторые верования и обряды туркмен，связанные с юртой（XIX - начало XX века）<br>《与蒙古包相关的土耳其人的一些信仰和仪式（十九—二十世纪初）》 | Оразов，Чарыев | Кочевое жилише народов Средней Азии и Казахстана. - М.，2000 |
| 17 | Основные виды переносного жилиша узбеков<br>《乌兹别克人便携式住房的主要类型》 | Кармышева | Кочевое жилише народов Средней Азии и Казахстана. - М.，2000 |
| 18 | Л. Категории и символика традиционной культуры монголов<br>《传统蒙古文化的类别和符号》 | Жуковская | М.，1988 |
| 19 | Обряды и верования каракалпаков，относяшиеся к юрте<br>《Karakalpaks 的仪式和信仰与中亚和哈萨克斯坦人民的蒙古包》 | Есбергенов | Кочевое жилише народов Средней Азии и Казахстана. - М.，2000 |
| 20 | Эволюция жилиша и ее отражение в бурятском героическом эпосе<br>《家庭的演变及其在布里亚特英雄史诗中的反映》 | Бурчина | Из истории хозяйства и материальной культуры тюрко-монгольски х народов. - Новосибирск，1993 |
| 21 | Юрта киргизов в прошлом и настояшем<br>《过去和现在的吉尔吉斯人民的蒙古包》 | Алымбаева | Кочевое жилише народов Средней Азии и Казахстана. - М.，2000 |
| 22 | （I）Монголист XVIII века Иоганн Иериг<br>《（I）十八世纪的蒙古主义者约翰·埃里格》 | Шафрановская Т.К | Страны и народы Востока. Вып. IV. М，1965 с. 155 163 |
| 23 | Искусство Монголии с древнейших времен до начала XX века<br>《蒙古的艺术，从远古时代到二十世纪初》 | Цултэм Н | М，1982 |
| 24 | О юртообразных зданиях Внешней Монголии<br>《关于外蒙古蒙古包状建筑》 | Кондратьева М.И | Советская этнография. М. Л.，1935 №3 1935 с.14 - 40 |

续表

| 序号 | 名称 | 作者 | 来源 |
| --- | --- | --- | --- |
| 25 | Категории и символика традиционной культуры монголов<br>《蒙古传统文化类别和符号》 | Жуковская Н.Jl | M. 1988 |
| 26 | Очерки культуры и быта бурят<br>《关于布里亚特人的文化和生活的散文》 | Вяткина К.В | Л，1969 |
| 27 | Монголы. Происхождение народа и истоки культуры<br>《蒙古人的起源和文化的起源》 | Викторова Л.Л | М，1980 |
| 28 | Древнейшие этнокультурные связи народов Центральной Азии<br>《中亚人民的古代民族文化关系》 | Коновалов П.Б | Этнические и историко-культурные связи монгольских народов. -Улан- Удэ，1983，С. 36-46 |
| 29 | О юртообразных зданиях Внешней Монголии<br>《外蒙古的蒙古包式建筑》 | Кондратьева М.И | С. Э. 1935.- Дугаад -3，С. 14-41 |
| 30 | От кочевого образа жизни к осёдлости<br>《从游牧的生活方式到定居的生活方式》 | Гайворонский В.В. | М，1979 |
| 31 | Войлочная юрта агинских бурят<br>《阿金布里亚特人的蒙古包》 | Ванчиков Б | Бурятоведческий сборник. Вып. 3-4. Иркутск，1927.-С. 37-40 |
| 32 | Эволюция жилиша и ее отражение в бурятском героическом эпосе<br>《住房的演变及其在布里亚特英雄史诗中的反映》 | Бурчина Д.А | Из истории хозяйства и материальной культуры тюркско-монгольских народов. Новосибирск，1993 |
| 33 | Искусство Монголии<br>《蒙古的艺术》 | Цултэм Н.-О | М.：Изобразит，иск-во，1982.- 232с.，илл |
| 34 | Традиции монгольского искусства<br>《蒙古艺术传统》 | Sononomtseren J.L | Декоративное искусство СССР.- 1971.-№12.- 4.6-13-илл |
| 35 | Семантика древнего орнамента<br>《古代装饰品的语义学》 | Soldadze JL | ДИ СССР.- 1980.- № 9.-С. 17-22 |
| 36 | Символика монгольского орнамента<br>《蒙古装饰的象征》 | Сандагдорж Д | Искусство. 1979.-№11，-с.56-57 |
| 37 | Народное искусство монголов<br>《蒙古人的民间艺术》 | Кочешков Н.В | М.：Наука，1973，- 200с |
| 38 | Калмыцкий народный орнамент<br>《卡尔梅克民间装饰》 | Ковалев И.Г | Элиста：Калм. кн. изд-во，1970.- 148 с |
| 39 | Меъморий шакларни уйгунлаштириш ва безаш<br>《建筑形式的改建和装饰》 | Uralov. A. | Самарканд，2003 |

日文文献目录　　附表 1–3

| 序号 | 名称 | 作者 | 来源 |
| --- | --- | --- | --- |
| 1 | モンゴル·ウランバートル首都圏一極集中による都市住居環境の変容 | 赤塚雄三<br>高橋盛親 | 国際地域研究<br>第6号、2003年3月 |

续表

| 序号 | 名称 | 作者 | 来源 |
|---|---|---|---|
| 2 | 遊牧民の建築術：ゲルのコスモロジー | INAX ギャラリー企画委員会 | INAX 出版、1993 |
| 3 | モンコゴル族住居の空間構成概念に関する研究：内モンゴル東北地域モンゴル族土造屋を事例として | 海日汗 | 日本建築学会計画系論文集(579)、179-186、2004 |
| 4 | モンゴル人のゲルの構造 | 井本英一 | 桃山学院大学人間科学、(24)：97-121 在名古屋モンゴル国名誉領事館、2003 |
| 5 | モンゴル草原の生活世界 | 小長谷有紀 | 朝日新聞社、1996 年 4 月 |
| 6 | 遊牧がモンゴル経済を変える日 | 小長谷有紀 | 出版文化社、2002 |
| 7 | モンゴルの二十世紀 | 小長谷有紀 | 中公叢書、2004 |
| 8 | モンゴルの家とコミュニティ開発 | 島崎美代子他 | 日本経済評論社、1999 |
| 9 | 現代モンゴル遊牧民の民族誌 | 風戸真理 | 世界思想社、2009 |
| 10 | 騎馬民族の心 | 鯉渕信一 | 日本放送出版協会、1992 |
| 11 | 遊牧社会の現代 | 小貫雅男 | 青木書店、1985 |
| 12 | モンゴルの馬と遊牧民 | 野沢延行 | 原書房、1991 |
| 13 | あっホロンバイル蒙古物語 | 佐村恵利（編著） | 私家版、1993 |
| 14 | 中国・内モンゴル自治区シリンゴル盟におけるゲルの役割変化 | 野村理恵<br>中山徹<br>室﨑生子<br>娅茹<br>咏梅 | 日本建築学会大会学術講演梗概集（九州）、2009 |
| 15 | 遊牧から定住へ一赤峰市バーリン右旗の事例を中心に一 | 楊海英 | モンゴル高原における遊牧の変遷に関する歴史民族学的研究、2001 |
| 16 | 近現代におけるモンゴル人農耕村落社会の形成 | ブレンサイン | 風間書房、2003 |
| 17 | 遊牧における移動と定着— モンゴル伝統遊牧の立場から | 吉田順一 | 東北アジア研究センター叢書 6、2002 |
| 18 | モンゴル遊牧地域における宿営地集団 | 日野千草 | リトルワールド研究報告 17、2001 |
| 19 | モンゴル族牧畜民の季節を通じた住居の利用実態 | 野村理恵<br>中山徹 | 日本建築学会大会学術講演梗概集、２０１０ |
| 20 | 東ウジュムチン旗におけるゲルと固定家屋の利用実態 | 野村理恵<br>中山徹 | 日本建築学会、近畿支部研究発表会、2010 |

# 附录 2　内蒙古中、东、西部田野调研区域示意图（2016—2019 年）

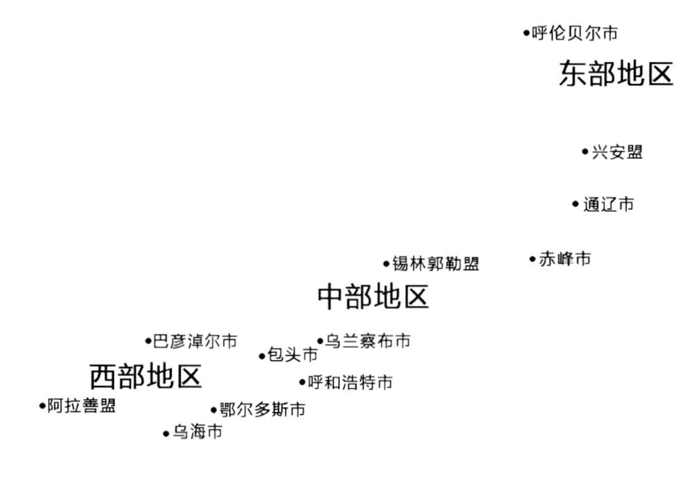


分为三个部分：

第一部分，东部牧区的调研地鄂温克族自治旗、新巴尔虎左旗、新巴尔虎右旗、陈巴尔虎旗、扎赉特旗、科尔沁右翼中旗。

第二部分，中部牧区的调研地正镶白旗、正镶蓝旗、阿巴嘎旗、苏尼特右旗、镶黄旗、太仆寺旗、东乌珠穆沁旗、西乌珠穆沁旗、四子王旗。

第三部分，西部牧区的调研地杭锦后旗、鄂托克前旗、乌审旗、伊金霍洛旗。

# 附录 3　蒙古国城镇田野调研区域及路线示意图（2017—2018 年）

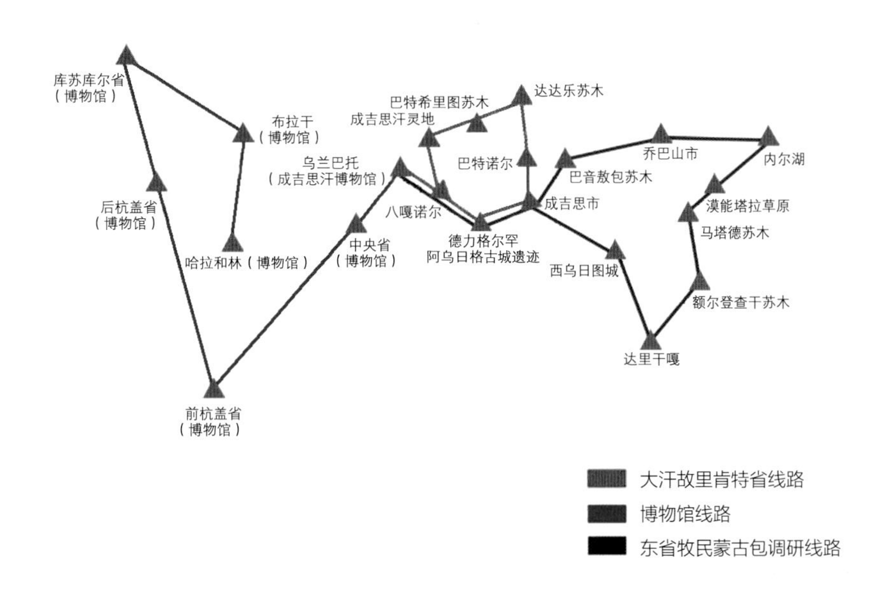


蒙古国的调研路线：

一是大汗故里肯特省线路：乌兰巴托（成吉思汗博物馆）—巴嘎诺尔—成吉思汗称汗灵地—巴特希里图苏木—达达乐苏木—奴围愣—巴特诺布—成吉思市—阿乌日格古城遗迹—巴嘎诺尔。

二是东省牧民蒙古包调研线路：乌兰巴托—巴嘎诺尔—德力格尔罕—成吉思市—巴音敖包苏木—东省—乔巴山市—漠能塔拉草原—贝尔湖—哈拉哈河—马塔德苏木—苏赫巴托尔省额尔登查干苏木—达里干嘎—西乌日图城—成吉思市—德力格尔罕—巴嘎诺尔。

三是蒙古国大汗故里肯特省线路、东省牧民蒙古包线路及博物馆线路：乌兰巴托—中央省（博物馆）—前后杭盖省（博物馆）—库苏库尔省（博物馆）—布拉干（博物馆）—哈拉和林（博物馆）—吉日嘎郎图文化古迹—扎雅格根庙。

# 附录 4　内蒙古地区博物馆调研

前期调研简况表　　附表 4-1

| 地区 | 城市 | 博物馆 | 装饰元素 |
|---|---|---|---|
| 东部地区 | 呼伦贝尔 | 鄂温克博物馆 | 动植物、生活场景、宗教图案 |
| | | 哈克史前博物馆 | 动植物、生活场景、宗教图案 |
| | | 呼伦贝尔市博物馆 | 动植物、生活场景、宗教图案 |
| | | 扎赉诺尔博物馆 | 动植物、生活场景、宗教图案 |
| | 赤峰 | 敖汉旗博物馆 | 动植物、生活场景、宗教图案 |
| | | 契丹博物馆 | 动植物、生活场景、宗教图案 |
| | | 赤峰博物馆 | 动植物、生活场景、宗教图案 |
| | | 翁牛特旗博物馆 | 动植物、生活场景、宗教图案 |
| | 通辽 | 科尔沁博物馆 | 动植物、生活场景、宗教图案 |
| | | 通辽博物馆 | 动植物、生活场景、宗教图案 |
| | 乌兰浩特 | 兴安盟博物馆 | 动植物、生活场景、宗教图案 |
| 中部地区 | 锡林浩特 | 锡林郭勒盟博物馆 | 动植物、生活场景、宗教图案 |
| | | 元上都遗址 | 动植物、生活场景、宗教图案 |
| | 二连浩特 | 伊林驿站遗址博物馆 | 动植物、生活场景、宗教图案 |
| | 呼和浩特 | 内蒙古博物院 | 动植物、生活场景、宗教图案 |
| | | 呼和浩特博物馆 | 动植物、生活场景、宗教图案 |
| 西部地区 | 鄂尔多斯 | 鄂尔多斯博物馆 | 动植物、生活场景、宗教图案 |
| | | 青铜博物馆 | 动植物、生活场景、宗教图案 |
| | | 乌兰活佛府 | 动植物、生活场景、宗教图案 |
| | 包头 | 包头博物馆 | 动植物、生活场景、宗教图案 |
| | | 敕勒川博物馆 | 动植物、生活场景、宗教图案 |
| | 乌海 | 乌海蒙古族家具博物馆 | 动植物、生活场景、宗教图案 |

# 附录 5　蒙古包包体装饰调研（案例抽样）

呼伦贝尔蒙古包　赤峰蒙古包　乌海蒙古包（一）

乌海蒙古包（二）　达尔罕蒙古包　兴安盟蒙古包

锡林浩特蒙古包　卫拉特蒙古包　通辽蒙古包

新疆蒙古包（一）　新疆蒙古包（二）　呼和浩特蒙古包

布里亚特蒙古包　供奉蒙古包　呼伦贝尔芦苇蒙古包

续表

| | | |
|---|---|---|
|  |  |  |
| 十字形套脑蒙古包 | 克什克腾旗蒙古包 | 卫拉特蒙古包 |

经过近十年的田野调研、文献考证等研究，蒙古包建筑形态丰富多样，装饰元素绚丽多彩，仅内蒙古从东到西，由于草原类型、气候及融合的文化不同，蒙古包形态、装饰特色均存在较大差异。

# 附录 6　蒙古包装饰的主要题材调研（案例抽样）

| 分类 | 样例 |
| --- | --- |
| 动植物图案 | 早期波斯细密画中的蒙古包包体装饰 |
| | 传统蒙古包内部空间装饰 |
| 宗教图案 | 传统蒙古包内部空间宗教符号装饰 |
| 生活场景图案 | 传统蒙古包内部空间生产场景类装饰 |
| 英雄崇拜图案 | 传统蒙古包内部空间北方英雄崇拜类装饰 |

# 附录 7　蒙古包套脑装饰调研（案例抽样）

| 分类 | 样例 |
|---|---|
| 宗教图腾装饰图案 |   蒙古包套脑八宝、龙戏珠装饰 |
| 动物装饰图案 |    蒙古包套脑双头马、大角羊、生肖装饰 |
| 人物头饰图案 |    蒙古包套脑人物、头饰符号装饰 |
| 植物装饰图案 |    蒙古包套脑植物装饰 |

# 附录 8　蒙古包室内空间、家具、陈设装饰图案（案例抽样）

孟春荣，蒙古族，内蒙古科尔沁左中人，中共党员，工学博士，现为内蒙古工业大学建筑学院教授，设计学学科负责人，地域环境艺术设计与文化遗产研究所所长，博士生导师，中国建筑学会建筑史学分会第七届理事会理事，中国建筑学会室内设计分会会员。近年来主持国家自然科学基金项目 1 项、自治区重点成果转化项目 1 项、自治区一般科研项目 5 项，政府咨询报告 2 份，发表论文 30 余篇，发明专利、软著及实用新型专利等 6 项、指导本硕学生获奖十余项。目前主要从事民族建筑装饰历史及民族建筑文化遗产保护研究、中国传统草原毡包研究。